Dreamweaver CC 網頁設計必學教本

全華研究室　王麗琴　編著

HTML + CSS + Bootstrap + jQuery + jQuery Mobile

全華

本書導讀

我們常常在學習中，得到想要的知識，並讓自己成長；學習應該是快樂的，學習應該是分享的。本書要將學習的快樂分享給你，讓你能在書中得到成長。

儘管「網頁設計」所涵蓋的知識領域十分廣泛，筆者仍希望以簡單易懂，追求實用的原則，將有關網頁設計的心得與知識，與各位讀者分享，使你的學習可以更容易、更充實，讓讀者在輕鬆學習的過程中，更能充分享受學習所帶來的快樂。

本書共分為十六章，從基礎到進階徹底學會網頁製作。第1章～第3章是網頁設計的重要基礎，有了初步的基礎後，在使用Dreamweaver CC製作網頁時，就能快速地上手；在第4章～第11章中可以學習到Dreamweaver CC的各種使用技巧，並使用HTML及CSS製作出精美的網頁；在第12章～第13章中可以學習到Bootstrap的組件製作及設計出響應式網頁；在第14章中可以學習使用jQuery及jQuery UI的互動元素；在第15章中可以學習使用jQuery Mobile設計行動網頁；在第16章中可以學習到網站的發布與管理。

- CH01 網頁設計基本概念
- CH02 HTML 基本概念
- CH03 CSS 基本概念
- CH04 Dreamweaver 基本操作
- CH05 網頁屬性與文字設計
- CH06 圖片與超連結應用
- CH07 表格、表單及多媒體應用
- CH08 使用 CSS 美化網頁
- CH09 使用 CSS 設計版面
- CH10 使用範本設計網頁
- CH11 HTML+CSS 網頁設計範例
- CH12 Bootstrap 基本概念
- CH13 使用 Bootstrap 組件設計網頁
- CH14 使用 jQuery 設計網頁
- CH15 使用 jQuery Mobile 設計行動網頁
- CH16 網站發布與管理

本書還提供了豐富的網頁設計實例和範例，讓你徹底深入了解使用方法並立即應用所學。除此之外，還設計了「自我評量」單元，讓讀者在吸收知識之後，也能驗收閱讀的成果。最後，感謝你閱讀本書，也希望你後續在學習網頁設計領域的過程中，獲益良多。

本書範例檔案

　　本書提供了完整的範例檔案，我們將範例檔案依照各章分類，例如：第6章的範例檔案，儲存於「ch06」資料夾內，請依照書中的指示說明，開啟這些範例檔案使用。你也可以直接開啟06525.html檔案，點選想要開啟的範例檔案。

版本及更新說明

　　本書使用Dreamweaver CC 2021版本撰寫，在閱讀本書時，若發現哪個功能沒有或是畫面與你實際操作有些差異，那麼也不用太訝異，因為Adobe更新了軟體，你可以隨時至官網查看軟體是否有更新，並下載最新的版本。Dreamweaver CC 提供了免費的試用版本，可以免費試用七天，若有需要時，可以至Adobe網站查看相關資訊(https://www.adobe.com/tw/products/dreamweaver.html)。

商標聲明

- 書中所引用的商標或商品名稱之版權分屬各該公司所有。
- 書中所引用的網站畫面之版權分屬各該公司、團體或個人所有。
- 書中所引用之圖形，其版權分屬各該公司所有。
- 書中所使用的商標名稱，因為編輯原因，沒有特別加上註冊商標符號，並沒有任何冒犯商標的意圖，在此聲明尊重該商標擁有者的所有權利。

目　錄

CH01 網頁設計基本概念

CH02 HTML基本概念

CH03 CSS基本概念

目　錄

CH10 使用範本製作網頁

CH11 HTML+CSS網頁設計範例

CH12 Bootstrap基本概念

目　錄

CH15
使用jQuery Mobile設計行動網頁

CH16 網站發布與管理

⌂ 06525

Dreamweaver CC

Search

Dreamweaver CC網頁設計必學教本
HTML + CSS + Bootstrap + jQuery + jQuery Mobile

Home   CH01   CH02   CH03   CH04   CH05   CH06

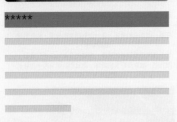

*****   *****   *****

Dreamweaver CC 2021

全華圖書股份有限公司 Chuan Hwa Book Co., LTD.
全華研究室 王麗琴編著

範例檔案：web\index.html

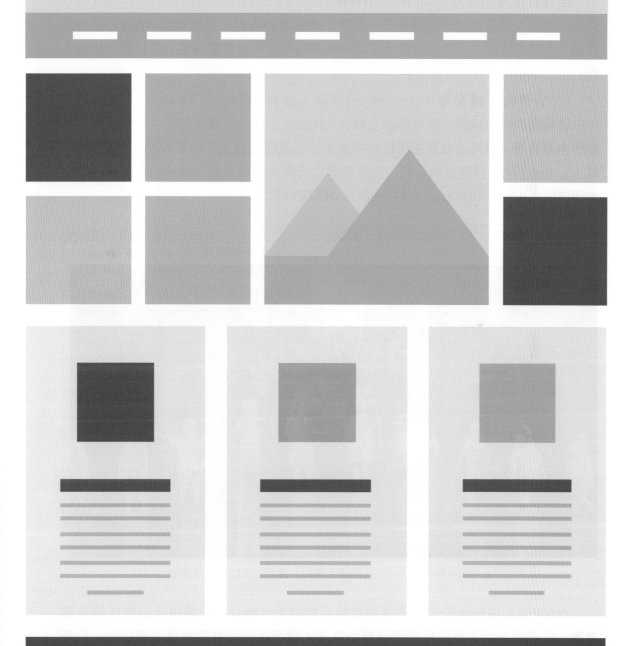

CHAPTER 01

網頁設計基本概念

Dreamweaver CC

1-1 網站基本概念

Internet 的盛行帶動了網站架設的熱潮，要架構一個專屬的個人網站已經不是難事，但在架設前還有一些網頁設計的基本概念要先了解。

1-1-1 認識全球資訊網

全球資訊網(World Wide Web, **WWW**)與網際網路讓全世界各地的人們得以相互交流，大幅改變了人類的溝通方式，位於不同國家的人們，可以透過WWW分享各類資訊，使得各種資訊的交流與傳遞達到前所未有的規模且影響深遠，而其應用也為人們的生活型態帶來許多改變。

WWW運用了**超文本**(Hypertext)的技術，整合HTTP、FTP、News、Gopher、Mail等相關的通訊協定，讓伺服器主機在Internet上提供多媒體整合之系統服務。只要經由瀏覽器，就可以欣賞它所提供的圖文影音並茂的資訊，所以WWW可以算是一套Internet上的多媒體整合系統，而瀏覽器向伺服器取得資料的通訊協定就稱為**超文本傳送協定**(HyperText Transfer Protocol, **HTTP**)。

▲ WWW整合Internet上的龐大資料，讓WWW變得多采多姿

WWW的文件整合方式是透過超連結互相參考，所以，一般將此類文件稱為**超文本**。這些分散到各地的資料經過整合之後，就可以同時在使用者的電腦上，以多媒體的方式呈現出來。超文本是使用**超文本標記語言**(HyperText Markup Language, **HTML**)製作而成的文件。

1-1-2 網站與網頁

　　網站是指多個網頁的集合，由單一頁面進行存取，形成一個資訊平台，可以讓團隊或個人透過它來展示各種資訊。

　　瀏覽網站時，進入網站所看到的第一個網頁畫面，稱為**首頁**(Homepage)，倘若將網站比喻成一棟大樓，那麼「首頁」就如同是大樓的大門。進入大門後，想必一定會選擇去某一樓某一個房間，而這些可提供瀏覽的地方，就稱為**網頁**(Web Page)，頁面間以超連結連接。

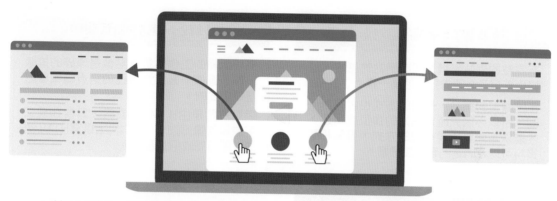

▲ 首頁可說是一個網站的入口，只要按下首頁上的超連結，就可以連結至想要瀏覽的網頁

　　網站可以是由單一的、或是許多的「網頁」所構成，「網頁」可以說是網站的基本單位，而網站也是許多網頁的集合。

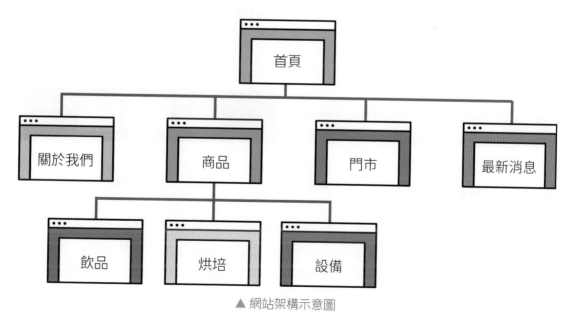

▲ 網站架構示意圖

1-1-3 網站設計流程

要架設網站時，第一個會遇到的問題就是：「要怎麼樣來建置一個網站呢？」，在規劃網站架構時，必須考慮到操作的便利性及瀏覽的流暢度，而現今網頁的目的，除了展示資訊之外，更強調瀏覽者與網頁間的互動，如何讓瀏覽者在網頁上操作自如，能夠自由選擇想要瀏覽的資訊，已經成為網頁設計的主要考量之一。

不過，如何建立一個網站並沒有一定的規則或是定律，而一般來說，可以把架設網站分成四大步驟。

步驟1：網站內容規劃

有完整的網站架構是架設網站的基礎，就好比蓋房子必須先打好地基一樣。

不同類型的網站，規劃的方式也會有所不同，所以必須先確定網站的類型或用途，才能決定網頁所要呈現的方式，蒐集相關資料可以讓網站內容更加豐富。

步驟2：網站設計與製作

網頁編輯的工作性質有點像是瑣碎的排版工作。選擇一套適合自己的網頁編輯軟體是很重要的。

網頁主要是由HTML構成的，只要在純文字編輯軟體(例如：記事本)上撰寫HTML語法，即可完成網頁製作。

步驟3：網站測試與發行

網站製作完成後，要測試網站是否可以正常瀏覽，像是連結是否正確，圖片能否正常顯示等，測試完後即可將網站上傳到伺服器或是租用的虛擬主機中。

當然，最後的網站管理與維護也很重要，時常更新內容才會吸引更多人前來瀏覽你的網站。

步驟4：網站流量分析

當網站上線後，可以透過網站分析工具(例如：Google Analytics)，了解網友都在首頁停留多久、喜歡到哪個文章頁面看內容等，這些分析結果可以做為如何調整及優化網站的依據。

1-1-4 網頁運作原則

當製作好網頁及相關檔案後，會先將整個網站發行到網頁伺服器上。網頁伺服器是用來存放網頁，並提供瀏覽服務的伺服器。而當瀏覽者想要瀏覽某個網頁，就會經由瀏覽器軟體，向網頁伺服器提出瀏覽要求，網頁伺服器再將對應的網頁傳回至瀏覽者的瀏覽器上。

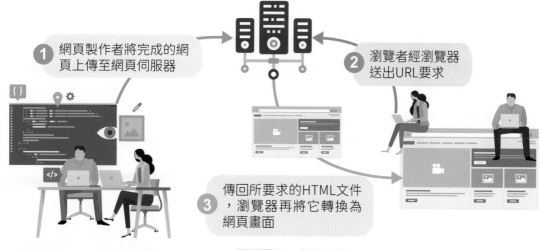

① 網頁製作者將完成的網頁上傳至網頁伺服器

② 瀏覽者經瀏覽器送出URL要求

③ 傳回所要求的HTML文件，瀏覽器再將它轉換為網頁畫面

▲ 網頁運作示意圖

1-1-5 響應式網頁設計

　　早期的網頁設計大多以一般家用電腦或筆記型電腦的瀏覽者為主，但是隨著智慧型手機及平板的普及，傳統的網頁設計方式無法滿足所有的裝置，而造成瀏覽者在瀏覽頁面時的不便，為了解決這樣的問題，現在有越來越多的企業選擇使用**響應式網頁設計** (Responsive Web Design, **RWD**) 的技術來製作網站。

　　所謂的響應式網頁設計 (又稱適應性網頁、自適應網頁設計、回應式網頁設計、多螢網頁設計) **是一種可以讓網頁內容隨著不同裝置的寬度來調整畫面呈現的技術，**而使用者不需要透過縮放的方式瀏覽網頁，進而提升了畫面的最佳視覺體驗及使用介面的親和度。

　　RWD網頁設計主要是以HTML5的標準及CSS3中的**媒體查詢** (Media Queries) 來達到，讓網頁在不同解析度下瀏覽時，能自動改變頁面的布局，解決了智慧型手機及平板電腦瀏覽網頁時的不便。

▲ 網頁內容隨著不同裝置的寬度調整畫面

1-1-6　一頁式網站

　　現在有許多公司、商店或個人在製作網站時，都採用了簡單的一頁式網頁設計，而不是複雜的多頁式網站，一頁式網站大都是作為活動網頁、簡單形象網站、產品宣傳及一頁式商店等。

　　一頁式網站易於建立及維護，且很適合於智慧型手機或平板電腦上瀏覽，因瀏覽方式簡潔明瞭，使用者只要不斷向下滑動，就可以快速地閱讀完網站內容。

▲ 一頁式網站範例

1-2 網頁設計程式語言

　　設計網頁除了會使用到網頁製作軟體外，還會使用到程式語言，與網頁相關的程式語言，又可分為前端及後端，而不同的程式語言在網頁上所負責的任務也不盡相同，以下將介紹一些常見的網頁設計程式語言。

1-2-1　瀏覽器端的網頁標籤語言

　　HTML 及 CSS 是屬於瀏覽端的網頁標籤語言，可供瀏覽器讀取並進行顯示。

HTML

　　HTML 是超文本標記語言，用來組織架構並呈現網頁內容的基本語言，屬於純文字格式。

CSS

　　CSS (Cascading Style Sheets, **層疊樣式表**) 是 W3C 所定義及維護的網頁標準，它是一種用來表現 HTML 或 XML 等文件樣式的語言，使用 CSS 樣式表後，只要修改定義標籤 (如：表格、背景、連結、文字、按鈕等) 樣式，其他使用相同樣式的網頁就會呈現統一的樣式，如此，便能建立一個風格統一的網站。

1-2-2　瀏覽器端的網頁程式語言

　　HTML 與 CSS 都是屬於瀏覽器端的網頁標籤語言，供瀏覽器讀取並進行顯示，此外也有一些 Scripts 語言，大多用來處理用戶端滑鼠與鍵盤操作的對應動作，其程式碼是由瀏覽器負責執行的，例如：DHTML、XML、JavaScript、jQuery、Java Applet、VBScript 等。

DHTML

　　DHTML (Dynamic HTML) 是一種動態的網頁設計語言，它對每一個 HTML 標籤產生的文字或圖片加以命名，再利用 JavaScript、VBScript 或其他描述語言來控制使其達到動態的效果。

XML

　　XML (eXtensible Markup Language) 是 HTML 的延伸規格，主要是用於描述資料，並建立有組織的資料內容；而 HTML 是用於呈現資料，並描述資料如何呈現在瀏覽器上。

JavaScript

JavaScript 可以內嵌於網頁內，也可以由外部載入，具有事件處理器，能擷取網頁中發生的事件，例如：在網頁中滑鼠的動作，或是按下表單中的按鈕，事件處理器就會對應這些事件，而執行相對的程式敘述。

Java Applet

Java Applet 是可用於網頁的 Java 程式，但該程式必須透過瀏覽器解譯後才能執行。

jQuery

jQuery 是 JavaScript 函式庫，簡化了 HTML 與 JavaScript 之間的操作，提供了許多現成的互動效果，可以直接使用這些函式來製作出各種網頁特效。

VBScript

VBScript (Visual Basic Script) 是與 JavaScript 類似的程式語言，語法架構相近於 VB 程式語言，而 JavaScript 則與 Java、C 語言類似。

1-2-3　伺服器端的網頁程式語言

如果在網頁中牽涉到一些有關資料庫存取的網頁動作，大多須經由伺服器端進行處理與執行，因此，也有在伺服端所使用的網頁程式語言。

ASP.NET

ASP (Active Server Pages) 是一種在主機端執行的描述語言環境，由微軟公司所開發，透過 ASP 網頁技術的協助，可以撰寫出動態、互動式的網站應用程式。

PHP

PHP (Hypertext Preprocessor) 是一種網頁程式撰寫的程式語言，可以內嵌於 HTML 裡，並讓網站開發者快速地撰寫出動態網頁。

CGI

CGI (Common Gateway Interface) 是一種讓 Web Server 與外部應用程式溝通的通訊協定，是網站和網頁觀眾互動的方法之一。CGI 程式通常是以 C 語言或是 Perl 撰寫而成。

JSP

JSP (Java Server Pages) 是開發動態網頁應用程式的一種技術。

1-2-4 MVC架構

MVC (Model–View–Controller) **是一種軟體架構模式，把系統分為模型 (Model)、檢視 (View) 和控制器 (Controller) 等三個核心**。MVC可以將系統複雜度簡化及重複使用已寫好的程式碼，且更容易維護，開發人員可以做適當的分工，團隊中的成員可以遵循一個標準模式，不管是彼此間的協調溝通或系統整合，可以讓程式開發的工作更順利，更有效率。

● 模型 (Model)：負責邏輯與資料處理，可直接的與資料庫溝通。

● 檢視 (View)：負責使用者介面、顯示及編輯表單，HTML、CSS、JavaScript就是屬於View的部分。

● 控制器 (Controller)：為模型 (Model) 與檢視 (View) 之間的橋樑，處理使用者互動、使用模型，並在最終選取要呈現的元件。

MVC架構已成為目前網站的開發主流，使用者在網頁 (View) 表單 (請求) 送出後，皆會透過控制器 (Controller) 接收，再決定給哪個模型 (Model) 進行處理，所有需求完成後，控制器 (Controller) 再回傳相對的結果，讓網頁 (View) 呈現相關資訊。

開發者可以直接使用現有且符合MVC架構的網頁框架來建置網站，例如：CodeIgniter、CakePHP、Zend frameworks、Ruby on Rails、Yii Framework等。除此之外，**App** (Application) 的開發也是採用MVC架構。

💬 知識補充：全端工程師

軟體工程師分為「網頁開發」及「App開發」，而網頁開發中又可以細分為「前端」、「後端」及「全端」工程師。前端工程師負責網頁與使用者互動的角色，需要程式編寫的能力，同時也要具備設計學、色彩學的知識；後端工程師則是負責資料傳遞與網站的溝通層面，最後呈現在頁面上，需要邏輯清晰以及程式編寫能力；全端工程師是綜合前端工程師與後端工程師的角色，必須精通MVC技術語法，包含伺服器、資料庫維護、版面調整、使用者體驗等。

1-2-5 Web API

Web API (Application Programming Interface, **應用程式介面**) 是一種基於http協定下運算的API，**一切透過網路進行交換資料的操作都是Web API**。開發者可以使用API來存取該應用程式的資料或是服務等。例如：想要使用Google Map的服務，就必須透過Google Map API將Google Map的功能導入自己的網站中。

其他像是使用社群連結進行會員註冊登入、社群嵌入分享、按讚按鈕、嵌入貼文、留言板、影音等，也都是Web API的應用。

1-3 網頁編輯工具

網頁主要是由HTML構成的，早期在設計網頁時，必須熟記所有的HTML語法，在純文字編輯軟體(例如：記事本)上撰寫語法來製作網頁。而現在有許多**所見即所得**(What You See Is What You Get, **WYSIWYG**)的網頁製作軟體及跨平臺的程式編輯器，讓初學者也可以輕鬆製作網頁。

1-3-1 記事本及文字編輯

在Windows及macOS中，最基本的網頁編輯工具就是**記事本**及**文字編輯**了，分別說明如下。

Windows的記事本

記事本是Windows附屬的應用程式，是一個簡單的文字編輯工具，因為HTML本身就是單純的文字，所以可以直接使用「記事本」來撰寫。在Windows中要建立記事本時，只要在任一資料夾視窗中，按下滑鼠右鍵，於選單中點選**新增→文字文件**選項，即可建立一份文件。

在記事本中編輯完成HTML後，必須將文件儲存成「**htm**」或「**html**」網頁格式才行。且第一次儲存時，要將編碼方式設定為「**UTF-8**」。該編碼為國際碼，支援多國語言，儲存此編碼方式，網頁在瀏覽時較不會出現亂碼。

macOS的文字編輯

文字編輯是macOS系統所提供的文字編輯工具，與Windows的記事本一樣，可以撰寫HTML文件。

要製作HTML文件時，在文字編輯視窗中，點選**檔案→新增**選項，新增一份文件，新增好後再點選**格式→製作純文字格式**選項，就可以開始建立HTML文件，要儲存文件時，記得將文件儲存成「**htm**」或「**html**」網頁格式。

```
未命名 — 已編輯
<!doctype html>
<html lang="zh-Tw">
  <head>
    <title>HTML&CSS</title>
    <meta charset="utf-8">
  </head>
<body>
  My blog
</body>
</html>
```

▲ 在文字編輯中建立HTML文件

1-3-2　程式碼編輯器

　　市面上有許多跨平臺的程式碼編輯器，可以製作網頁並進行程式碼除錯等，以下介紹幾種常見的編輯器。

Atom

　　Atom是GitHub所開發的跨平台文字編輯器，適用於所有作業系統，是完全開放原始碼，可以免費使用。Atom常被用在HTML、JavaScript、CSS及Node.js的開發。

Notepad++

　　Notepad++是與記事本類似的純文字編輯器，操作方式與記事本大致相同，但其功能較記事本完整。

　　Notepad++是由臺灣人**侯今吾**研發，以GNU形式發布的自由軟體，可免費使用，可編寫HTML、CSS、C++、JavaScript、XML、ASP、PHP、SQL等語言，體積輕巧不占系統記憶體，支援多分頁功能及ANSI、UTF-8、UCS-2等格式的編譯及轉換。

Brackets

　　Brackets是Adobe公司所開發的免費且開放原始碼的自由軟體，專門用於網頁製作的程式碼編輯器，可以建立HTML、CSS及JavaScript等程式碼，支援Windows、macOS及Linux等作業系統。

　　Brackets提供了許多視覺化的快速編輯，支援網頁即時預覽，當修改語法的同時，不需要儲存就能立即顯示修改後的網頁樣貌。

當游標停在CSS規則上，或編輯HTML檔案時，Brackets會在瀏覽器裡將所有會受影響的元素突顯出來

Visual Studio Code

Visual Studio Code(簡稱VS Code)是微軟開發的開放原始碼程式碼編輯器,可以免費下載使用,簡單易學,程式穩定而且快速,有豐富的擴充套件,可以對應各種程式語言的開發。VS Code提供了開發、偵錯、版本控制及部署等功能,且幾乎支援所有的程式語言(JavaScript、TypeScript、Node.js、C++、C#、Java、Python、PHP、Go),還可跨平臺使用(Windows、Linux、macOS等)。

VS Code除了桌機版外,也有推出網頁版,開發者可以直接使用Microsoft Edge或Google Chrome瀏覽器,進行開發,而且在Chromebook及iPad上,也能進入網頁版進行編輯。

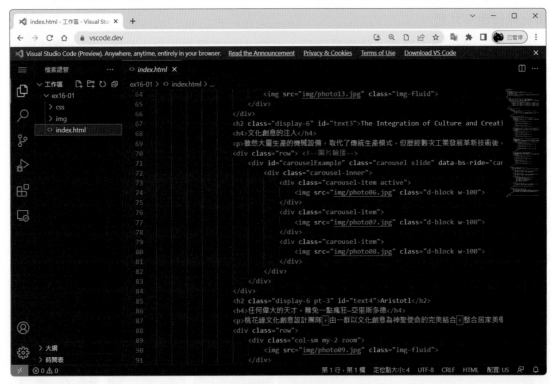

▲ VS Code網頁版 (https://vscode.dev)

Dreamweaver

Dreamweaver是Adobe公司所發展的一套網頁製作軟體,它擁有媲美排版軟體的排版功能,且具有完整的網頁製作功能,而人性化的介面也使得許多初學者都能輕鬆製作出專業的個人網站。

1-4 搜尋引擎最佳化

搜尋引擎最佳化(Search Engine Optimization, **SEO**)又稱為**搜尋引擎優化**,是一種**透過了解搜尋引擎的運作規則來調整網站,以提高網站在搜尋引擎內排名的方式。**

1-4-1 SEO行銷

常聽到的「SEO優化、SEO行銷」,就是了解搜尋引擎的運作原理,根據演算法的習性產生優質內容、調整網站與連結架構。搜尋引擎是上網查詢資料的第一步,而搜尋結果的次序往往會影響網站被點閱的機會。例如:Google會將文章中關鍵字出現的次數納入網頁排名評比,若熟悉SEO技巧,在撰寫部落格文章時,就可以刻意加入某些關鍵字,就能在搜尋引擎中獲得較佳的次序與點擊率。

因為使用者通常只會開啟搜尋結果次序較前面的條目,因此許多商業網站為了被消費者有效搜尋,便會經由SEO,使網站更符合搜尋引擎的搜尋排名演算法規則。而增加流量往往是網路行銷的重要目標,SEO就是能有效增加網站流量的行銷技術,網站流量大,造訪網站的人越多,就越有可能吸引到潛在顧客,也就能達到「流量變現」的效果。SEO不僅能增加網站曝光度,同時也能提高流量品質與網站轉換率。

1-4-2 搜尋引擎最佳化方法

如何做到搜尋引擎最佳化有許多方法,其中,最基本的方法就是在每個網頁使用簡短、獨特和文章主題相關的標題,或是自行將網站提報給搜尋引擎,來獲取被搜尋出來的機會。

改善網站架構

好的網站架構是讓使用者及搜尋引擎更容易拜訪網站,在網址中使用與網站內容和架構相關的文字,使用簡單的目錄架構,要避免過於冗長的網址、籠統的名稱等。

容易瀏覽的網站

建立簡單的網站架構,讓使用者能從網站上的主要內容前往他們想要的特定內容,並放入適當的文字連結及增加外部優質網站連結,要避免複雜的導覽連結網,過度細分內容及避免完全依靠下拉式選單、圖片連結或是動畫連結。

準確描述網頁內容

選擇流暢易讀，而可以有效傳達網頁內容主題的標題，最好避免使用與網頁內容無關的標題。使用簡短而明確的標題，**標題文字不宜過多，且要避免在標題中堆砌不必要的關鍵字。**

每一個網頁最好有獨一無二的標題，讓搜尋引擎能夠清楚區分網站上的每個網頁，才能更精準的被搜尋出來。

提供準確的網頁內容摘要

摘要內容不但要提供實用資訊，也要能吸引使用者，抓住使用者的目光，引發使用者點擊的慾望。**摘要內容字數也不宜過長**，因摘要的長度會隨著使用者裝置、搜尋結果內容有所不同，有時可能顯示75~80個中文字，有時候又可能是100~150個中文字。

▲ 提供準確的網頁內容摘要

善用網站與它站的友善性連結

在網頁上可能有內部連結，也可能有外部連結，無論是哪種連結，連結文字寫得越明確，使用者就越容易瀏覽，搜尋引擎也越容易了解所連結的網頁內容。

最佳化圖片

當網頁上有圖片時，請使用簡單明瞭的檔案名稱和替代文字，避免使用籠統的檔案名稱，例如：圖片 1.jpg、1.jpg。在製作網頁時，**可以使用「alt」屬性，指定圖片的替代文字。**

讓網站適合行動裝置瀏覽

大多數使用者都會透過行動裝置執行搜尋動作，所以在設計網頁時，**最好使用響應式網頁設計**，不僅容易閱讀，使用上也較為流暢方便，也才能增加瀏覽率。

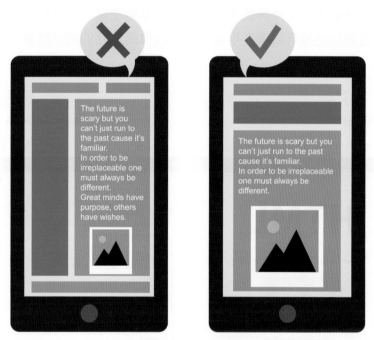

▲ 讓網站適合行動裝置瀏覽

專家/權威內容

因假消息已經對社會產生嚴重影響，所以搜尋引擎開始重視企業本身的權威性，在建立網站內容時，把自己的特色關聯起來，提供有用的資訊，成為該主題的「專家」，**解決特定問題而撰寫的內容是獲得高排名的最佳方式。**

> 🗨 **知識補充**
>
> 影響網站搜尋引擎排名的因素有很多，對此部分有興趣的話，可以至 Google 所提供的「搜尋引擎最佳化 (SEO) 入門指南」網站 (https://developers.google.com/search?hl=zh-tw)，該網站有許多相關的說明。

1-5 網路資源

　　進行網頁設計時,可以參考及使用網路上的各項資源,例如:想要查詢HTML及CSS、JavaScript等語法的使用時,可以至W3Schools網站。本節將介紹一些在網頁設計時會使用到的網路資源。

1-5-1 W3Schools網站

　　W3Schools是學習網頁程式語言的網站,網站裡有HTML5、CSS3及JavaScript等各種標籤與指令的說明文件與範例,當要使用某個標籤,一時忘了用法時,便可上該網站查詢,且該網站還可以讓使用者直接修改標籤並立即測試結果,讓學習過程變得輕鬆簡單。

▲ W3Schools網站 (https://www.w3schools.com)

1-5-2 網頁配色工具

設計網頁時,最好先針對網站的屬性或使用對象選擇適合的色系,例如:藍色,可建立信任感和安全感,所以常出現在銀行或企業網站中;粉紅色,代表著浪漫和女性主義,所以通常會出現在女性產品的網站中;黑色,則有強而有力的感覺,所以通常會出現在奢華商品的網站中。若不知該如何選擇網頁色彩時,可以透過網頁配色網站,來挑選色系。

Coolors

Coolors是一個免費的線上配色工具,可以快速地產生各種色票,省去自己配色的煩惱。進入Coolors網站後,就會自動產生一組隨機的色票,只要按下「空白鍵」,就會再隨機產生新的色票。

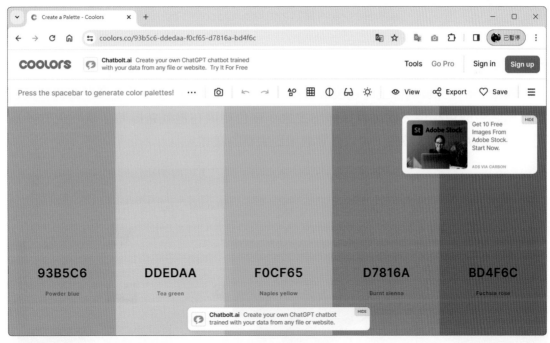

▲ Coolors網站 (https://coolors.co)

BrandColors

BrandColors網站蒐集了各大品牌官網的配色分析,進入BrandColors網站後,就可以看到全球各大知名品牌所使用的標準色塊。

在BrandColors網站中,可以一鍵顯示該顏色的HEX值,還可以勾選需要的品牌顏色,將色票檔下載至電腦中,下載時可以選擇要使用的格式,如ASE(Adobe)、SCSS、LESS及CSS等格式。

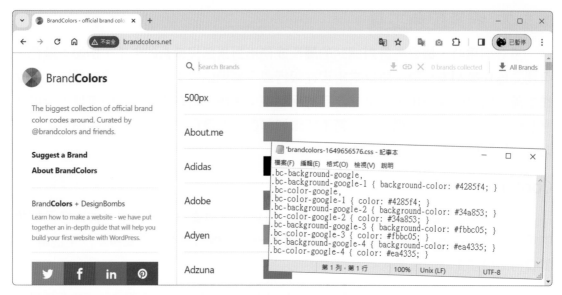

▲ BrandColors 網站 (http://brandcolors.net)

Paletton

　　Paletton是免費的線上配色設計工具，使用者可以直接在網頁上調配顏色，只要使用網站中的色相環，便可直接調出主色，在色相環右邊就會即時呈現配色的預覽圖。按下**EXAMPLES**按鈕，可以預覽套用到網頁的樣式。

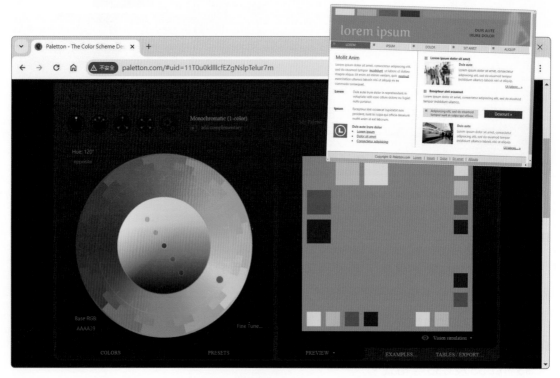

▲ Paletton 網站 (http://paletton.com)

1-5-3 假文產生器

製作網頁時,若需要大量的文字進行編排,那麼可以利用假文產生器來製作文字內容。如 **RichyLi.com** 網站及**中文假文產生器**網站,這些網站可以快速地產生一些文字內容。

▲ RichyLi.com 網站 (http://www.richyli.com/tool/loremipsum/)

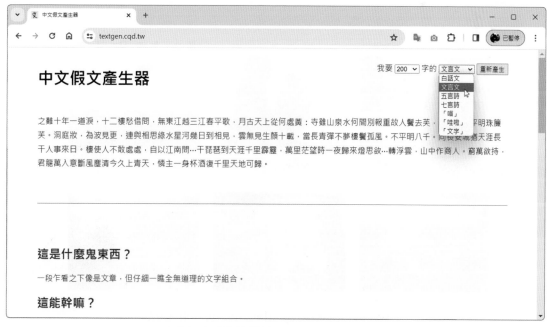

▲ 中文假文產生器網站 (https://textgen.cqd.tw)

1-5-4　圖片產生器

編排網頁版面時，總是會使用到圖片，若臨時找不到適合的圖片，可以使用圖片產生器，來產生**占位圖**（就是在進行設計網頁時，會暫時用來放入版面的圖片）。

Lorem Picsum網站提供了占位圖功能，使用者只要在網址後方設定需要的長度及寬度，例如：**https://picsum.photos/400/600**，就會隨機產生一張符合尺寸的占位圖，而且圖片還會隨機更換，若要指定圖庫中的某張圖片，則可以加上id來指定，例如：**https://picsum.photos/id/31/200/300**，這些圖片皆來自採用CC0授權的Upsplash線上免費圖庫網站。

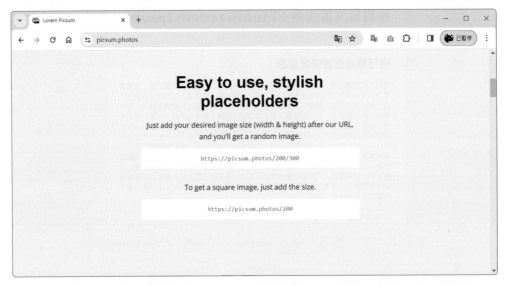

▲ Lorem Picsum 網站 (https://picsum.photos/)

1-5-5 漸層產生器

網頁中若要使用漸層色當背景時，通常要撰寫一長串的CSS語法，若要節省時間，可以直接使用漸層產生器，即可輕鬆建立漸層樣式。

例如：**Ultimate CSS Gradient Generator**網站，可以依據設計上的需求，透過視覺化介面調整漸層樣式、選擇顏色、漸層方向、漸層區域的大小等，就會自動產生程式碼，再將程式碼貼到要顯示漸層的區塊CSS語法中即可。

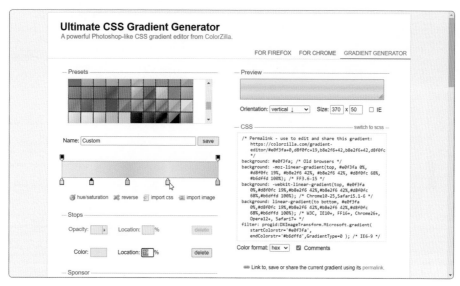

▲ Ultimate CSS Gradient Generator網站 (https://www.colorzilla.com/gradient-editor/)

1-5-6 背景圖產生器

網路上有許多可以快速製作出背景圖的產生器，例如：**Background Generator**、**pattern cooler**、**patterninja**、**Hero Patterns**等網站，都提供了製作背景圖的服務。

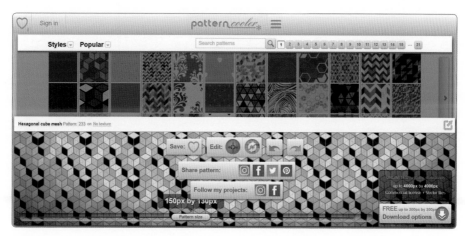

▲ pattern cooler網站 (https://www.patterncooler.com)

1-5-7 版型產生器

　　網路上雖然有很多免費的網頁模板可供下載，但如果要修改版型結構，可能就需要一點時間，此時可以使用 Grid-Generator、CSS Layout Generator 等版型產生器網站，快速地產生網頁版型的 CSS 樣式表。

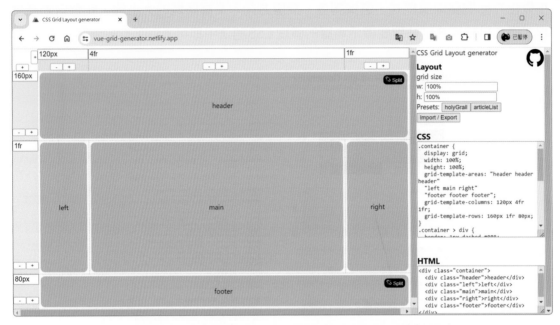

▲ Grid-Generator 網站 (https://vue-grid-generator.netlify.app)

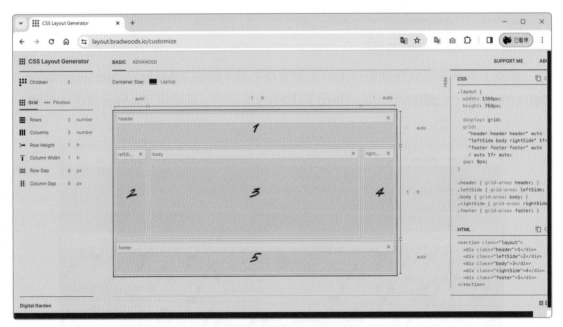

▲ CSS Layout Generator 網站 (https://layout.bradwoods.io)

1-5-8 表格產生器

要在網頁加入複雜的表格時,可以使用網路上的表格產生器資源,例如:Tables Generator、RapidTables、DIV TABLE 等,快速地建立表格HTML程式碼。

Tables Generator 可以快速地建立表格並產生HTML及CSS語法,還可以匯入CSV檔案,直接產生表格,除此之外,還能設定表格的樣式,是一個非常方便的工具。

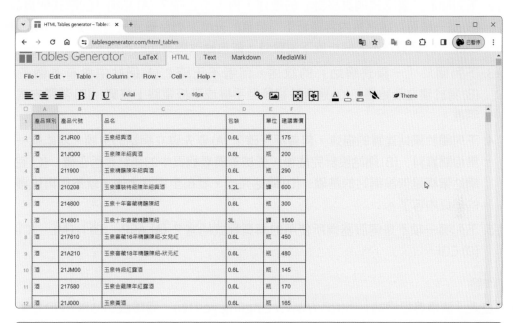

▲ Tables Generator網站 (https://www.tablesgenerator.com)

●●● 自我評量

● 選擇題

( ) 1. 超文本(Hypertext)是使用下列何種語言製作而成的文件？ (A) CSS (B) HTML (C) Flash (D) RWD。

( ) 2. 下列關於「響應式網頁設計」的敘述，何者<u>不正確</u>？ (A)又稱「回應式網頁設計」 (B)是一種可以讓網頁內容隨著不同裝置的寬度來調整畫面呈現的技術 (C)簡稱為 CSS (D)網頁在不同解析度下瀏覽時，能自動改變頁面的布局。

( ) 3. 下列關於「一頁式網站」的敘述，何者<u>不正確</u>？ (A)網站中會有多個子網頁 (B)易於建立及維護 (C)適合於智慧型手機或平板電腦上瀏覽 (D)瀏覽方式簡潔 明瞭。

( ) 4. 下列關於網站建置的描述，何者<u>不正確</u>？ (A)要先確立網站的主題，才能進一步蒐 集相關資料 (B)網站設計完成後，要檢查看看網頁中的連結是否正確 (C)完整的 網站架構是架設網站的基礎 (D)網站完成，發布至網路上後，就不用再維護其中 的網頁內容了。

( ) 5. 下列哪一項不是伺服器端所使用的網頁程式語言？ (A) ASP (B) HTML (C) PHP (D) CGI。

● 實作題

1. 請進入「清境農場網站」(https://www.cingjing.gov.tw)，體驗該網站以 RWD 技術設計 的網頁，請試著用電腦或行動裝置來瀏覽，了解它在不同解析度下瀏覽時，自動改變 頁面布局的情境。

CHAPTER 02

HTML基本概念

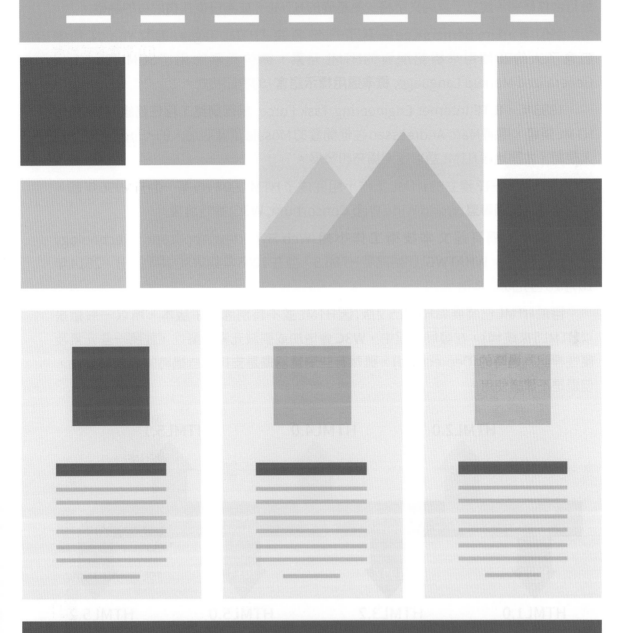

2-1 認識HTML

超文本標記語言(HyperText Markup Language, **HTML**)是瀏覽端的網頁標籤語言，可供瀏覽器讀取並顯示。

2-1-1 HTML的發展

1982年，全球資訊網之父 **Tim Berners-Lee** 為使世界各地的物理學家能夠方便的進行合作研究，建立了以純文字格式為基礎的HTML，成為日後建構網頁的基礎。

1991年，Tim Berners-Lee編寫了一份名為「HTML Tags」的文件，文件中包含了大約20個用來標記網頁的HTML元素，這些元素應用了 **SGML**(Standard Generalized Markup Language, **標準通用標示語言**)的標記格式。

1993年，**IETF**(Internet Engineering Task Force, **網際網路工程任務組**)發布首個HTML規範，還將 Marc Andreessen 在他開發的 Mosaic 瀏覽器加入的 <img> 標記，納入規範，才開始讓HTML語言逐漸擴充和發展。

1995年，IETF建立的HTML工作小組完成了HTML2.0的標準，而自1996年起，便由**全球資訊網聯盟**(World Wide Web Consortium, **W3C**)進行維護。

2004年，**網頁超文本技術工作小組**(Web Hypertext Application Technology Working Group, **WHATWG**)開始開發 HTML5，並在2008年與W3C共同提出，2014年10月28日完成標準化。

目前HTML已發展到HTML5.2版(因HTML並不特別強調子版本，所以一般還是以HTML5來統稱)，在發展過程中，**W3C**會增加或刪減元素及屬性，並將一些元素及屬性標記為**過時的**(Deprecated)，雖然有些瀏覽器還是支持這些過時的元素和屬性，但還是不建議使用。

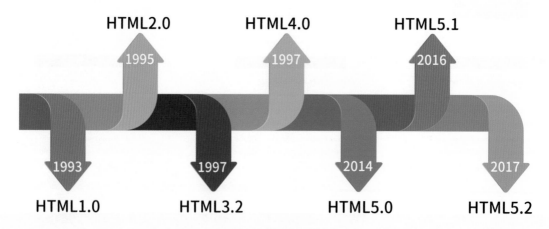

▲ HTML 發展歷史

2-1-2　HTML5

HTML5是由Opera、蘋果、Mozilla等廠商共同組織的WHATWG所協力推動的一個新的網路標準。

相較於原本的HTML標準，HTML5最大的特色在於簡化了語法及提供許多新的標籤與應用，將原本屬於網際網路外掛程式的特殊應用，透過標準化規範，加入至網頁標準中，用以減少瀏覽器對於外掛程式的需求。

舉例來說，以Flash元件製作而成的網頁，如果沒有在瀏覽器中另外安裝Flash Player軟體，是無法正常執行的。然而，採用HTML5為標準的網頁可以將一些原本需要Flash才能製作的效果直接寫在網頁中，並由瀏覽器進行運算，如此一來，只要瀏覽器支援HTML5標準，就可以直接顯示網頁內容，而不需另外安裝程式。

此外，以瀏覽器介面進行雲端服務已蔚為網路應用的新主流，而HTML5也能提供較佳的網頁程式執行效能，有助於線上應用程式的建構。

HTML經過多年的發展，增加了許多元素及屬性來豐富網頁效果，且規則也更加嚴謹，撰寫網頁時只要符合規則，在不同的設備及瀏覽器都能顯示出該網頁的樣式。W3C提供了HTML5網頁驗證工具，協助網頁設計人員檢查內容是否符合HTML5的標準。只要進入「**http://validator.w3.org**」網頁中，即可選擇要驗證的方式。

2-2 HTML的基本結構

HTML是由許多的**文件標籤**(Document Tags)組合而成的，文件內容可以是文字、圖形、影像、聲音等。這節就來學習HTML的基本結構吧！

2-2-1 HTML的元素、標籤與屬性

HTML包含了一系列的**元素**(Elements)，而元素包含了**標籤**(Tag)、**內容**(Content)與**屬性**(Attributes)，用標籤來控制內容所呈現的樣貌，例如：字體大小、粗體、斜體、在文字或圖片設置超連結等。

例如：要將「I Love You」這個句子自成一個段落，那麼可以在句子前後分別加入上段落標籤，「<p>I Love You</p>」它就會變成一個段落元素了。

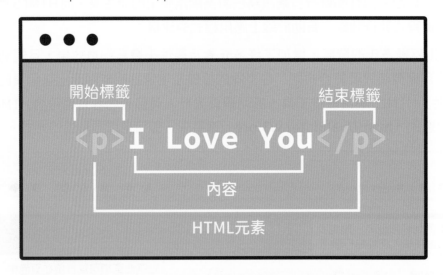

每一個HTML標籤包圍的內容中，可以再包含其他的HTML標籤，所以HTML文件的結構是屬於一種階層樹狀的結構。

標籤

由「<」和「>」包含起來的文字，就是所謂的「標籤」。完整的標籤包含了開始標籤(<>)及結束標籤(</>)，例如：<p>表示開始，先輸入「< >」符號，裡面再放入元素名稱「<p>」，開始標籤代表這個元素從這裡開始；</p>表示結束，與開始標籤一樣，只是在元素名稱前面多了一個「/」斜線。

不過，並不是所有元素都有結束標籤，例如：
、<img>、<hr>、<input>等元素就沒有結束標籤，在撰寫這類的標籤時，有時也會寫成**
，斜線代表標籤的結束，表示對瀏覽器更明確地定義了這個標籤「結束在開始的位置」**。**標籤本身沒有大小寫的區分**，但建議固定使用小寫。

內容

標籤中間包圍的就是這個元素的內容，例如：「<p>I Love You</p>」，其中 I Love You 就是內容。

元素

HTML 文件可以包含一個或多個元素，元素是**開始標籤**、**結束標籤**及**內容**所組成的區塊，稱之為一個 HTML 元素，例如：「<p>I Love You</p>」這一整串就表示一個 HTML 段落元素。

不過，像
、<hr> 這類沒有結束標籤的元素，因無法包含任何內容，就被稱為**空元素**。

巢狀元素

元素裡面可以再放進元素，此種結構就稱為巢狀元素，例如：<p>I Love You</p>，想要強調「Love」，那麼可以將 Love 加上 mark 標籤 (將文字以亮底呈現)，如此就形成了巢狀結構：

```
<p>I <mark>Love</mark> You</p>
```

巢狀結構是一層接著一層的包覆，不同層的開始及結束標籤不可以互相錯置。mark 標籤是在 p 元素的內容中，所以整個 mark 元素 (包含開始和結束標籤)，都必須被包在 p 標籤裡面，才能形成一個正確的巢狀關係。

屬性

元素還可以有**屬性** (Attribute)，以提供更多的資訊，而一個元素裡可以加上多個屬性，可以利用屬性設定元素的色彩、對齊方式等。一個屬性是由**屬性名稱**、**等號以及用雙引號包住的屬性值所組成**，不同的屬性則用空格分隔開。

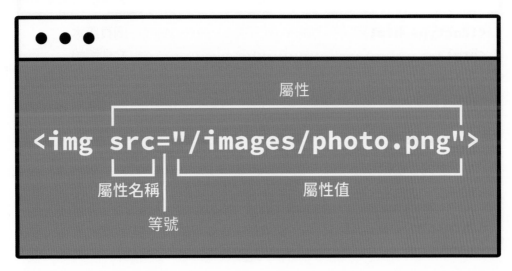

全域屬性

全域屬性(Global Attributes) 是指所有 HTML 元素共同的屬性，可以在所有的元素中使用。下表列出一些常見的全域屬性。

屬性	說明
contenteditable	設定 HTML 元素的內容是否可以被使用者編輯。
data-*	是用來存放自行定義的資料，通常是用來與 JavaScript 存取互動。
hidden	設定 HTML 元素是否要被隱藏起來。
spellcheck	控制瀏覽器要不要對內容進行即時拼字檢查，通常是用在可以被編輯的 HTML 元素上。
translate	用來聲明 HTML 元素的內容是否需要被翻譯。
class	設定 HTML 元素的類別名稱，可以有多個類別，不同類別要用空格分隔。
id	設定 HTML 元素的唯一識別符號，每個 HTML 元素的 id 在整分文件中都獨一無二不可重複。
div	設定語言文字的方向順序。
accesskey	設定一個或多個用來選擇頁面上的元素的快速鍵。
draggable	設定元素內容是否可用滑鼠拖曳複製。
dropzone	設定元素內容用滑鼠拖曳的模式。

2-2-2 網頁結構標籤

每一個網頁的基本結構都會包含**文件的開始與結束、文件標頭**及**文件主體**等三種結構標籤，除此之外，還會在第一行加入網頁版本。

```
<!doctype html>                             網頁版本
<html>                                      文件開始
  <head>                                    文件標頭開始
    <title>我是馬祖人</title>                網頁標題
    <meta charset="utf-8">                  文件相關資訊
  </head>                                   文件標頭結束
  <body>                                    文件主體開始
    馬祖的歷史、建築及美食                    文件內容
  </body>                                   文件主體結束
</html>                                     文件結束
```

<!doctype html>

<!doctype html> (文件類型定義)是用來定義網頁中HTML語法的版本,早期的定義方式為:

```
<!doctype html PUBLIC "-//W3C//DTD XHTML 1.0
Transitional//EN" "http://www.w3.org/TR/xhtml1/DTD/
xhtml1-transitional.dtd">
```

到了 HTML5 後,簡化了文件類型定義的語法:

```
<!doctype html>
```

所以在網頁架構中,**第一行為 <!doctype html>,即表示該網頁是屬於 HTML5 的網頁**。

<html>...</html>

<html>...</html>是文件的開始與結束,HTML 文件可以包含一個或多個元素,<html>被視為**根元素**(Root Element),包含了所有顯示在這個網頁上的內容。在<html>標籤中還可以用來標註網頁的語系,例如:

```
<html lang="zh-Hant-Tw">
```

「lang=」是用來標註網頁的語系,讓瀏覽器能更正確的解析與編碼。宣告時,可依據 IETF 的規範來宣告,**「語言–字體–地區」**。例如:要宣告**臺灣繁體中文,就要撰寫成「zh-Hant-TW」**,告訴瀏覽器「這是一份繁體中文的文件」。

<head>...</head>

<head>...</head>是文件的標頭範圍,通常用來說明網頁的相關資訊及外部資源資訊,例如:指定網頁所用的編碼、要連結的 CSS 樣式表、JavaScript 檔案等。在 head 裡的內容除了 <title> 之外,其他的都不會顯示於瀏覽器的畫面中。

<title>...</title>

<title>...</title>是用來描述網頁的標題,該文字會顯示在瀏覽器的標題列上、瀏覽器的書籤中、瀏覽器的頁籤上、搜尋引擎的網頁搜尋結果中。

<meta>

<meta>元素是用來**設定HTML文件的相關資訊**,例如:編碼方式、摘要、關鍵字、伺服器應用程式名稱及IE相容性等。<meta>元素要放在<head>元素中,**且沒有結束標籤**。以下介紹一些<meta>常見的屬性。

● charset:是設定文件的編碼方式,語法如下:

```
<meta charset="UTF-8">
```

● name 與 content:name 屬性是設定相關資訊的名稱,而不論是用哪個名稱,都必須搭配一個 content,來告訴瀏覽器內容是什麼。

常見的屬性值有**description** (網頁說明)、**keywords** (關鍵字)、**author** (作者資訊)、**viewport** (手機行動版網頁螢幕資訊)、**generator** (記錄網頁編輯器名稱)、**application-name** (伺服器應用程式的名稱)等。

```
<meta name="description" content="這是王小桃的網站">
<meta name="keywords" content="美食,旅遊,露營">
<meta name="author" content="Momo">
<meta name="viewport" content="width=device-width, initial-scale=1">
<meta name="generator" content="編輯器名稱">
<meta name="application-name" content="王小桃部落格">
```

例如:搜尋台積電官方網站,網站中所撰寫的 meta description 內容,會出現在搜尋結果的標題與網址下方,作為網頁內容的摘要。

● http-equiv:是設定關於網頁的內容屬性資訊,因為 HTTP 伺服器是使用該屬性蒐集 HTTP 標頭,例如:網頁自動更新、網頁內容編碼等。常見的屬性值有 **X-UA-Compatible** (設定IE相容模式)、**content-type** (設定 HTML 文件的內容類型)、**default-style** (設定預設樣式)、**refresh** (設定更新網頁)等,與 name 一樣,無論是使用哪一種屬性值,都要搭配 content。

```
<meta http-equiv="X-UA-Compatible" content="IE=edge,chrome=1">
<meta http-equiv="content-type" content="text/html">
<meta http-equiv="default-style" content="the document's preferred stylesheet">
<meta http-equiv="refresh" content="100; url=https://www.google.com.tw">
```

- OGP(Open Graph Protocol, 開放社交關係圖)：是Facebook提出的設定，目標是讓網頁在社交媒體呈現時，能完整呈現縮圖、標題、描述等資訊。例如：將一個連結分享在某個平臺(LINE、WhatsApp、Facebook、Instagram、Medium等)，這個連結會顯示縮圖、顯示標題等資訊。

在 <meta> 元素中的 **property** 屬性，就可以使用 **og:url** (分享網頁時的顯示網址)、**og:title** (分享網頁時的標題)、**og:image** (分享網頁時的圖片，可以設定圖片的寬度與高度)、**og:description** (分享網頁時的描述)等屬性值來進行設定。

```
<meta property="og:title" content=" 王小桃部落格 ">
<meta property="og:image" content="https://www.momo.com/share/logo.png">
<meta property="og:image:width" content="1200">
<meta property="og:image:height" content="630">
<meta property="og:description" content=" 我的旅遊、美食、露營分享 ">
```

💬 知識補充

OGP的相關設定可以至 The Open Graph protocol 網站(https://ogp.me) 查詢，該網站對OGP的設定有完整的解說。

Facebook還提供了 og:tag「分享偵錯工具」，可以進入該網站(https://developers.facebook.com/tools/debug/)，進行測試，確認有沒有寫錯。

`<body>...</body>`

HTML文件中一定會有一個<body>...</body>，可以把<body>視為一個容器，用來呈現網頁的主要內容，裡面會有不同用途的HTML元素，例如：文字、圖片、表格、背景等，用來描述和架構出網頁內容。這裡建立的所有內容都會顯示於瀏覽器中。

2-2-3 HTML註解

在撰寫HTML時，可以使用註解標籤來說明或備註文件內容，若有其他協同工作者要修改該份文件時，可以了解該段程式為何要如此撰寫或是用途為何。註解會被瀏覽器忽略不會顯示於螢幕畫面上。

HTML註解符號是用 **<!-- 和 -->** 前後包住註解內容，在撰寫註解時，可以單行或多行撰寫。註解可以寫在HTML文件中的任何地方，對於原本網頁內容不會有任何的影響。

```
<!-- 我是註解文字 -->
```

```
<!--
多行註解文字1
多行註解文字2
多行註解文字3
-->
```

2-3　常用的HTML標籤

網頁是使用HTML編輯而成的，而在裡面包含了許多不同的標籤，這些標籤代表著每個不同的結果，這節將介紹一些常用的HTML標籤，而這些標籤在使用Dreamweaver製作網頁時也都會經常使用到喔！

2-3-1 段落與字元元素

文字的變化與編排技巧在設計網頁時非常重要，常用的標籤如下表所列。

標籤	說明
`<h1>...</h1>`	設定標題字，共有六種選擇，從最大<h1>到最小的<h6>。
`<p>...</p>`	定義段落，除了換行外，還會增加一個空白列。
` `	定義為換行，就像Word中使用Shift+Enter鍵換行一樣，段落與段落之間不會增加空白列。
`<hr>`	水平分隔線。

標籤	說明
\<ul\>...\</ul\> \<li\>...\</li\>	符號清單，可以在文字前加入實心圓形的符號，就像Word中的項目符號。設定時，條列選項前要先加入\<ul\>，結尾處加入\</ul\>，而選項則以\<li\>和\</li\>標記。
\<ol\>...\</ol\> \<li\>...\</li\>	編號清單，可以在文字前加入編號，就像Word中的編號。設定時，選項前要先加入\<ol\>，結尾處加入\</ol\>，而選項則以\<li\>和\</li\>標記。
\<b\>...\</b\>	將文字設定粗體。
\<strong\>...\</strong\>	將文字加粗，表示為重要文字，加強語意的重要性。
\<i\>...\</i\>	將文字設定為斜體字。
\<em\>...\</em\>	以斜體字強調文字，加強語意的重要性。
\<u\>...\</u\>	將文字加上底線。
\<sup\>...\</sup\>	將文字設定為上標。
\<sub\>...\</sub\>	將文字設定為下標。
\<del\>...\</del\> \<s\>...\</s\>	兩種都是將文字加上刪除線。
\<mark\>...\</mark\>	將文字加入網底，以突顯文字，預設值為黃色。
\<small\>...\</small\>	顯示較小的文字。

2-3-2　語意結構區塊標籤

　　HTML5中有許多語意結構標籤，例如：header、nav、main、section、article、aside、footer、address 等，建立網頁時，可以語意化結構內容，也可以幫助搜尋引擎及網頁設計者清楚的解讀網頁結構。

標籤	說明
\<header\>	頁首區塊，通常頁首區塊中會包含網站標題、副標題、LOGO及導覽列\<nav\>。\<header\>不能放在\<footer\>、\<address\>或另一個\<header\>裡。
\<nav\>	導覽列區塊，用來連結到網站其他頁面，或連結到外部網站的網頁，也就是所謂的選單，一個HTML頁面可以有多個\<nav\>，但\<nav\>不可以放在\<address\>裡。
\<main\>	頁面主要內容區塊，通常一個網頁只會有一個\<main\>，且不會使用在\<nav\>、\<article\>、\<aside\>、\<footer\>及\<header\>標籤內。
\<section\>	是文件中的一個群組或區塊，可以作為一個章節或一個段落的區隔。一般來說，\<section\>裡會有自己的標題(h1~h6)。一個頁面可以有多個\<section\>，\<section\>裡也可放置\<header\>、\<nav\>、\<footer\>等標籤，\<section\>不可以放在\<address\>裡。

標籤	說明
<article>	內容本身獨立且完整的區塊，與<section>不同的是，<article>有更高的獨立性及完整性，通常用來放雜誌、部落格的文章、報紙文章等內容。一個網頁中可以有多個<article>。
<aside>	與主要內容<main>不太相關的區塊，通常用來放其他內容，例如：簡介、廣告、次導覽列或相關連結等側邊欄位。使用<aside>時，並不代表一定要放在側邊位置，只要是跟主要區塊無關的額外資訊，就可以使用<aside>來建構。
<footer>	頁尾區塊，通常會包含作者、版權、使用條款、聯絡方式等資訊。
<address>	連絡資訊區塊，可以是任何一種聯絡方式，例如：地址、URL、電子郵件信箱、電話號碼、社交媒體帳號、地理坐標等，通常放在<footer>裡，<address>中的內容在預設下會以斜體呈現。

2-3-3　圖表及影音多媒體標籤

　　圖表標籤可以用來在網頁中插入影像與表格，而影音多媒體標籤可以在網頁中加入音訊及視訊，讓網頁內容更豐富，下表所列為常用的圖表及影音多媒體標籤介紹。

標籤	說明
<img src="圖檔名稱.副檔名 ">	可在網頁上顯示要呈現的圖片，「src」是用來指定圖片的路徑檔名。
<table>...</table>	以用來建立表格，是表格的容器。
<tr>...</tr>	用來定義表格的橫列(row)。
<td>...</td>	用來定義每一直行(column)的單元格(cell)。
<caption>...</caption>	表格標題。
<audio>...</audio>	加入音訊，支援的音訊格式有：wav、mp3、ogg。
<video>...</video>	加入視訊，支援的影音格式有：ogg、mp4、webm。

2-3-4　超連結標籤

　　透過超連結可以建立網頁與網頁或檔案之間的關係，下表所列為常用的超連結標籤介紹。

標籤	說明
<a href="https://www.matsu-nsa.gov.tw">馬祖國家風景區全球資訊網</a>	超連結到網站。
<a href="mailto:000@msa.hinet.net">寄信給我 </a>	超連結到電子郵件。
<a href="tw.yahoo.com"><img src="logo.jpg"></a>	設定圖片超連結。

標籤	說明
<a href="index.html">回首頁</a>	超連結到同一目錄內的檔案。
<a href="#目標名稱">跳到目標位置</a>	超連結到文件內的書籤位置。

2-4 範例實作：撰寫HTML

　　對 HTML 有了基本的認識後，這節我們試著使用 Windows 所提供的記事本軟體撰寫 HTML。

01 在 Windows 中要建立記事本時，只要在任一資料夾視窗中，按下**滑鼠右鍵**，於選單中點選**新增→文字文件**選項，即可建立一份文件。

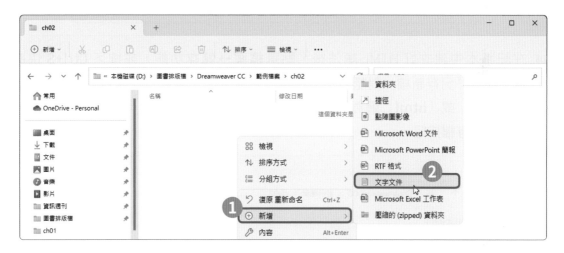

02 或是點選**開始**按鈕，進入**所有應用程式**選單中，在選單中點選**記事本**，即可開啟記事本操作視窗。

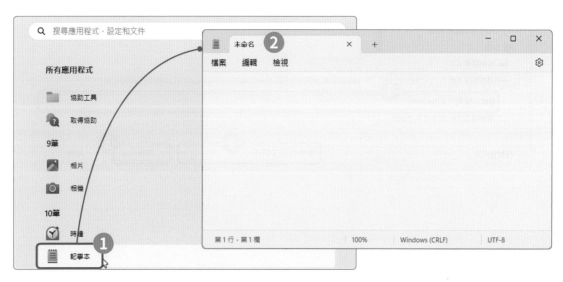

03 開啟記事本後，便可開始輸入 HTML 語法。

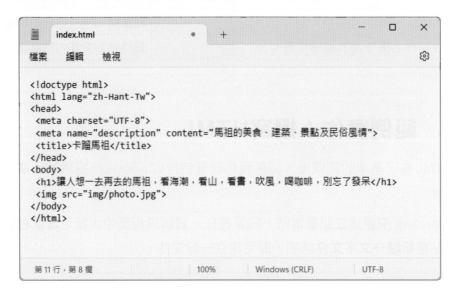

04 在記事本中建立好 HTML 語法後，點選 **檔案→儲存** 功能，或按下 **Ctrl+S** 快速鍵，開啟「另存新檔」對話方塊，在檔案名稱中輸入檔名及副檔名，副檔名必須為「**htm**」或「**html**」網頁格式才行，再將編碼方式設定為「**UTF-8**」，都設定好後按下 **存檔** 按鈕。

05 儲存完成後，在資料夾就會看到一個 html 格式的文件，雙擊該文件，瀏覽器便會
顯示該文件的內容。

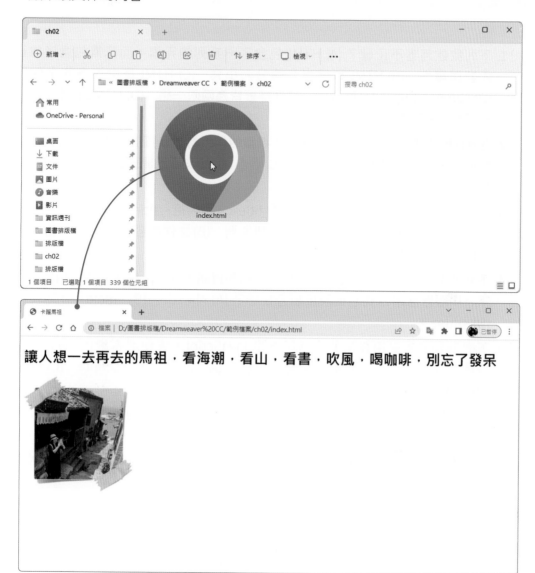

●●● 自我評量

● 選擇題

( ) 1. 下列敘述何者<u>不正確</u>？ (A) HTML包含了一系列的元素，而元素包含了標籤、內容與屬性 (B) HTML標籤沒有區分大小寫 (C) HTML是由許多的文件標籤 (Document Tags)組合而成的，文件標籤皆為兩兩一組 (D) HTML文件可以包含一個或多個元素。

( ) 2. 在HTML語法中，<body>…</body>標籤的作用為？ (A)宣告HTML文件的開始與結束 (B)宣告HTML的主體部分 (C)宣告HTML文件的開頭部分 (D)宣告HTML文件的結尾部分。

( ) 3. 使用HTML撰寫網頁時，撰寫一行「<title>卡蹓馬祖</title>」的語法，則「卡蹓馬祖」這個句子會顯示在何處？ (A)功能列 (B)文件內容的最上面 (C)選單列 (D)瀏覽器的標題列。

( ) 4. 下列哪個元素是用來設定HTML文件的相關資訊，例如：編碼方式、摘要、關鍵字、伺服器應用程式名稱及IE相容性等？ (A) <head> (B) <meta> (C) <base> (D) <title>。

( ) 5. 下列哪個元素是用在當瀏覽器不支援JavaScript，或使用者禁止JavaScript執行時，可以顯示一些要給使用者的訊息？ (A) <link> (B) <script> (C) <base> (D) <noscript>。

( ) 6. 在HTML語法中，可以使用下列哪個語意標籤，建立頁首區塊？ (A) <header> (B) <article> (C) <nav> (D) <main>。

( ) 7. 在HTML中若要加入註解要使用下列哪個語法？ (A) <!--XXX--> (B) <?--XXX--> (C) <#--XXX--> (D) <*--XXX-->。

● 實作題

1. 請使用記事本或其他程式碼編輯器，建立一份HTML文件，可參考以下內容。

```
<!doctype html>
<html>
<head>
    <meta charset="utf-8">
    <title>王小桃部落格</title>
</head>
<body>
    <h1>旅遊‧美食‧露營</h1>
</body>
</html>
```

CHAPTER 03

CSS基本概念

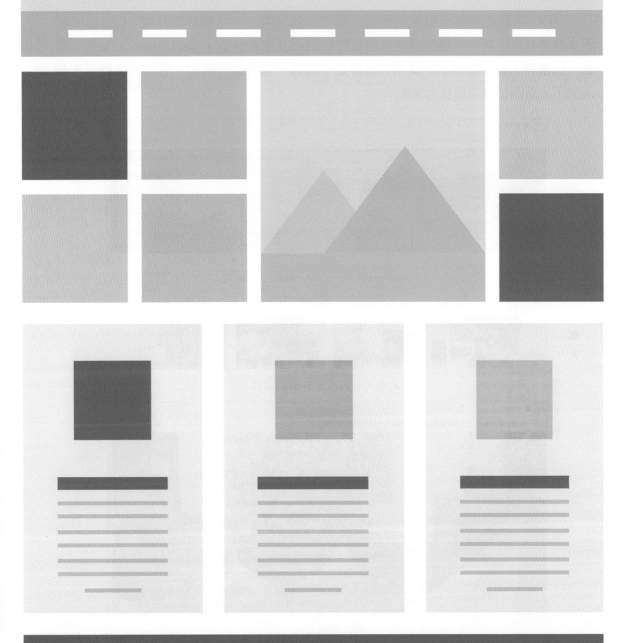

Dreamweaver CC

3-1 認識CSS

在網頁中常常會有一些重複的設定，若是透過HTML進行網頁設定，就會造成許多相同程式碼的重複，使用 **CSS** (Cascading Style Sheets, **階層式樣式表**)，則可以將相關的設定獨立出來，統一樣式，讓網頁具有統一的風格。

3-1-1 關於CSS

HTML定義了網頁所呈現的內容，而CSS就是用於設定網頁的外觀。CSS是一種用來裝飾HTML文件外觀的語言，可以控制網頁元素的外觀，例如：色彩、背景、樣式、位置等。如下圖所示，使用CSS美化了網頁，若將CSS關閉，所有的裝飾元素都消失了，版面也變得單調且凌亂。

▲ 使用CSS設定外觀的網頁

▲ 未使用CSS設定外觀的網頁

早期的HTML是將style的設定內嵌在自己的元素內,這種做法使網頁變得難以維護且程式碼龐大。例如:以下範例,每一個<p>元素裡都有不同的style,那麼程式碼就會很雜亂。

```
<p style="color:red;">認識COVID-19疫苗</p>
<p style="color:red;">BNT</p>
<p style="color:red;">AZ</p>
<p style="color:red;">莫德納</p>
```

而CSS的出現,就是將style獨立成為一個設定檔,這樣可以讓設計更有彈性、更多元化,也更便於維護。

CSS從第1版一直演變到現在的第3版,而第4版目前尚在開發中。CSS1發表於1996年12月;CSS2發表於1998年5月,由W3C推行,該版本加入了版面與表格的布局,並支援對於特定媒體類型的呈現方式;CSS3發表於1999年,到2011年6月才發布為W3C的推薦標準,該版本使用了模組的概念,使其能各自獨立進行開發及修訂,目前網頁設計皆以此為標準。

CSS4目前還在開發中,只有極少數的功能可以在部分瀏覽器上使用,詳細的資訊可以至W3C官方網站查看(https://www.w3.org)。

3-1-2 CSS的基本架構

CSS主要可分為**選擇器**(Dreamweaver稱為**選取器**)、**屬性**、**值**三個部分,選擇器是指希望定義的HTML元素;屬性與值則是用來定義樣式規則,兩者合稱為**特性**。屬性與值之間要用**半形冒號(:)**隔開;多個特性之間以**分號(;)**隔開,最後將所有特性以**大括號({})**括起來。語法使用範例如下:

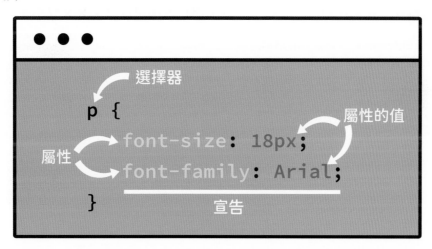

以上例來說,p為選擇器;font-size與font-family為屬性;18px與Arial則為屬性的值。此CSS表示:「為p段落中的文字定義了18px、Arial的格式」設定。

撰寫CSS時，與HTML一樣，不用區分大小寫，不過大部分都還是使用小寫。在設定多個選擇器時，要用**逗號**來分隔選擇器，語法如下：

```
h1, p { font-size: 18px;
   font-family: Arial;
}
```

在選擇器中可以設定多個屬性，而屬性設定好後，在屬性值後要用**分號**來分隔屬性，若只有一個屬性，或是最後一個屬性，那麼可以不必加上分號，不過大部分的人還是會加上分號，以防未來如果再加入屬性時，忘了加上而造成錯誤。撰寫屬性時，可以使用換行方式撰寫，也可以不換行方式撰寫。

● 換行

```
h1 {
   color: blue;
   font-size: 20px;
}

p {
   color: black;
}
```

● 不換行

```
p {font-size: 18px; font-family: Arial;}
```

撰寫CSS樣式表時，為了讓程式碼更易閱讀，可以在敘述中加入註解文字，HTML的註解文字是寫在 <!--×××--> 之間，而CSS則是以 /*×××*/ 來表示。

```
p {
   font-size: 18px;        /*字型大小*/
   font-family: Arial;    /*字型名稱*/
}
```

3-2 CSS的使用方式

使用CSS時，主要可分為**行內樣式、內部樣式表**及**外部樣式表**等三種方式，這節就來看這三種方式有什麼不同。

3-2-1 行內樣式

行內樣式是**只針對某個網頁區段設定其樣式，因此適用範圍最小**，只適用於目前所在的元素上，其使用方式是在HTML文件中以「**style="..."**」語法來指定樣式，此方式很花時間，且也不易管理。

```
<header id="top" style="background-color:#c8ebfc;">
<h1 style="text-align:center;">跟我一起卡蹓馬祖</h1>
<p style="color:orangered;text-align:center;">吹風、喝咖啡，別忘了發呆</p>
</header>
```

3-2-2 內部樣式表

內部樣式表是將CSS語法直接寫在HTML文件中的「**<style>...</style>**」元素之內，僅供目前的網頁文件使用。

```
<head>
<title>卡蹓馬祖</title>
   <style type="text/css">        <!--type="text/css"可省略不寫-->
     header, footer, nav {
            background-color: #665508;
            text-align: center;
            color: white;
            padding: 10px;
            margin: 10px;
     }
     article {
            padding: 10px;
            margin: 10px;
            color: gray;
     }
   </style>
</head>
```

3-2-3　外部樣式表

　　外部樣式表是**將一或多個CSS樣式集合在一個「.css」格式的樣式表檔案中**。如下圖所示：

　　要使用時，只要在HTML文件中以**<link>**連結至該檔案，或是使用**@import**來載入(通常使用<link>元素連結至該檔案)，就可以使用該外部樣式表中所定義的樣式。因為是透過連結方式來使用，所以此法可以讓許多個網頁共用一個外部樣式表。語法如下：

```
<head>
   <style>
     @import url(外部css檔案的路徑);
   </style>
</head>
```

```
<head>
   <link href="外部css檔案的路徑" rel="stylesheet" media="all">
</head>
```

3-2-4　樣式表的串接順序

　　若一個HTML文件中，相同屬性卻包含多個CSS樣式表時，應該要套用哪一個呢？基本原則是，越接近HTML本身的樣式，優先權越高，所以基本上瀏覽器會以「**行內樣式**」為第一優先，接著是內部樣式，最後才是外部樣式。

　　而若是有多個樣式表被匯入或被連結，越後被匯入或越後被連結的，優先權就越高，優先權由高到低的順序為：**行內樣式表 > 內部樣式表 > 外部樣式表 > 外部連結樣式表 > 瀏覽器本身的樣式表。**

　　還有CSS的撰寫順序及選擇器的類型也會影響到CSS的優先權。CSS的撰寫順序基本上是以「**寫在後面的敘述，優先於寫在前面的敘述**」為原則，只要後面衝突到同一個位置的值就會覆寫過去。

　　CSS選擇器類型的明確度優先順位為：**id 選擇器 > class 選擇器 = 屬性選擇器 = 虛擬類選擇器 > 標籤元素 = 虛擬元素選擇器。**不過，若在屬性後面加上 **!important**，可以直接忽略CSS的明確度，直接指定為最優先。

　　例如：下列語法標題應該是藍色，因為行內套用的優先權最高，但只要在選擇器的屬性後面加上!important，就可以直接取得最高優先權，所以標題會變成綠色的。

```
<head>
    <style>
      #main-title { color: purple; }
      .title { color: green !important; }
    </style>
</head>
<h1 id="main-title" class="title" style="color: blue;">標題</h1>
```

　　總結樣式表的優先順序為**!important > CSS 行內樣式 > ID 選擇器 > Class 選擇器、虛擬選擇器、屬性選擇器 > 標籤選擇器、虛擬元素選擇器 > 通用選擇器。**

知識補充：reset.css

由於每一家的瀏覽器本身都有自己的CSS預設值，所以在預覽網頁時，所呈現的結果有所不同，而造成設計上的困擾。此時可以使用「reset.css」來清除瀏覽器的預設值。

reset.css是CSS大師 Eric A. Meyer 所撰寫的，要使用時將該語法複製到CSS文件的開頭，或是在HTML文件中 (<head>元素裡) 加入該語法的連結網址，該網址為 Eric Meyer 所創建的網站。

```
<link rel="stylesheet" type="text/css" href="https://meyerweb.com/eric/
tools/css/reset/reset.css">
```

當然也可以將語法儲存成reset.css檔案，再連結到該檔案即可，語法如下：

```
<link rel="stylesheet" type="text/css" href="reset.css">
```

3-3 CSS基本選擇器

選擇器(也有人稱選取器)是用來指定要定義CSS的作用範圍,基本的選擇器有:標籤、class、id、通用、屬性等,這節就來認識各種基本選擇器吧!

3-3-1 標籤選擇器

使用HTML標籤當作選擇器,可以重新定義該標籤的預設格式,賦予標籤新的屬性,網頁中所有使用到這個標籤的部分都會受到影響,適合用來定義全體通用的基礎樣式。

```
h1 {color: red;}     /*標題會套用紅色*/
p {color: black;}   /*段落會套用黑色*/
```

使用標籤選擇器時,可以將多個標籤群組,以套用相同樣式,只要在標籤之間用「,」分隔即可,這種方式稱為群組選擇器。例如:將標籤<h2>與<p>的文字色彩設定為綠色,那麼網頁中所有運用到此標籤的地方都會套用相同樣式。

```
h2, p {color: green;}
```

3-3-2 class選擇器

class選擇器(Class Selectors,在Dreamweaver中稱為類別選取器)是在HTML中加入class屬性,例如:在<h1>元素中要套用CSS樣式,就在<h1>中加入class屬性,CSS語法如下:

```
.text-orangered {color: orangered;}
```

HTML語法如下:

```
<h1 class="text-orangered">王小桃</h1>
```

class屬性可套用至一或多個元素,名稱可以自訂,一個網頁可有多個class屬性值,而選擇器名稱必須以「.」開頭(如.style)。若同樣都是要設定文字色彩時,標籤選擇器與class選擇器也可以使用逗號相隔,語法如下:

```
h1, h2, .class1 {color: orangered;}
```

也可以指定特定的HTML元素使用class,語法如下:

```
p.center {text-align: center;}
```

當設定多個class時，可以用「.class1.class2」的形式將選擇器結合在一起，不過，要注意 **class 間不可以有空格**，如此可以指定出「有class1也有class2」的選擇器，CSS語法如下：

```
.class1.class2 {color: green;}
```

HTML語法如下：

```
<h1 class="class1 class2">同時有class1和class2</h1>
```

3-3-3　id選擇器

id 選擇器為包含特定id屬性的標籤定義格式，**只針對特定一個HTML元素**，選擇器名稱**必須以「#」開頭**。CSS語法如下：

```
#idtext {color: orangered;}
```

HTML語法如下：

```
<h1 id="idtext">王小桃</h1>
```

3-3-4　通用選擇器

通用選擇器(Universal Selector)是**使用「*」字元，將樣式套用於全部元素標籤中**。CSS語法如下：

```
* {font-size: 20px;}
```

以下範例使用通用選擇器，將頁面中的全部元素套用相同字型大小、色彩及置中對齊等樣式。

```
<!doctype html>
<html lang="zh-Hant-Tw">
<head>
   <meta charset="UTF-8">
   <meta http-equiv="X-UA-Compatible" content="IE=edge">
   <meta name="viewport" content="width=device-width, initial-scale=1.0">
   <title>卡蹓馬祖</title>
   <style>
      * {font-size: 20px; color: dodgerblue; text-align: center;}
   </style>
</head>
```

3-3-5 屬性選擇器

屬性選擇器 (Attribute Selectors) 是**用在元素的屬性上,有很多種條件可以選擇,以「[」為開頭,以「]」為結尾。**

元素[HTML屬性]

元素 [HTML 屬性] 會針對有**設定指定屬性的元素**,進行 CSS 樣式設定,樣式會套用在有包含此屬性的元素上,不管內容是什麼,只要 HTML 元素內有這個屬性就套用。例如:下列語法是讓所有圖片加上一個 5 像素的綠色邊框,但是具有 alt 屬性的圖片則不會有邊框。

```
img { border: 5px solid green; }
img[alt] { border: none; }
```

HTML 語法:

```
<img src="..." alt="I Very Love You"> <!--會套用樣式設定-->
<img src="..." alt="I Love You">       <!--會套用樣式設定-->
<img src="...">
```

元素[HTML屬性="值"]

元素 [HTML 屬性 =" 值 "] 會針對設定**指定屬性及值的元素**,進行 CSS 樣式設定。例如:下列語法代表具有 title 屬性的 h1 元素,且該屬性值為 text,就套用樣式設定。

```
h1[title="text"] { color: green; }
```

HTML 語法:

```
<h1 title="text">文字會變成綠色</h1>     <!--會套用樣式設定-->
<h1 title="text-01">文字將維持原本的色彩</h1>
<h1 title="t2">文字將維持原本的色彩</h1>
```

元素[HTML屬性^="文字"]

元素 [HTML 屬性 ^=" 文字 "] 會針對**指定屬性及值有特定開頭的文字 (字串)**,進行 CSS 樣式設定。例如:下列語法代表具有 title 屬性的 h1 元素,且該屬性值以 text 為開頭,若符合條件,就套用樣式設定。

```
h1[title^="text"] { color: green; }
```

HTML 語法:

```
<h1 title="text">文字會變成綠色</h1>      <!--會套用樣式設定-->
<h1 title="text01">文字會變成綠色</h1>   <!--會套用樣式設定-->
<h1 title="t2">文字將維持原本的色彩</h1>
```

元素[HTML屬性$="文字"]

元素[HTML屬性$="文字"]會針對**指定屬性及值的結尾等於特定文字(字串)**,進行CSS樣式設定。例如:下列語法代表具有src屬性的img元素,且該屬性值的結尾等於.png(也就是圖片格式為png),就套用CSS樣式設定。

```
img[src $=".png"] { border: 2px green; }
```

HTML語法:

```
<img src="photo-s.png" alt="I Very Love You">     <!--會套用樣式設定-->
<img src="photo-m.png" alt="I Love You">          <!--會套用樣式設定-->
<img src="photo-l.jpg" alt="ILVOEYOU">
```

元素[HTML屬性*="文字"]

元素[HTML屬性*="文字"]會針對**指定屬性及值的包含特定文字**,進行CSS樣式設定。例如:下列語法代表具有title屬性的h1元素,且該屬性值至少要包含text文字,就套用CSS樣式設定。

```
h1[title*="text"] { color: green; }
```

HTML語法:

```
<h1 title="text">文字會變成綠色</h1>          <!--會套用樣式設定-->
<h1 title="text-01">文字會變成綠色</h1>       <!--會套用樣式設定-->
<h1 title="t2-text">文字會變成綠色</h1>       <!--會套用樣式設定-->
```

元素[HTML屬性~="文字"]

元素[HTML屬性~="文字"]會針對**指定屬性及值包含特定的單字**,進行CSS樣式設定。例如:下列語法代表具有alt屬性的img元素,且該屬性值需包含Love單字,若符合條件,就套用樣式設定。

```
img[alt~="Love"] { border: 5px solid green; }
```

HTML語法:

```
<img src="..." alt="I Very Love You">     <!--會套用樣式設定-->
<img src="..." alt="I Love You">          <!--會套用樣式設定-->
<img src="..." alt="ILVOEYOU">
```

元素[HTML屬性|="文字"]

　　元素 [HTML 屬性 |=" 文字 "] 會針對**指定屬性及值的開頭等於特定文字或包括 - 號**，進行 CSS 樣式設定。例如：下列語法代表具有 title 屬性的 h1 元素，且該屬性值以 text 為開頭或以 text- 為開頭，若符合條件，就套用樣式設定。

```
h1[title|="text"] { color: green; }
```

　　HTML 語法：

```
<h1 title="text">文字會變成綠色</h1>            <!-- 會套用樣式設定 -->
<h1 title="text-01">文字會變成綠色</h1>         <!-- 會套用樣式設定 -->
<h1 title="t2">文字將維持原本的色彩</h1>
```

3-4　CSS基本屬性

　　這節將介紹一些 CSS 常用的屬性。

3-4-1　色彩屬性

　　製作網頁時，色彩的使用大都是透過 CSS 來設定，色彩可應用到文字、區塊、邊框及網頁背景等。HTML5 可以使用的色彩標記方式有很多，例如：hex、rgb、rgba、hsl、hsla、hwb、顏色名稱等來指定色彩。

hex

　　hex 的色彩值是由「#」開始，後面接著 6 個數字 (0~9) 或英文字母 (a~f) 來表示。色彩標示共分成三組數字，每兩碼就表示一個色彩，前兩碼代表的是 rgb 色彩中的 r，中間的兩碼數字代表的是 g，後兩碼則是 b。若每個顏色數字重疊，可以簡化為 3 位數來指定顏色，例如：#ff0000 → #f00。

▲ hex 色彩標示說明

　　rgb 模式中的 0 到 255 會轉換為 00 到 ff，例如：rgb 的紅色值為「255,0,0」，改成十六進位後就會轉換為「#ff0000」，通常在影像處理、繪圖、網頁製作等軟體中，都會提供 16 進位的顏色碼，所以可以不用去記顏色碼。

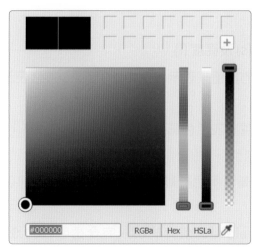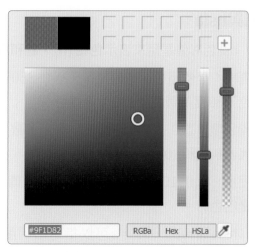

▲ Dreamweaver提供了色彩檢色器，可以直接點選要使用的色彩

除此之外，若有需要時，也可以上網查到相關的色碼表，如色碼表網站提供了色碼查詢。

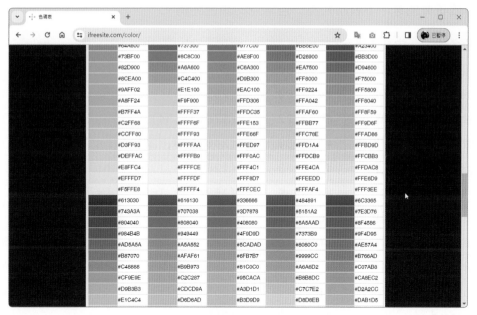

▲ 色碼表網站(https://www.ifreesite.com/color/)

rgb與rgba

rgb色彩值是用來表示紅(r)、綠(g)、藍(b)三顏色的值，**每個顏色值的範圍為0~255，值與值之間以「,」區隔，例如：rgb(255,0,0)**。除此之外，還可以使用百分比指定rgb值，其中100%表示全彩，而0%表示無顏色，例如：將紅色指定為rgb(255, 0, 0)或rgb(100%, 0%, 0%)。

rgba色彩值是rgb的延伸，**a代表alpha，可以指定透明度**，alpha的值介於0.0(完全透明)和1.0(完全不透明)之間，例如：rgba(255,0,0,0.5)。

hsl與hsla

hsl色彩值是用來表示**色相 (h)、飽和度 (s) 及亮度 (l)**。

● **色相**：是依照色相環的位置，以0~360度的數值來表示，例如：0度或360度表示紅色；60度為黃色；120度為綠色。

● **飽和度**：以0~100%的數值來表示，數值越高表示色彩越純，顏色的濃度越高，0%代表灰色和100%的陰影。

● **亮度**：以0~100%的數值來表示，數值越高表示色彩越明亮，0%是黑色的，100%是白色的。

hsla與rgba一樣，a可以指定透明度，alpha的值介於0.0 (完全透明) 和1.0 (完全不透明) 之間，例如：hsla (120,65%,75%,0.3)。

以顏色名稱指定色彩

設定色彩值時，還可以使用顏色的名稱來指定色彩，例如：gray表示灰色；yellow代表黃色等。下表所列為一些常見的顏色名稱。

顏色名稱	中文名稱	hex	rgb	hsl
black	黑色	#000000	rgb(0,0,0)	hsl(0,0%,0%)
red	紅色	#ff0000	rgb(255,0,0)	hsl(0,100%,50%)
firebrick	磚紅色	#b22222	rgb(178,34,34)	hsl(0,68%,42%)
lightcoral	亮珊瑚色	#f08080	rgb(240,128,128)	hsl(0,79%,72%)
gray	灰色	#808080	rgb(128,128,128)	hsl(0,0%,50%)
darkgray	暗灰	#a9a9a9	rgb(169,169,169)	hsl(0,0%,66%)
silver	銀色	#c0c0c0	rgb(192,192,192)	hsl(0,0%,75%)
snow	雪色	#fffafa	rgb(255,250,250)	hsl(0,100%,99%)
white	白色	#ffffff	rgb(255,255,255)	hsl(0,0%,100%)
tomato	蕃茄紅	#ff6347	rgb(255,99,71)	hsl(9,100%,64%)
orangered	橙紅	#ff4500	rgb(255,69,0)	hsl(16,100%,50%)
coral	珊瑚紅	#ff7f50	rgb(255,127,80)	hsl(16,100%,66%)
chocolate	巧克力色	#d2691e	rgb(210,105,30)	hsl(25,75%,47%)
gold	金色	#ffd700	rgb(255,215,0)	hsl(51,100%,50%)
khaki	卡其色	#f0e68c	rgb(240,230,140)	hsl(54,77%,75%)
yellow	黃色	#ffff00	rgb(255,255,0)	hsl(60,100%,50%)
beige	米色	#f5f5dc	rgb(245,245,220)	hsl(60,56%,91%)
green	綠色	#008000	rgb(0,128,0)	hsl(120,100%,25%)

顏色名稱	中文名稱	hex	rgb	hsl
limegreen	檸檬綠	#32cd32	rgb(50,205,50)	hsl(120,61%,50%)
aquamarine	碧藍色	#7fffd4	rgb(127,255,212)	hsl(160,100%,75%)
skyblue	天空藍	#87ceeb	rgb(135,206,235)	hsl(197,71%,73%)
aliceblue	愛麗絲藍	#f0f8ff	rgb(240,248,255)	hsl(208,100%,97%)
blue	藍色	#0000ff	rgb(0,0,255)	hsl(240,100%,50%)
lavender	薰衣草紫	#e6e6fa	rgb(230,230,250)	hsl(240,67%,94%)
purple	紫色	#800080	rgb(128,0,128)	hsl(300,100%,25%)
violet	紫羅蘭色	#ee82ee	rgb(238,130,238)	hsl(300,76%,72%)
pink	粉紅色	#ffc0cb	rgb(255,192,203)	hsl(350,100%,88%)

在w3schools網站也有列出各種顏色名稱，若有需要可至該網站查詢，該網站除了提供各種色彩值外，還提供了色彩轉換器(進入Color Converter頁面中)，只要輸入顏色名稱、HEX、RGB、HSL、HWB、CMYK、NCol等色彩值即可。

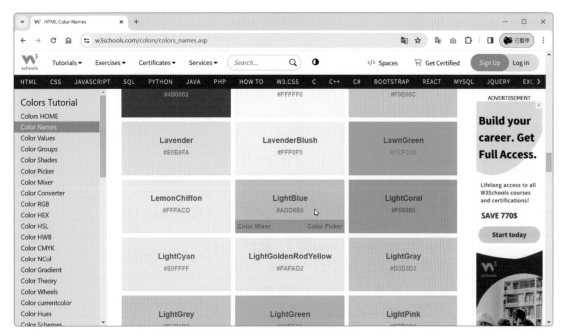

▲ w3schools色彩教學網站(https://www.w3schools.com/colors/default.asp)

hwb

hwb是CSS4中的新顏色標準，目前該規範仍處於草案階段並正在制定中。hwb色彩值是用來表示**色相(h)、白度(w)**及**黑度(b)**，與hsl一樣，色相可以是0~360度的範圍；白色與黑色的濃度，範圍是0%~100%。

3-4-2 color(色彩)屬性

color屬性可以**設定元素內的文字色彩**，該屬性的參數只有一個，可以使用hex、rgb、rgba、hsl、hsla、hwb、顏色名稱等來指定色彩，語法如下：

```
body {color: steelblue;}              /*使用顏色名稱*/
h1 {color: #00ff00;}                  /*使用hex色彩值*/
h2 {color: rgb(0, 0, 255);}           /*使用rgb色彩值*/
h3 {color: rgba(0, 0, 255, 0.2);}     /*使用rgba色彩值*/
h4 {color: hsl(270, 60%, 50%);}       /*使用hsl色彩值*/
h5 {color: hsla(270, 60%, 50%, .15);} /*使用hsla色彩值*/
h6 {color: hwb(90 10% 10%);}          /*使用hwb色彩值*/
```

color屬性除了改變文字色彩外，還能改變元素周圍的邊框，例如：下列語法宣告<p>元素的文字色彩及邊框色彩。

```
p.side {color: darkturquoise; border-style: solid;}
```

3-4-3 文字屬性

在CSS中有許多與文字相關的屬性，例如：字型、行距、顏色、對齊方式、文字陰影等，使用這些屬性可以輕鬆的統一網頁中的文字。下表所列為與文字相關的屬性說明。

屬性	說明	範例
font-family	設定文字字型，可同時指定多種字型，以逗號分隔。	font-family:"Arial", " 新細明體 ";
font-size	設定文字大小，可使用%、px、mm、pt、em等單位。	font-size:24pt;
font-weight	設定文字的粗體：normal (正常)、bold (粗體)、bolder (超粗體)、lighter (細體)。	font-weight:bold;
font-style	設定文字樣式：normal (正常)、italic (斜體)、oblique (傾斜體)。	font-style:italic;
text-align	文字水平對齊方式：left (靠左)、center (置中)、right (靠右)、justify (左右對齊)。	text-align:center;
vertical-align	文字垂直對齊方式：baseline (一般位置)、top (對齊頂端)、middle (垂直置中)、bottom (對齊底部)、super (上標)、sub (下標)。	vertical-align:middle;
text-indent	設定首行縮排的距離。	text-indent:20px;
letter-spacing	設定字元與字元之間的距離。	letter-spacing:3px;

屬性	說明	範例
line-height	設定文字的行高,可使用%、px、pt、normal(自動調整)等單位。	line-height:20px;
text-shadow	設定文字陰影,通常會使用到4個參數,h-shadow(水平位置)、v-shadow(垂直位置)、blur(模糊程度)、spread(陰影尺寸)、color(陰影色彩)。	text-shadow:3px 3px 4px #e3e3e3;

3-4-4　圖片屬性

使用CSS與圖片相關的屬性,可以讓圖片在網頁中更有變化,例如:加入陰影、邊框、圓角的弧度等。下表所列為與圖片相關的屬性說明。

屬性	說明	範例
border	設定邊框,有3個參數,參數間以半形空格隔開,第1個參數為邊框的粗細,可使用px、em等單位;第2個參數是邊框顏色,第3個參數是邊框樣式,可以設定為solid(實線)、dashed(虛線)、double(雙實線)、dotted(連續點)、groove(凹線)等不同的樣式。	border:2px red solid;
border-radius	設定四個角的弧度。	border-radius:10px;
border-width	設定邊框的寬度,可使用thin(薄)、medium(中等)、thick(厚),或是數字。	border-width:medium;
border-color	設定邊寬的顏色。	order-color:blue;
display	設定顯示方式,預設值通常是inline(行內),也可以設定為block(區塊),這樣圖片的上方與下方都會換行。	display:block;
opacity	設定透明效果,數值從0.0到1.0,完全透明是0.0,完全不透明是1.0。	opacity:0.5;
box-shadow	設定陰影,有6個參數,h-shadow(水平位置)、v-shadow(垂直位置)、blur(模糊程度)、spread(陰影尺寸)、color(陰影色彩)、inset(內陰影)。	box-shadow:4px 4px 5px #c4c4c4; 通常只會設定水平位置、垂直位置、模糊程度及陰影色彩

3-4-5 背景屬性

在設定網頁背景時，可以使用CSS的網頁背景屬性進行設定，如此可以統一網頁背景。background背景屬性除了使用在網頁背景外，也可以應用在區塊及段落中。下表所列為與背景相關的屬性說明。

屬性	說明	範例
background-color	設定網頁背景色彩。	background-color:red;
background-image	設定網頁背景圖片。	background-image:url(bg.jpg);
background-repeat	設定背景是否重複。設定值有： repeat：重複並排顯示 repeat-x：水平方向重複顯示 repeat-y：垂直方向重複顯示 no-repeat：不重複顯示	background-repeat:repeat;
background-attachment	設定背景圖固定在指定位置上或跟著捲動。 scroll：預設值，背景圖會隨著頁面滾動而移動。 fixed：背景圖固定在相同位置。	background-attachment:fixed;
background-size	設定背景圖的尺寸，設定值有： cover：影像等比例放大，直到填滿顯示範圍。 contain：維持長寬比，並顯示完整影像。	background-image:url(bg.jpg); background-size: cover; 註：須搭配background-image來使用，若沒有設定backgroundimage是沒有作用的
background-clip	利用不同的裁切範圍，控制背景圖片顯示區域，可以使用的值有： border-box、padding-box、content-box、text。	background-clip: text;
background	可以用來統一**設定所有與背景相關的屬性**，如背景影像、大小，要不要重複顯示等，而沒有設定的部分則會套用預設值，設定時屬性之間要用**半形空格**隔開。	background: #ffffff url("bg.png") no-repeat right top/cover;

3-4-6　超連結屬性

　　超連結是以a來宣告，它有 **link (尚未連結)**、**visited (已連結)**、**hover (滑鼠移到連結時)** 及 **active (執行中)** 等四種狀態，使用CSS即可設定這四種狀態的樣式。而超連結文字下方通常會有底線，若不想要有底線，則可加入「text-decoration:none;」語法。

```
a:link{
   text-decoration: none;
   background-color: #ffffff;
}
```

3-4-7　表格屬性

　　使用CSS可以美化表格，像是文字、字體、邊框、顏色及背景等屬性都可以用在表格，下表所列為與表格相關的屬性說明。

屬性	說明	範例
caption-side	可以設定表格標題的位置，可使用的值有top (表格之上，預設值)、bottom (表格之下) 等。	caption-side:bottom;
border-collapse	可以設定將表格欄位邊框合併，可使用的值有separate (邊框彼此間分開，預設值)、collapse (邊框合併為單一邊框)。	border-collapse:separate;
border-spacing	可以設定表格欄位邊框間的距離。	border-spacing:10px 50px;
table-layout	可以設定表格的版面編排方式，可使用的值有auto (預設值) 及fixed (固定)。	table-layout:auto; table-layout:fixed;
empty-cells	可以設定在框線分開模式下，是否顯示空白儲存格的框線與背景，可使用的值有show及hide。	empty-cells:show; empty-cells:hide;
vertical-align	可以設定垂直對齊方式，此屬性可以應用在圖片及表格內文字。該屬性只適用於行內元素，也就是預設為display:inline的元素。除了行內元素之外也可以控制表格的對齊方式。 可使用的值有：baseline (一般位置)、top (對齊頂端)、middle (垂直置中)、bottom (對齊底部)、super (上標)、sub (下標) 等，也可以使用數值或百分比。	vertical-align: middle;

●●● 自我評量

● 選擇題

(　　) 1. 下列語法中，p為？ (A)選擇器　(B)屬性　(C)值　(D)樣式。

```
p {
    font-size: 18px;
    color: red;
}
```

(　　) 2. 將CSS語法直接寫在HTML文件中的「<style>...</style>」元素內，表示該語法為？ (A) HTML樣式　(B)行內樣式　(C)外部樣式表　(D)內部樣式表。

(　　) 3. 下列關於CSS選擇器的敘述，何者不正確？ (A)類別選擇器是在HTML中加入class屬性　(B) id選擇器為包含特定id屬性的元素定義格式，只針對特定一個HTML元素　(C)群組選擇器可用來將多個元素群組，以套用相同樣式，元素之間必須以「#」分隔　(D)使用HTML元素當作選擇器，可以重新定義該元素的預設格式，賦予元素新的屬性。

(　　) 4. 下列關於色彩屬性的說明，何者不正確？ (A)十六進位碼的色彩標示是由#號開始　(B) rgb色彩值的範圍為0~255，值與值之間以「.」區隔　(C) hsla(120,65%,75%,0.3)該語法中的0.3為透明度　(D)設定色彩值時，可以使用顏色的名稱來指定色彩，例如gray表示灰色。

(　　) 5. 下列敘述，何者不正確？ (A) font-family屬性可以設定文字字型　(B) font-size屬性可以設定文字大小　(C) background-repeat屬性可以設定背景是否要重複　(D) color屬性可以設定背景色彩。

● 實作題

1. 在「ex03-a.html」檔案中，使用CSS分別設定了h1、h2、h3等樣式，但基本上這些樣式的設定都一樣，只有文字大小不一樣，例如：將h1的文字大小設定為「font-size: 72px;」；將h2的文字大小設定為「font-size: 48px;」；將h3的文字大小設定為「font-size: 32px;」，那麼要如何修改CSS語法，讓程式碼減到最少？

```
8    <style type="text/css">
9        h1 {
10           text-align: left;
11           letter-spacing: 3px;
12           color: #985b0f;
13       }
14       h2 {
15           text-align: left;
16           letter-spacing: 3px;
17           color: #985b0f;
18       }
19       h3 {
20           text-align: left;
21           letter-spacing: 3px;
22           color: #985b0f;
23       }
24   </style>
```

CHAPTER 04

Dreamweaver 基本操作

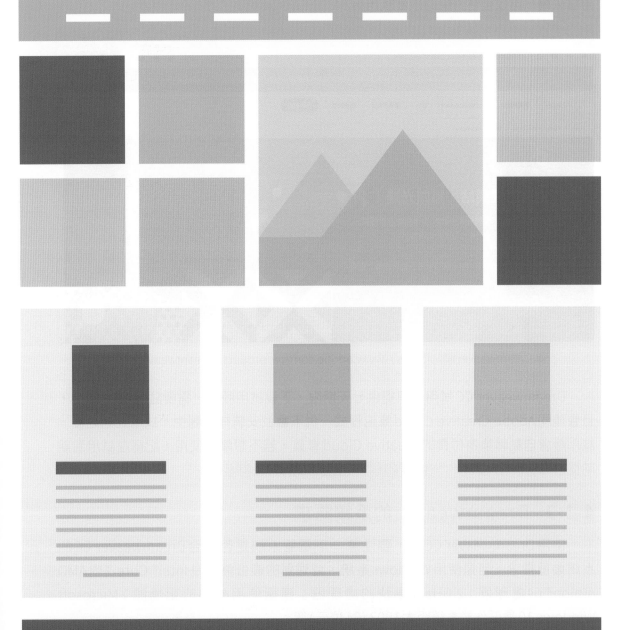

Dreamweaver CC

4-1 認識Dreamweaver

Dreamweaver是網頁編輯軟體,透過它所見及所得的操作介面與網頁編排功能,即使是初學者也能快速學習並製作出個人網站。

4-1-1 Dreamweaver下載與安裝

Dreamweaver為商業軟體,須付費購買,不過,Adobe有提供試用版,若想要試用該軟體,可以至官方網站下載試用版。

▲ Dreamweaver網站(https://www.adobe.com/tw/products/dreamweaver.html)

Dreamweaver CC試用版只提供七天期限,下載試用版時,需要註冊Adobe ID,且會連同Adobe Creative Cloud應用程式一併下載並安裝在電腦中。試用到期之後,試用版會自動轉換為付費的Creative Cloud會員,若不想繼續使用,記得在試用到期前提前取消。

4-1-2 Dreamweaver的系統需求

使用Dreamweaver CC時,要注意一下電腦系統是否符合Dreamweaver CC的系統最低需求。若是使用Windows系統,處理器的最低需求是Intel® Core 2或AMD Athlon® 64處理器;2 GHz或更快的處理器;建議使用4 GB的記憶體;Microsoft Windows 10最低作業系統版本1903 (64位元)等。

　　若是使用macOS系統，處理器須支援64位元的多核心Intel處理器及ARM架構Apple Silicon M1處理器；建議使用4 GB的記憶體；作業系統版本須為macOS v11 (Big Sur)、macOS v10.15、macOS v10.14等。

4-1-3　啟動Dreamweaver

　　在Windows 11中，要啟動Dreamweaver CC時，執行**開始→所有應用程式→ Adobe Dreamweaver CC 2021**，即可開啟操作視窗。開啟後會先顯示**開始畫面**，在畫面中可以選擇要執行的工作。

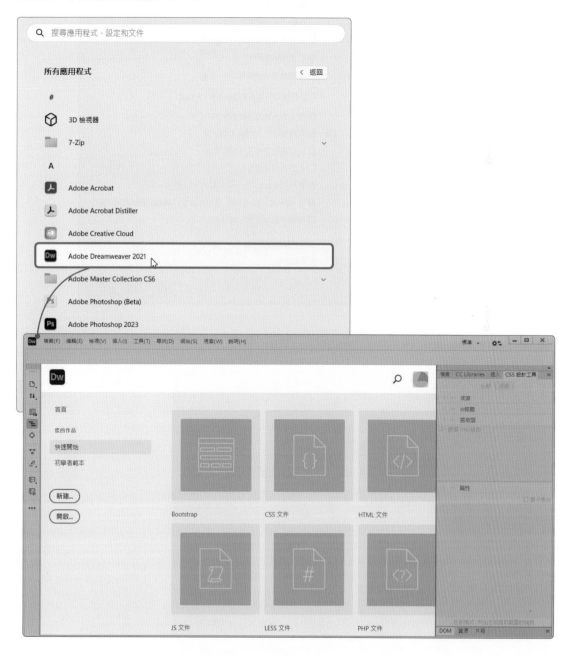

開始畫面的作用是讓使用者能夠很方便地在其中執行「開啟最近使用的項目」、「新建」、「開啟」、「範本」等常用指令。

若要取消每次開啟Dreamweaver時的開始畫面，可以點選功能表中的**編輯→偏好設定**功能，或按下**Ctrl+U**快速鍵，在**一般設定**分類中，將**文件選項**中的**顯示開始畫面**選項勾選取消即可，下次啟動時就會直接進入操作視窗。

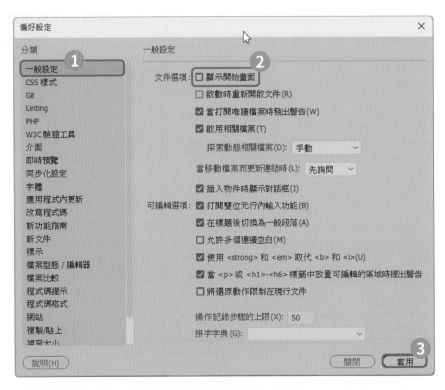

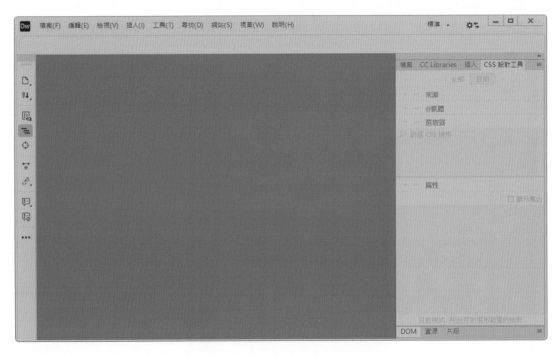

4-2　**Dreamweaver環境介紹**

開始使用Dreamweaver前，先來認識它的操作環境。

4-2-1　Dreamweaver的環境設定

使用Dreamweaver時，可以先進行一些基本的環境設定，例如：文件類型與編碼、應用程式主題、程式碼主題及即時預覽等。

文件類型與編碼設定

在製作文件時預設的文件類型為HTML5，預設的編碼為Unicode (UTF-8)，這些設定可以進入「偏好設定」對話方塊中的**新文件**分類中查看。

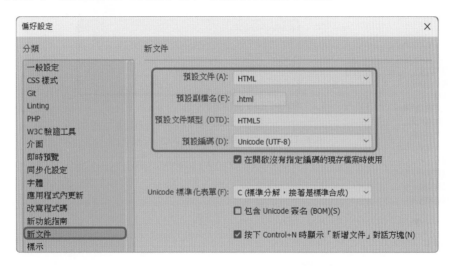

應用程式主題設定

Dreamweaver提供了四種應用程式主題及六種程式碼主題，使用者可依據習慣來設定，只要進入「偏好設定」對話方塊中的**介面**分類，即可進行設定。

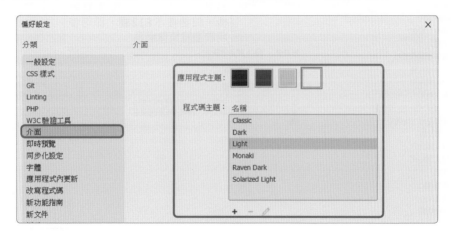

即時預覽設定

Dreamweaver提供了即時預覽的功能，要預覽網頁設計結果時，只要按下**F12**鍵，即可使用預設的瀏覽器預覽網頁。而要使用哪個瀏覽器預覽網頁是可以自行設定的，只要進入「偏好設定」對話方塊中的**即時預覽**分類，即可進行設定。

在選單中已有預設了一些瀏覽器，若還想增加其他瀏覽器，只要按下**＋**按鈕，即進行新增；若要刪除某個瀏覽器，先點選該瀏覽器再按下**－**按鈕即可；若要將某個瀏覽器設定為預設的，點選瀏覽器後，勾選**主要瀏覽器**選項即可。

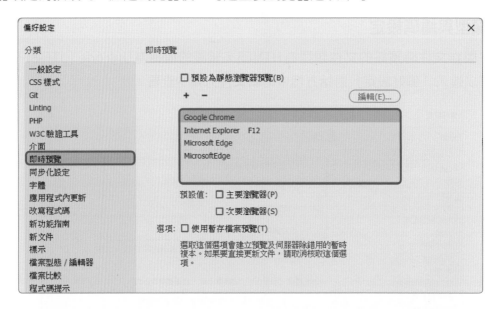

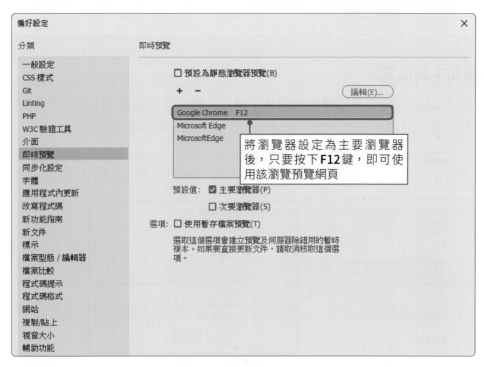

4-2-2　Dreamweaver的編輯環境

這節先來熟悉 Dreamweaver 的編輯環境。

功能表

　　功能表中包含了 Dreamweaver 所有的功能指令，而大部分的功能也都可以由專屬的面板來執行。此外，如果在編輯區域按下滑鼠右鍵，Dreamweaver 會彈出「快顯功能表」，顯示相關的功能項目，且「快顯功能表」會隨著所選擇的物件不同而顯示不同的功能項目。

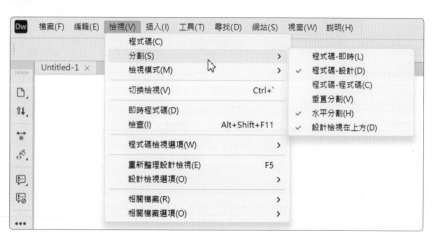

文件工具列

　　文件工具列提供了**程式碼**、**分割**、**設計**及**即時**檢視模式切換按鈕。在預設的情況下，Dreamweaver是採用**設計**檢視模式。

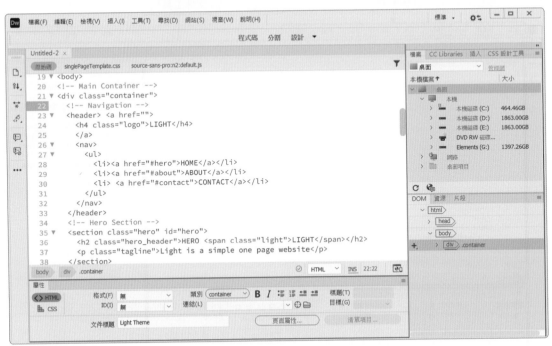

▲ 程式碼檢視模式只會顯示程式碼，在此模式中可以手動撰寫或修改程式碼

▲ 分割檢視模式可同時呈現程式碼與設計或程式碼與即時視窗

▲ 設計檢視模式會以視覺化來顯示文件

即時檢視模式會呈現出在瀏覽器中所看到的樣子，在此模式中可以編輯HTML元素，並立即預覽變更。

▲ 即時檢視模式

工具列

工具列位於文件視窗的左邊，包含了一些常用的功能按鈕，若按下 ⋯ 按鈕，會開啟「自訂工具列」對話方塊，在此可以自行設定要顯示於工具列上的功能按鈕。

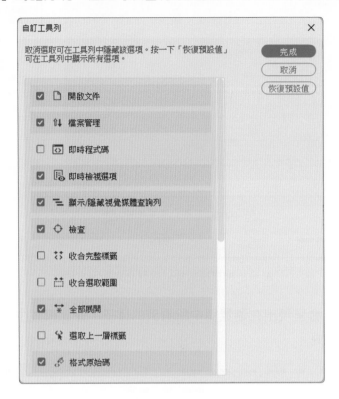

屬性面板

屬性面板可以設定文字、圖片以及各網頁元件的屬性，例如：文字的大小、圖片的尺寸、表格的長寬等。屬性面板會隨著所選擇的物件不同而有所變化，例如：選擇文字時，面板會顯示「文字屬性面板」；選擇圖片時，面板則會顯示「圖片屬性面板」。

面板群組

在 Dreamweaver 中提供許多面板供使用者操作使用，這些面板依照使用類別區分，並放置在不同的「面板群組」之中。在各個面板群組中的面板功能，大部分也可以由功能表中執行。一般而言，會將常用的面板常駐於視窗中，以方便隨時使用。

文件視窗

文件視窗就是 Dreamweaver 的編輯區，在此會顯示開啟的檔案、文件內容、標籤選取器等。

● 檔案標籤：Dreamweaver 會將開啟的檔案以標籤形式並存，只要按下檔案標籤即可切換要使用的檔案，若檔案中有連結到其他程式檔案時，Dreamweaver 會將相關的檔案一起開啟，並顯示在檔案標籤下。在預設下開啟新文件時，會將檔案命名為 Untitled-1。

● 編輯區：是製作網頁內容的區域，可依需求選擇要使用的編輯模式。若使用分割檢視模式時，在預設下是採用上下分割方式顯示編輯區，若要更改為左右顯示時，可以點選功能表中的**檢視→分割**功能，在選單中點選**垂直分割**，即可將編輯區改為左右顯示。

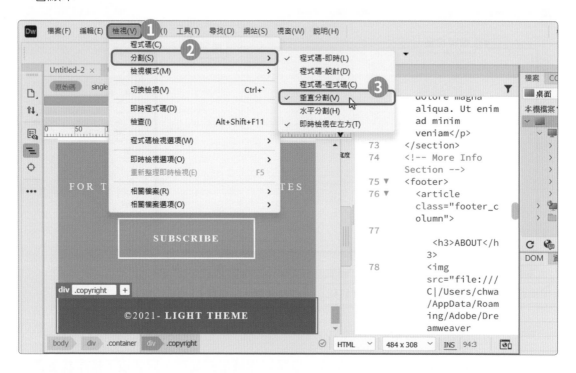

● 標籤選取器：位於文件視窗下方的狀態列中，當選取設計模式中的某一元素時，在狀態列就會顯示該元素左右階層的標籤，而目前正在編輯的標籤會顯示為藍色。

預覽按鈕

要使用瀏覽器預覽網頁時，可以按下狀態列上的 🔲 **預覽**按鈕，在選單中選擇要使用的瀏覽器；若按下 **F12** 鍵，會直接使用預設的瀏覽器預覽網頁。

4-2-3　Dreamweaver的面板操作

　　Dreamweaver將製作網頁會使用到的各項功能皆依類別整合在面板中,各面板通常位於視窗的右側,這些面板皆可視需求開啟或關閉。

收合與展開面板

　　預設下面板都是展開的,若要收合面板,只要按下右上角的 »» 按鈕,就會將面板收合成圖示,若要展開按下 «« 按鈕即可。

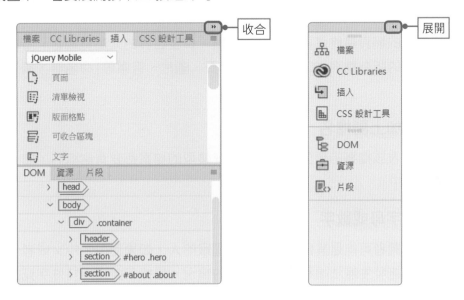

開啟與關閉面板

　　在開啟的面板群組中,只要點選其中的任一標籤頁,即可切換至該面板。如果在右側的面板群組中找不到想要使用的面板,可以點選功能表中的**視窗**功能,在選單中選擇你所要的面板。

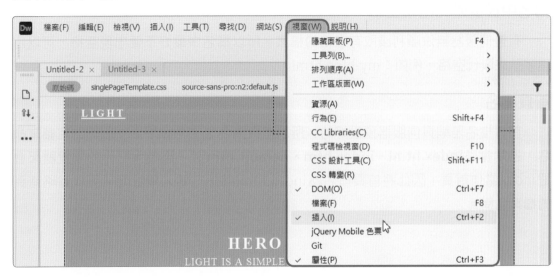

4-3 網站設定與檔案管理

　　每個網頁要放些什麼內容、網頁彼此之間的瀏覽動線又是如何，是需要規劃的。在開始製作網站前，先規劃好架構，則製作起來會事半功倍。要建立一個有系統的網站，就必須善用網站管理的功能，並將所有的網頁資料及元素放置在一個資料夾內，以方便後續進行整個網站的管理，這節就來看看該注意些什麼問題吧！

4-3-1 HTML檔案命名的原則

　　由於建立好的網頁最終是要上傳至伺服器，供全世界的人瀏覽觀看，所以當你在為網頁中使用到的所有檔案(如：資料夾、網頁、圖片、音樂等)命名時，須注意檔案名稱的命名。

檔案名稱都要加上副檔名

　　副檔名是代表該檔案的類型，不論是什麼類型的檔案都要有副檔名，如此才能正確的顯示在網頁中。

使用半形英文字母或數字

　　由於網頁瀏覽者可能是其他非中文語系國家的人，如果使用了中文或者全形字為檔案命名，便可能發生無法順利連結到網頁的情況。最好不要使用特殊字元或符號，例如：$%^&* 等。

統一使用小寫英文字母

　　有些瀏覽器環境可能會區別檔名的大小寫，所以為避免大小寫不同的檔案名稱造成混淆，最好統一使用小寫的英文字母來命名。

檔名中盡量避免出現空格

　　有些伺服器無法順利讀取有空格的檔案，所以檔名中最好不要出現空格，可以用連字號來取代空格，例如：my-blog.html。

首頁檔名

　　首頁檔名是網頁伺服器預設好的，所以首頁檔名必須依照網頁伺服器的定義來命名，通常會是 index.html、index.htm、default.htm 等，因為大部分的瀏覽器都會把 index 當作首頁，因此將首頁命名為 index.html 時，在輸入網址時，可以省略首頁的檔案名稱。

4-3-2　網站資料夾的管理

　　一個網站會包含許多檔案，當建立一個網站時，通常會新增一個該網站的資料夾，來存放所有相關的檔案，以確保它們能夠互相溝通，並讓內容正常顯示。

　　網站上除了文字之外，還會使用圖片、聲音、多媒體等檔案，在規劃網站時，最好將這些檔案分門別類。例如：將圖片檔案放在「images」資料夾，將 CSS 文件放在「CSS」資料夾，將聲音檔放在「sounds」資料夾等，規劃的越詳細，在製作網站時，檔案上傳之後才不會出現連結錯誤或找不到檔案的問題。

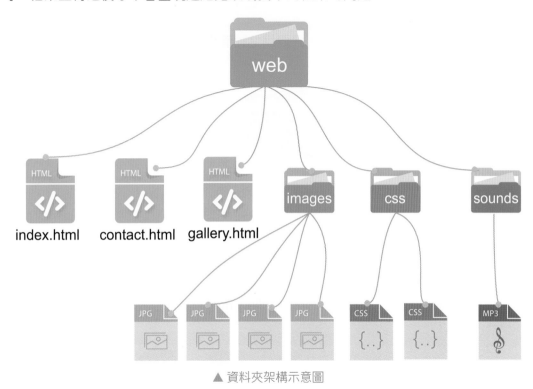

▲ 資料夾架構示意圖

檔案路徑

　　有時候網頁在自己的電腦預覽時正常無誤，但是一旦上傳到的伺服器是免費網頁空間時，網頁或是圖片卻出現無法正常顯示的訊息，當有這種情形時，那就有可能是因為「路徑」的問題。要讓一個檔案能夠與另一個檔案溝通，需要提供一個它們之間的相對路徑以讓檔案能夠找到另一個檔案在哪裡。

絕對路徑

　　絕對路徑也可以說是「完整的路徑」，網站裡的網頁和檔案，都有其個別的網址，例如：http://www.matsu-nsa.gov.tw，絕對路徑就是使用這種完整的網址去設定。**絕對路徑適合用在連結外部網站的網頁和檔案。**

文件相對路徑

在同一個網站裡進行檔案的互相連結，使用文件相對路徑是再恰當不過的，例如：在web資料夾裡，有「index.html」網頁檔案和「images」資料夾，「images」資料夾裡有「background.jpg」檔。

從「index.html」檔連結「background.jpg」檔，就要寫成「images/background.jpg」；相反地，從「background.jpg」檔連結「index.html」檔，則寫成「../index.html」，「..」代表往上移動一層目錄，「/」代表往下移動一層目錄，用「..」、「/」表示相對路徑。

因此，就算網站位址有所變動，只要網站裡面檔案彼此的關係沒有改變，超連結就不受影響。

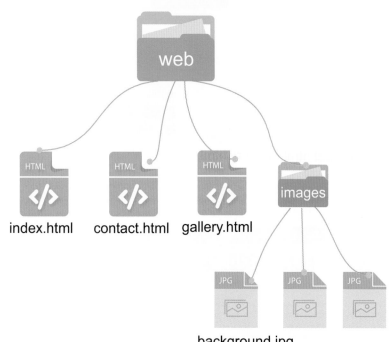

網站根目錄相對路徑

網站根目錄相對路徑跟文件相對路徑有點相似，不過，網站根目錄相對路徑是以「/」開頭，「/」代表網站根目錄資料夾，例如：/images/background.jpg。這是大型伺服器網站所使用的，主要目的是為了連結多個不同的伺服器。

4-3-3　建立網站

製作網站的時候，會先在本地端電腦建立一個資料夾，用來管理網站內容，因此首先要在電腦中建立一個網站。

　　我們以「卡蹓馬祖」網站為例,網站的內容會介紹馬祖的景點、建築、美食及相關資訊,網站名稱叫作「卡蹓馬祖」,有了初步想法後,可以先在紙上打個草稿,首先設立首頁,設定從首頁分別可以連結到「馬祖景點」、「馬祖建築」、「馬祖美食」、「交通資訊」等4個網頁。網站架構如下圖所示。

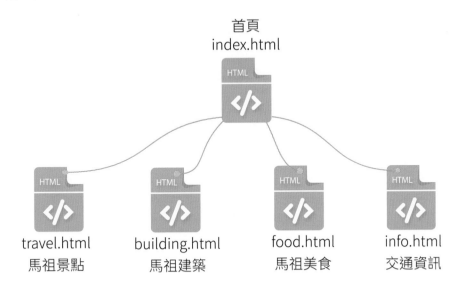

新增網站

　　有了網站架構後,接下來就可以開始建立網站囉!

01 點選功能表中的**網站→新增網站**,開啟「網站設定」對話方塊。

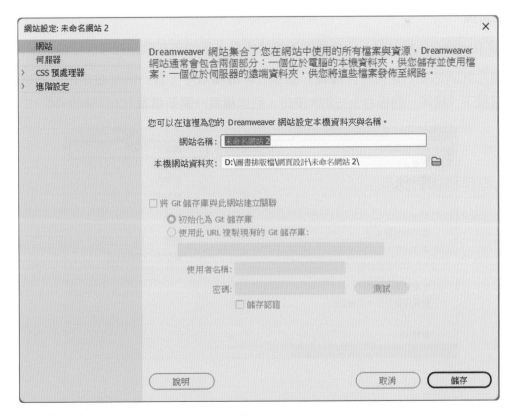

02 輸入網站名稱，並設定網站所要存放的資料夾位置，設定好後，按下**儲存**按鈕，便可建立一個新的網站。

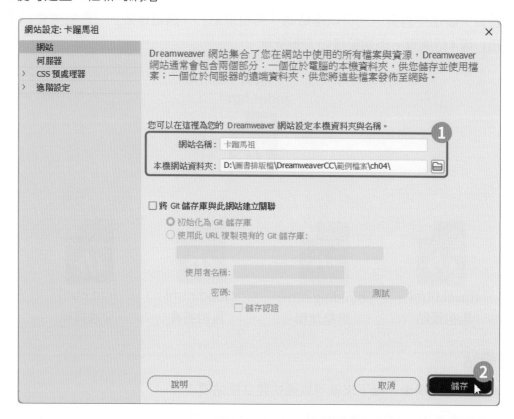

新增網頁

建立一個空的網站後，不急著開始編輯網頁，我們先在網站裡增加空白的網頁。

01 建立好網站後，便可在「**檔案**」面板的**本機檔案**中，看到剛剛設定好的網站。接著按下「**檔案**」面板右上方的≡按鈕，點選**檔案→開新檔案** (Ctrl+Shift+N)。

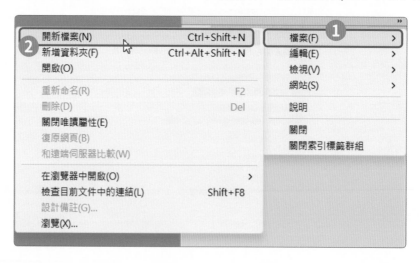

02 此時網站中將自動新增一個命名為 untitled.html 的全新網頁檔案，但檔名會處於
　　編輯狀態，因此直接在檔名處鍵入想要命名的網頁名稱即可。

03 使用相同方法繼續新增其他網頁檔案。

新增資料夾

　　在網站中除了網頁檔案之外，還會存放許多圖片、音效等檔案，因此最好可以利
用資料夾來存放這些資料，使網站內容不致於太雜亂無章。

　　在網站中新增資料夾的方式，與新增網頁大同小異，按下「**檔案**」面板右上方的
≡按鈕，點選**檔案→新增資料夾**(Ctrl+Alt+Shift+N) 即可。

更改網頁檔名

　　若是想要更換建立好的網頁檔案名稱的話，點選該網頁檔案後，按下 **F2** 鍵，即可
更改網頁的檔案名稱。

刪除網頁

如果想要將建立好的網頁整個刪除,只要在「檔案」面板中點選要刪除的檔案,再按下 **Delete** 鍵即可,也可以按下「檔案」面板右上方的≡按鈕,點選**檔案→刪除**。

4-3-4 管理網站

建立好網站之後,此時 Dreamweaver 面板群組中的「**檔案**」面板,對於網站管理而言就變得十分重要了,除了可以檢視網站中的各個檔案外,有許多功能也都是在這個面板中執行的。例如:要開啟檔案時,直接在「檔案」面板中雙擊要開啟的檔案即可。

要管理網站時,還可以點選功能表的**網站→管理網站**;或是在「**檔案**」面板中點選網站名稱下拉鈕,在選單中點選**管理網站**,會開啟「管理網站」對話方塊。

在「管理網站」對話方塊中,可以對網站進行刪除、編輯、複製、匯出與匯入的動作。

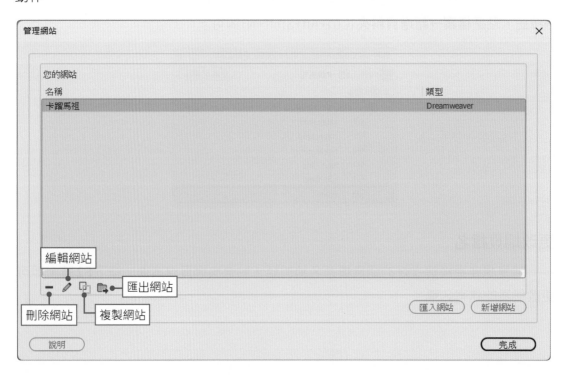

- **刪除網站**：從清單中刪除選取的網站及其所有設定資訊，而「不會」真正的刪除網站檔案。
- **編輯網站**：在網站清單中選取現有的網站，然後按下**編輯網站**按鈕，就會開啟「網站設定」對話方塊。
- **複製網站**：建立網站的複本，複製後會在網站的名稱後加上「複製」字樣。
- **匯出網站**：將網站的設定匯出成 XML 檔案 (*.ste)。

4-4 建立及開啟文件

在 Dreamweaver 中除了可以建立網站外，還能建立單一的網頁文件及開啟各種不同的網頁文件，如：JavaScript、PHP、CSS 等，這節就來看看如何使用吧！

4-4-1 新增文件

在 Dreamweaver 中使用**新增文件**功能，可以建立 HTML、CSS、JavaScript、PHP、XML 等文件。

新增與儲存HTML文件

要新增 HTML 文件時，點選功能表中的**檔案→開新檔案** (Ctrl+N)，開啟「新增文件」對話方塊，點選**新增文件**，在**文件類型**選單中點選 **HTML** 類型，點選好後再設定文件的**標題** (Dreamweaver 會自動將標題新增到文件的 <title> 標籤中)、**文件類型** (預設為 HTML5) 及**附加 CSS** 等相關資訊，都設定好後按下**建立**按鈕，便會新增一個空白的 HTML 文件。

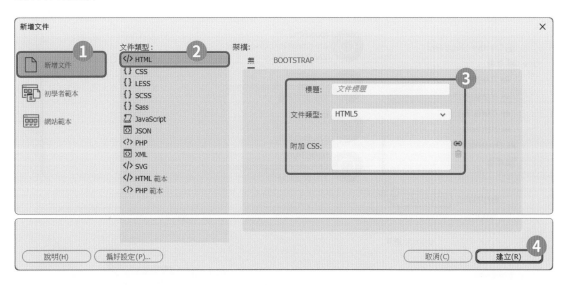

　　Dreamweaver會建立一個名為Untitled-1的文件,而文件會自動加入基本架構的
HTML程式碼。

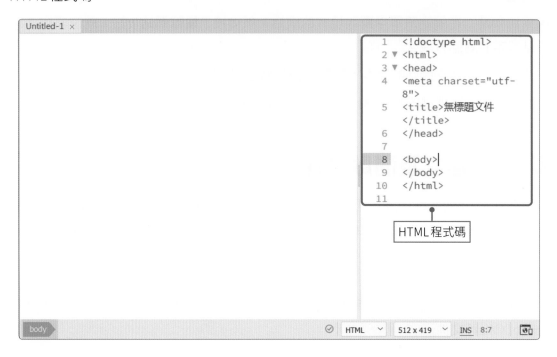

　　建立好文件時,可以先將文件儲存起來,要儲存文件時,點選功能表中的**檔案→
儲存檔案**(Ctrl+S),開啟「另存新檔」對話方塊,設定文件要存放的位置及檔案名稱,
都設定好後按下**存檔**按鈕即可。

新增與儲存CSS文件

要新增CSS文件時，點選功能表中的**檔案→開新檔案**(Ctrl+N)，開啟「新增文件」對話方塊，點選**新增文件**，在**文件類型**選單中點選**CSS**類型，點選好後按下**建立**按鈕，便會新增一個空白的CSS文件。

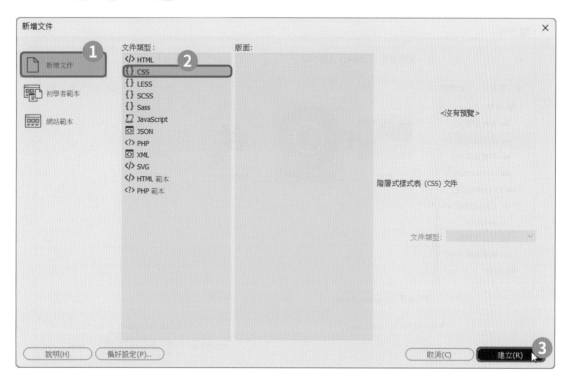

要儲存CSS文件時，點選功能表中的**檔案→儲存檔案**(Ctrl+S)，開啟「另存新檔」對話方塊，設定文件要存放的位置及檔案名稱，都設定好後按下**存檔**按鈕即可。

4-4-2 開啟及編輯現有文件

在 Dreamweaver 中可以開啟現有的網頁文件來編輯，不管該文件是不是在 Dreamweaver 中建立的皆可開啟。點選功能表中的**檔案→開啟舊檔**(Ctrl+O)，開啟「開啟」對話方塊，選擇要開啟的檔案，再按下**開啟**按鈕即可開啟文件。

開啟現有文件時，若該文件有相關的檔案，也會一併開啟，並顯示在檔案標籤的下方。

若要檢視相關檔案時，只要點選該檔案標籤，便會顯示該檔案的內容。

在 Dreamweaver 中可以同時開啟多個網頁文件進行編輯，而編輯完成後，只要點選功能表中的**檔案→全部儲存**，即可將所有網頁文件儲存起來。

●●● 自我評量

● 選擇題

( ) 1. 下列關於HTML檔案命名原則的敘述，何者<u>不正確</u>？ (A) HTML文件的副檔名可以是htm或html　(B) 檔案命名時最好使用半形英文字母或數字　(C) 檔案命名時可以使用特殊符號，如 $　(D) 檔名中盡量避免出現空格。

( ) 2. 首頁的檔名大多為下列何者？ (A) css　(B) index　(C) html　(D) web。

( ) 3. 網站相對路徑是由一個向前的斜線開始，它表示？ (A) 在伺服器上的根目錄　(B) 在客戶端上的根目錄　(C) 在伺服器上的子目錄　(D) 在客戶端上的子目錄。

( ) 4. 在 Dreamweaver中，如果在面板群組中找不到某個群組，應該要點選功能表中的何者，可開啟面板選單以便開啟面板？ (A) 檔案　(B) 編輯　(C) 視窗　(D) 網站。

( ) 5. 在 Dreamweaver中，按下鍵盤上的哪個功能鍵，可執行「重新命名」功能？ (A) F1　(B) F2　(C) F4　(D) F12。

( ) 6. 在 Dreamweaver中，下列哪一個面板，可以方便檢視網站中的各個檔案？ (A) 檔案　(B) 資源　(C) CSS樣式　(D) 片段。

( ) 7. 在 Dreamweaver中若要建立HTML文件時，可以按下哪組快速鍵來建立？ (A) Ctrl+A　(B) Ctrl+S　(C) Ctrl+O　(D) Ctrl+N。

( ) 8. 在 Dreamweaver中，可以開啟下列哪個網頁文件？ (A) CSS　(B) HTML　(C) PHP　(D) 以上皆可。

● 實作題

1. 請依據下圖的網站架構圖，新增「烏克麗麗社」網站，並在網站內建立所有需要的網頁。

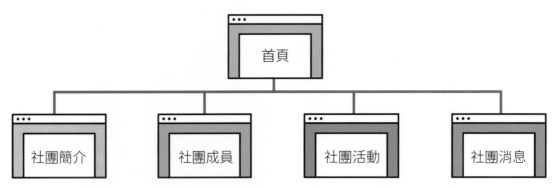

CHAPTER 05

網頁屬性與文字設計

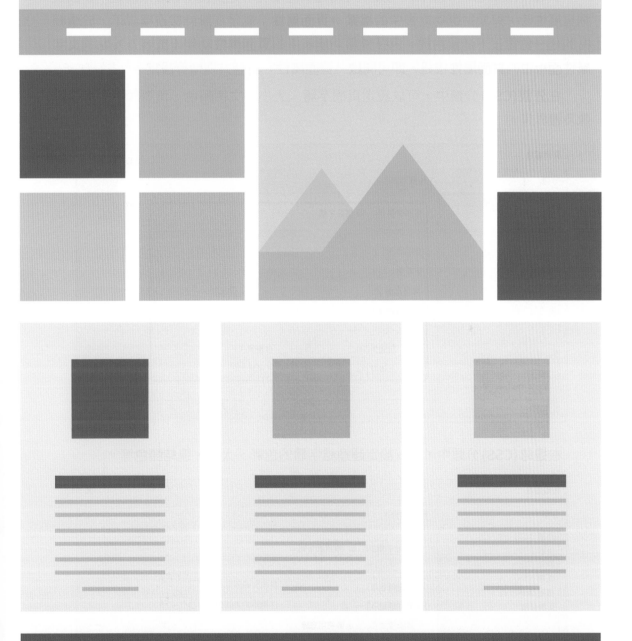

Dreamweaver CC

5-1 網頁屬性設定

在開始設計網頁內容前，通常會先進行網頁字體、大小、文字顏色、邊界或背景等基本設定，此設定可以維持網頁的一致性。

5-1-1 頁面屬性設定

Dreamweaver提供了HTML與CSS兩種頁面屬性，建議使用CSS來設定。要設定網頁屬性時，只要點選功能表中的**檔案→頁面屬性**；或是在設計檢視模式下，於編輯區的任一位置按下滑鼠右鍵，選擇快顯功能表中的**頁面屬性**功能；或者直接點選**文字**屬性面板中的**頁面屬性**按鈕，即可開啟「頁面屬性」對話方塊進行設定。

在**外觀(CSS)**分類中，可以設定頁面字體、大小、文字顏色、背景顏色、背景影像及邊界等。

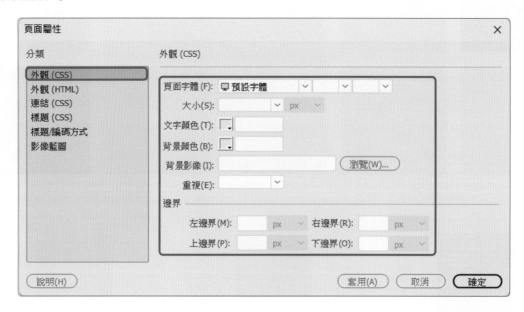

在**連結(CSS)**分類中，可以設定超連結字體的色彩、大小、連結顏色等。

在**標題 (CSS)** 分類中，可以設定標題 (<h1> ~ <h6> 標題字) 要使用的字體、文字大小及色彩。

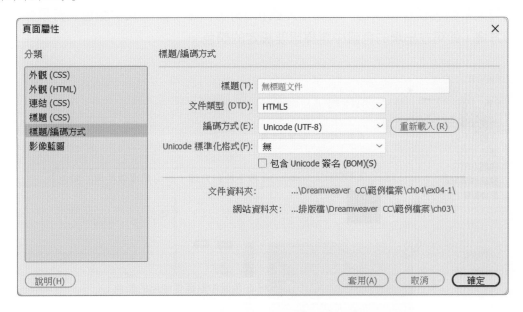

在**標題／編碼方式**分類中，可以設定網頁標題、文件類型、編碼方式及 Unicode 標準化格式等。

在**影像藍圖**分類中，可以載入設計用的參考藍圖，影像藍圖只有在 Dreamweaver 中看得到，在瀏覽器上檢視網頁時不會顯示藍圖。

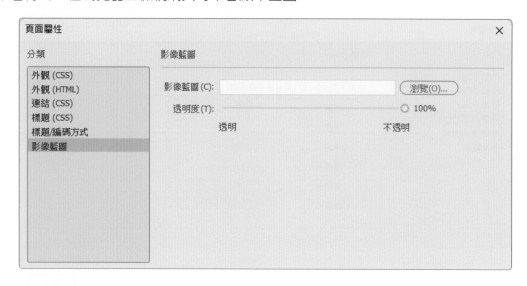

5-1-2　網頁文字色彩與背景色彩

Dreamweaver 預設是以「黑色」為文字色彩，以「白色」為網頁背景色。欲改變網頁的文字顏色或背景顏色，只要在**外觀 (CSS)** 分類中，按下**文字顏色**與**背景顏色**的色彩方塊，即可在出現的色盤中選擇想要設定的顏色。

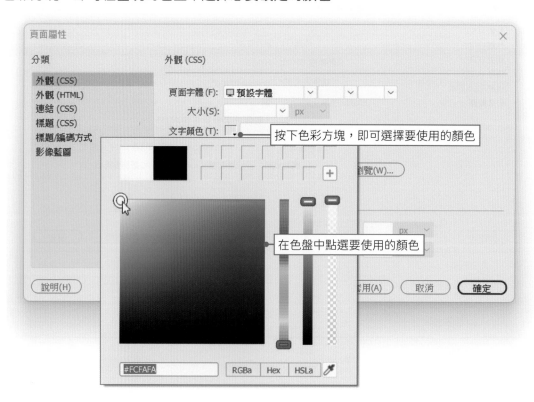

5-1-3 設定網頁邊界

在預設的情況下，網頁內容會與瀏覽器的邊框保持適當的距離。如果想讓網頁的內容靠近邊界，只要在「頁面屬性」對話方塊的**外觀(CSS)**分類中，將四個關於邊界設定的項目都設為0；同樣的，如果想要調大邊界值，只要在邊界設定的項目中，輸入適當的數值即可。

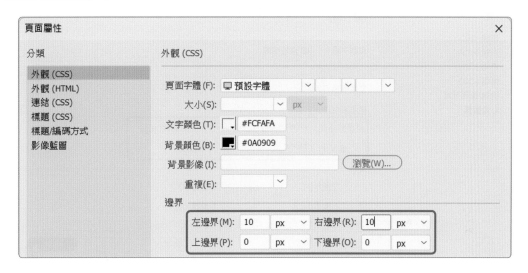

5-1-4 網頁背景圖片

如果覺得單色背景的網頁過於單調，可以使用圖片作為背景，要加入背景圖片時，可以在「頁面屬性」對話方塊的**外觀(CSS)**分類中設定。這裡請使用ex05-01\ex05-01.html檔案，進行以下練習。

01 進入「頁面屬性」對話方塊，點選**外觀(CSS)**分類，按下**背景影像**項目的**瀏覽**按鈕，在開啟的「選取影像原始檔」對話方塊中，選擇要使用的圖片。

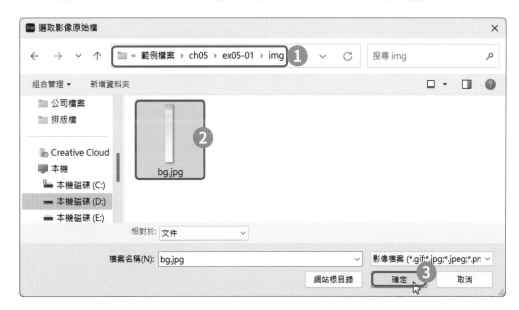

02 回到「頁面屬性」對話方塊後，按下**重複**選單鈕，設定背景是否重複，這裡有四種選項可以選擇，**repeat** 為重複並排顯示；**repeat-x** 為水平方向重複顯示；**repeat-y** 為垂直方向重複顯示；**no-repeat** 為不重複顯示，都設定好後按下**確定**按鈕。

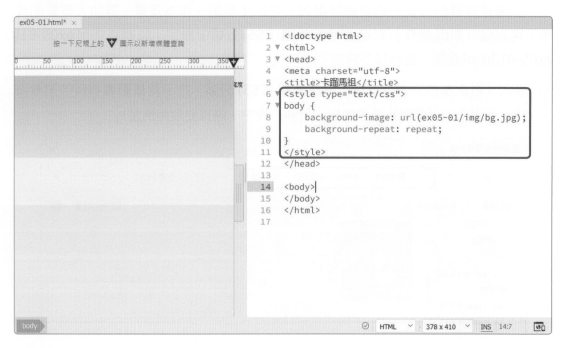

03 回到文件視窗後，網頁背景就會使用該圖片進行背景拼貼，而在程式碼區也會自動加入背景影像的 CSS 語法。

04 進入**即時**檢視模式預覽結果。

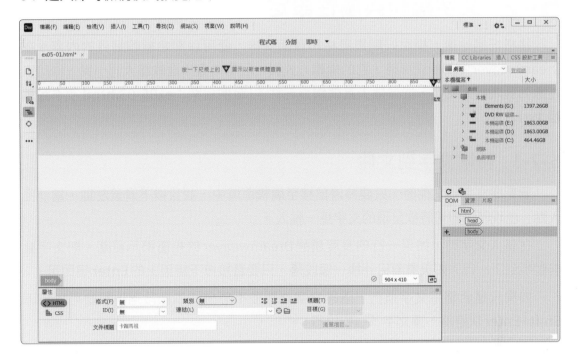

05 按下 **F12** 鍵,可以使用預設的瀏覽器預覽設計結果。

5-2 文字編輯與屬性設定

建構好網站後,構思好網頁風格和頁面安排,便可以開始編輯網頁的內容。在 Dreamweaver 中編輯網頁時,它的編輯方式與一般的文書處理軟體大同小異,你可以在編輯區域輸入文字,或是插入其他網頁元件。(範例檔案:**ex05-02.html** 及**卡蹓馬祖 .txt**)

5-2-1 新增文字到文件

要新增文字到文件時,只要將滑鼠移至編輯區域中,並且按下滑鼠左鍵,當「插入點」出現時,即可將欲呈現的文字逐一輸入。

在輸入文字時,如果一行的長度超過 Dreamweaver 的視窗顯示範圍,則文字會自動折到下一行。如果需要另外換一個段落,只要直接按下鍵盤上的 **Enter** 鍵即可。

如果只是希望將文字換行,兩段文字之間並不想分成二個段落,那麼可以按下 **Shift+Enter** 快速鍵,讓文字「強迫換行」。

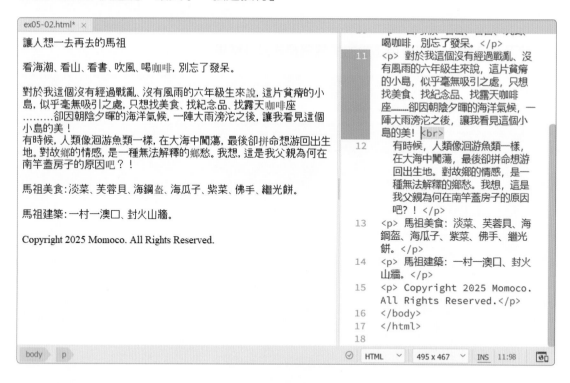

在編輯區輸入段落文字時,程式碼區會自動將該文字加上 **<p>** 標籤,若為強迫換行的文字則會加上 **
** 標籤。

5-2-2 虛文產生器

Dreamweaver 提供了虛文產生器功能，可以自動產生虛文單詞，在進行版面編排時相當的好用。

01 進入程式碼檢視模式中，將滑鼠游標移至 <body> 範圍內，輸入 **p**，再按下 **Tab** 鍵，就會產生 **<p></p>** 標籤。

02 在 <p></p> 之間輸入 **lorem**，接著按下 **Tab** 鍵。

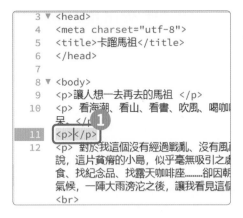 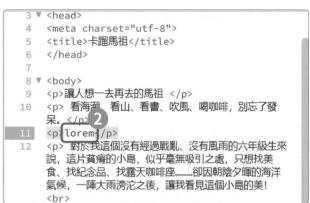

03 在編輯區中就會自動產生 **30 個**虛文單詞。

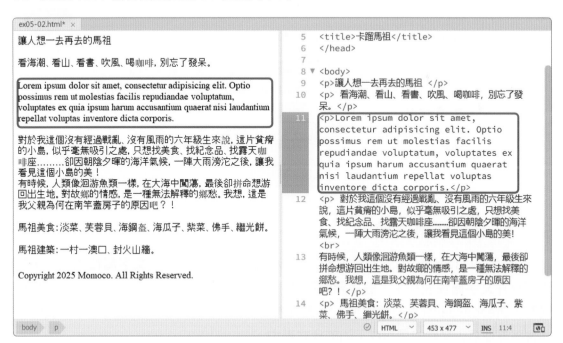

虛文產生器在預設下會自動產生 30 個單詞，若想要更多文字或不想要那麼多文字時，可以在 lorem 後加上**數值**，自訂要產生多少個單詞，例如：lorem50、lorem8。

5-2-3 新增Microsoft Word文件

　　將Microsoft Word文件裡的文字新增到編輯區時，會使用「貼上特殊效果」功能來清除在Word中所有的格式，如此可避免出現多餘的標籤及不對應的原始碼。

01 進入 Word 文件後選取要複製的文字，按下 **Ctrl+C** 快速鍵。

02 回到 Dreamweaver 文件中，點選功能表中的**編輯→貼上特殊效果** (Ctrl+Shift+V)，開啟「貼上特殊效果」對話方塊。

03 點選**具有結構 (段落、清單、表格等) 的文字**選項，並將**清理 Word 段落間距**的勾選取消，若只想複製 Word 中的純文字，可以點選只有文字選項，都設定好後按下**確定**按鈕。

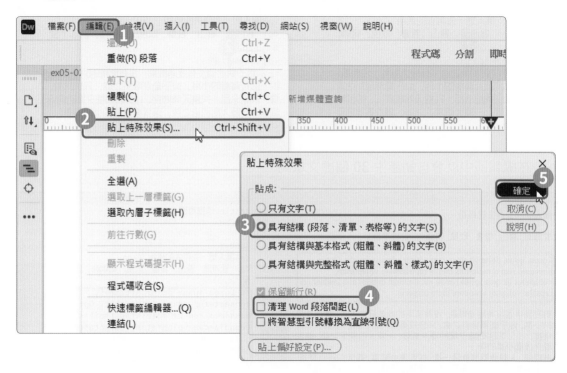

5-2-4 HTML格式設定

　　Dreamweaver將「CSS屬性」和「HTML屬性」一併整合在**文字屬性**面板中，我們可以在**文字屬性**面板中，選擇要套用HTML格式或是CSS格式。當套用了HTML格式時，Dreamweaver會將屬性加入至網頁內文的HTML程式碼中；套用CSS格式時，則會將屬性寫入文件的標題或不同的樣式表中。

標題屬性設定

　　在編輯區輸入文字時，預設下會將該文字設定為段落，若要改為標題時，可以在**文字屬性**面板中進行設定。

01 將插入點移至要變更為標題的段落文字中，點選**文字屬性**面板中的 **<>HTML**，按下**格式**選單鈕，於選單點選要使用的標題層級。

02 點選後該段落文字就會轉換為標題，而原本的 <p></p> 標籤，會轉換為 <h1></h1> 標籤。

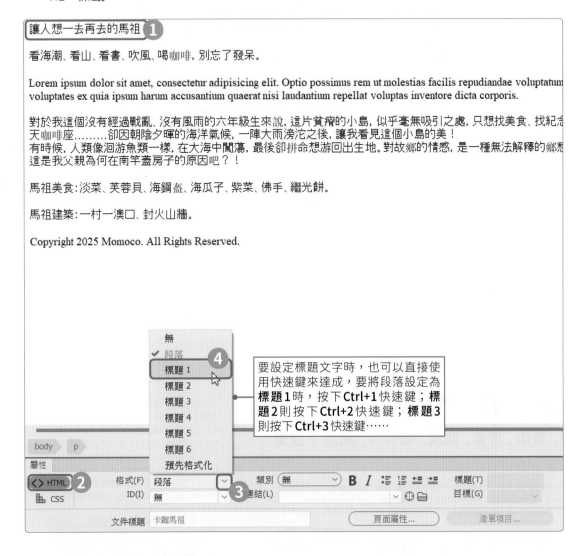

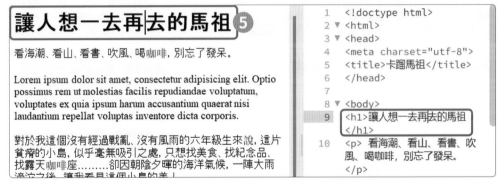

若是在**即時**檢視模式編輯文件時，將滑鼠游標移至文字上，便會出現「元素顯示」，讓我們知道該文字的HTML屬性及相關聯的類別和id，若要修改HTML屬性時，只要按下 按鈕，即可進行修改。

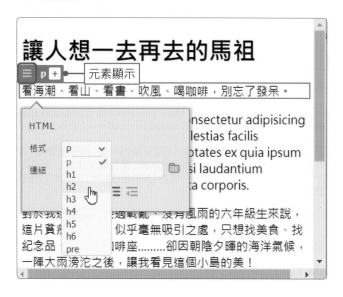

粗體與斜體屬性設定

在文字屬性面板中提供了粗體及斜體屬性按鈕，按下 **B** 按鈕(Ctrl+B)，可以將選取的文字加上 <b> 或 <strong> 粗體屬性，按下 *I* 按鈕(Ctrl+I)，可以將選取的文字加上 <i> 或 <em> 斜體屬性。

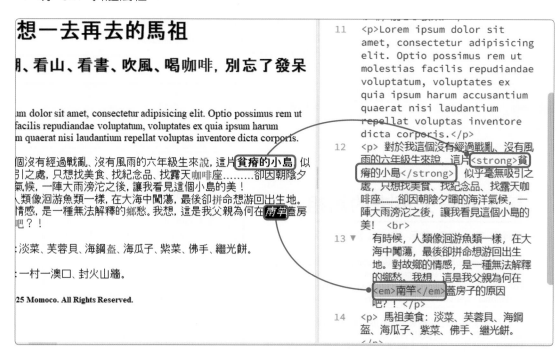

<b> 與 <strong> 都是將文字設定為粗體的元素，不過雖然呈現的效果一樣，但在意思上有所區別，<b> 僅代表「加粗」，屬於視覺上的意義，而沒有任何語意上的意義；<strong> 是表示為重要文字，加強語意的重要性，被 Strong 標示的字串，表示這是很重要的字串，要用一個粗體的樣式來提醒大家，這就是語意上的意義。

如果要加粗一段文字，或是一個名詞，目的是要告訴閱讀者這是很重要的內容，那麼可以使用 <strong></strong>，若只是講求視覺上的效果，文字本身並沒有什麼特別重要或是需要提醒的，那麼可以使用 <b></b>。

<i> 與 <em> 都是將文字設定為斜體的元素，與 <b> 與 <strong> 一樣，<i> 僅代表「斜體」，屬於視覺上的意義；<em> 則有強調與注重的意義。

在預設下粗體是使用 <strong>；斜體是使用 <em>，若要更改設定可以進入「偏好設定」對話方塊中的「一般設定」分類裡，將**使用 <strong> 和 <em> 取代 <b> 和 <i>** 勾選取消。

🗨 知識補充：**語意**

HTML5 強調網頁上不同標籤的**語意** (Semantic Elements)，在網頁上每一個標籤標示的元素，都該有一個明確的意義存在，雖然對我們沒有什麼差別，但對機器來說就有差別了。例如：搜尋引擎有了語意標籤，搜尋引擎就能更理解網頁中的內容，這樣搜尋出來的結果也會更正確。所以正確的使用語意標籤，可以提升 SEO。

清單屬性設定

HTML 提供了兩種清單，一種是項目符號清單，另一種則是有數字順序的編號清單。按下文字屬性面板中的 ⋮☰ 按鈕，即可將選取文字設定為項目清單，並加上 <ul> 屬性；按下 ⋮☰ 按鈕，即可將選取文字設定為編號清單，並加上 <ol> 屬性。

● **<ul> 項目清單**：可以在文字前加入實心圓形的符號，就像 Word 中的項目符號。條列選項前要先加入 <ul>，結尾處加入 </ul>，而選項則以 <li> 和 </li> 標記。

```
                • 馬祖美食:淡菜、芙蓉貝、海鋼盔、海瓜子、紫菜、佛手、繼光餅。
                • 馬祖建築:一村一澳口、封火山牆。

          感，是一種無法解釋的鄉愁。我想，這是我父親為何在<em>南竿</em>蓋房子的原因
          吧?！</p>
14 ▼ <ul>
15      <li>│馬祖美食: 淡菜、芙蓉貝、海鋼盔、海瓜子、紫菜、佛手、繼光餅。</li>
16      <li>馬祖建築: 一村一澳口、封火山牆。</li>
17    </ul>
18    <h5>Copyright 2025 Momoco. All Rights Reserved.</h5>
19    </body>
20    </html>
```

● <ol>編號清單：可以在文字前加入編號，就像 Word 中的編號。選項前要先加入 <ol>，結尾處加入 </ol>，而選項則以 <li> 和 </li> 標記。

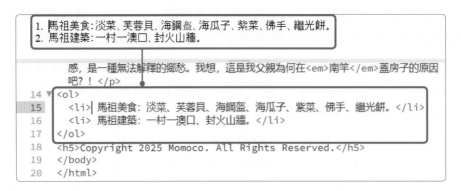

編號清單可以使用 **type** 屬性來定義編號類型；使用 **start** 屬性來控制編號的起始值，例如：<ol type="A" start=3>，表示要使用大寫的英文字母為編號類型，而編號的起始值從 3 開始。下表為 type 屬性設定值說明。

Type 設定值	編號樣式	Type 設定值	編號樣式	Type 設定值	編號樣式
type="1"	1、2、3…	type="I"	I、II、III…	type="a"	a、b、c…
type="A"	A、B、C…	type="i"	i、ii、iii…		

在 Dreamweaver 中若要設定編號清單時，可以按下文字屬性面板中的**清單項目**按鈕，開啟「清單屬性」對話方塊，即可設定清單樣式、起始值等。

區塊引言屬性設定

HTML 提供區塊引言功能按鈕，可以將一段文字定義為引言，通常會透過自動縮排來呈現。按下文字屬性面板中的 按鈕 (Ctrl+Alt+])，會在段落的左右加入縮排，若重複使用可以縮排更多個單位，若要取消只要按下 按鈕 (Ctrl+Alt+[) 即可。使用 按鈕時，段落會加上 **<blockquote>** 屬性。

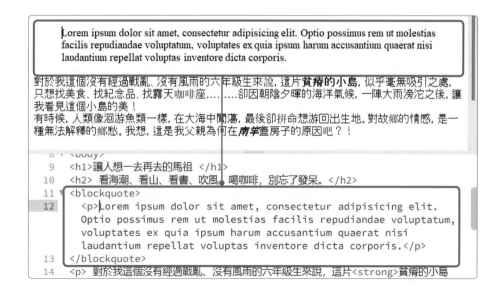

進行HTML格式設定時，也可以由功能表中的「編輯」功能進行設定，在「文字」選項中可以設定縮排、凸排、粗體、斜體等；在「段落格式」選項中可以設定段落、標題1、標題2等；在「清單」選項中可以設定項目清單、編號清單等。

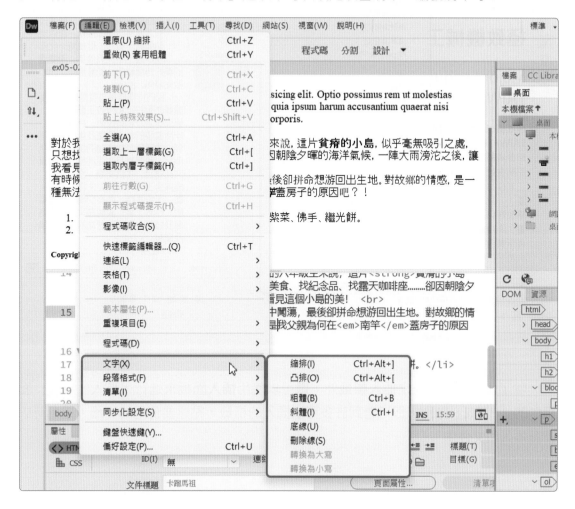

5-3 插入HTML標籤

這節將學習如何插入各種HTML標籤，如：段落、標題、Meta、關鍵字、描述、水平線、日期及特殊字元等。(範例檔案：**ex05-03.html**)

5-3-1 段落、標題及清單

在Dreamweaver中除了直接在編輯區輸入內容外，還可以使用插入HTML標籤功能來建立網頁內容。進入**即時**檢視模式，點選功能表中的**插入**功能，即可選擇要插入的標籤。例如：要加入標題標籤時，點選**標題**選項，即可選擇要插入的標題；要加入段落標籤時，點選**段落**選項；要加入項目清單標籤時，點選**項目清單**選項。

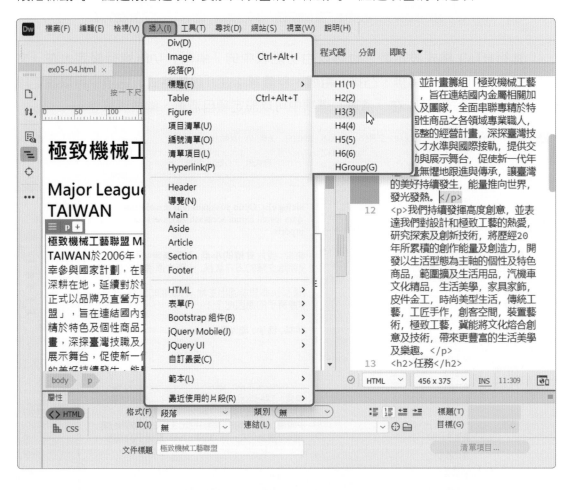

除了使用插入功能來插入標籤外，還可以使用**插入**面板來進行，進入「插入」面板中的「HTML」類別，即可看到許多可以插入的標籤，點選要使用的標籤，即可將該標籤插入到文件中。

點選要插入的標籤後，就會顯示之前、之後、換行、巢狀化等四個按鈕，若希望將標籤插入選取標籤的下方，可以點選**之後**或**巢狀化**，若希望插入到上方，則可以點選**之前**或**換行**。

Major League of Mechanical Art TAIWAN

極致機械工藝聯盟 Major League of Mechanical Art TAIWAN於2006年，初始於**桃花緣設計**，在二十年前，有幸參與國家計劃，在歐洲習得文化創意產業的經驗模式，並深耕在地，延續對於機械工藝美學的熱誠與執著，在2019年正式以品牌及直營方式，並計畫籌組「極致機械工藝聯盟」，旨在連結國內金屬相關加工職人及團隊，全面串聯專精於特色及個性商品之各領域專業職人，展開完整的經營計畫，深探臺灣技職及人才水準與國際接軌，提供交流互助與展示舞台，促使新一代年輕力量無懼地跟進與傳承，讓臺灣的美好持續發生，能量推向世界，發光發熱。

點選**之後**按鈕，標籤就會插入到被選取標籤的下方，並顯示「這是版面H2標籤的內容」，刪除該文字後，再輸入要呈現的內容即可。

極致機械工藝聯盟

Major League of Mechanical Art TAIWAN

h2

這是版面 H2 標籤的內容

極致機械工藝聯盟 Major League of Mechanical Art TAIWAN於2006年，初始於**桃花緣設計**，在二十年前，有幸參與國家計劃，在歐洲習得文化創意產業的經驗模式，並深耕在地，延續對於機械工藝美學的熱誠與執著，在2019年正式以品牌及直營方式，並計畫籌組「極致機械工藝聯盟」，旨在連結國內金屬相關加工職人及團隊，全面串聯專精於特色及個性商品之各領域專業職人，展開完整的經營計畫，深探臺灣技職及人才水準與國際接

5-3-2　文件標頭

　　在文件標頭範圍中，常會加入與此文件相關的資訊，例如：編碼方式、摘要、關鍵字、伺服器應用程式名稱及IE相容性等。而在建立HTML文件時，Dreamweaver會自動加入編碼資訊，若要再加入關鍵字、描述等，就要自行手動加入。

關鍵字

　　要加入關鍵字時，進入「插入」面板中的「HTML」類別，點選**Keywords**，開啟「Keywords」對話方塊，在關鍵字欄位中輸入關鍵字，設定好後按下**確定**按鈕。

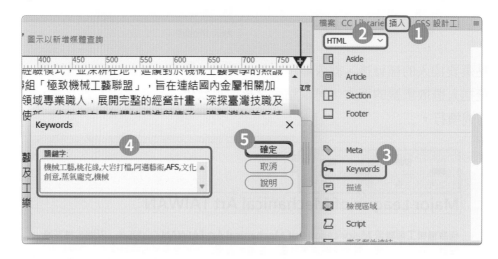

　　關鍵字設定好後，進入程式碼檢視模式中，就會看到**<meta name="keywords" content="...">**語法，而我們所輸入的關鍵字就會顯示在content=""中。

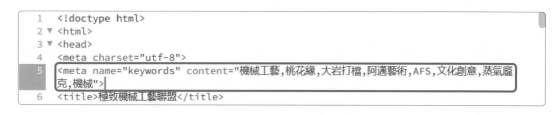

描述

　　描述內容會出現在搜尋結果的標題與網址下方，作為網頁內容的摘要。要加入時，進入「插入」面板中的「HTML」類別，點選**描述**，開啟「描述」對話方塊，在欄位中輸入要顯示的文字，設定好後按下**確定**按鈕。

描述設定好後,進入程式碼檢視模式中,就會看到**<meta name="description" content="...">**語法,而我們所輸入的描述就會顯示在 content="" 中。

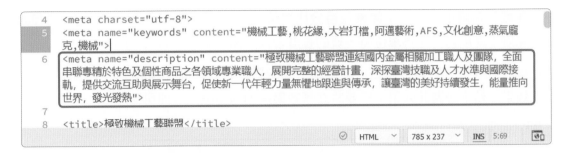

5-3-3 水平線

水平線可以在網頁中呈現一條水平分隔線,用於分隔不同的主題。

01 將插入點置於要插入水平線的位置,按下功能表中的**插入→ HTML →水平線**,或是進入「插入」面板中的「HTML」類別,找到**水平線**並點選,即可插入一條水平線。

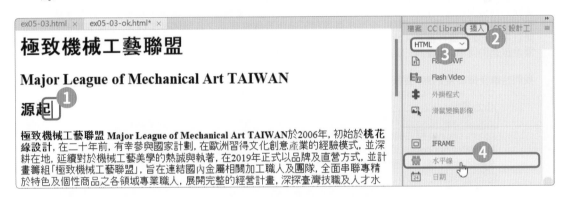

02 插入後在文件中就會呈現一條水平線,進入程式碼檢視模式中,就會看到 **<hr>** 標籤。

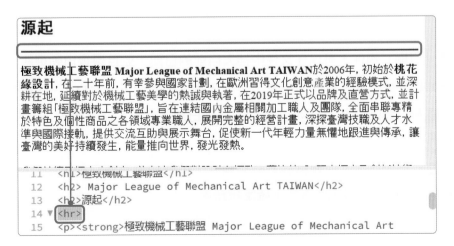

03 水平線在預設下的線條粗細為 1，寬度則為 100%，也就是分隔線的寬度會隨著螢幕的寬度而改變。若要修改這些設定，可以在屬性面板中進行。

04 在寬及高選項中提供了**像素**及**百分比**單位，使用像素單位可以指定固定的寬度及高度；使用百分比為單位時，寬的長度會依頁面的縮放而有所不同。

05 接著可以按下**對齊**選單鈕，選擇水平線的對齊方式。而在預設下水平線具有立體效果，若不想要此效果，只要將**立體效果**選項的勾選取消即可。

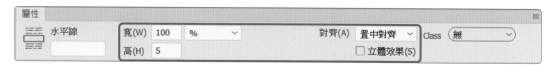

06 完成水平線設定後，進入程式碼檢視模式中，就會看到程式碼的語法也跟著改變。

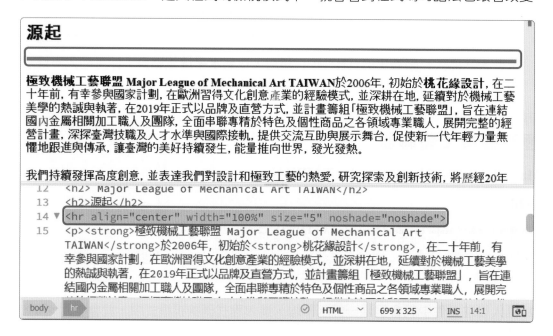

5-3-4　日期

使用「日期」物件，可以在文件中插入目前的日期，並且還會自動更新。

01 將插入點置於要插入日期的位置，按下功能表中的**插入 → HTML →日期**，或是進入「插入」面板中的「HTML」類別，找到**日期**並點選，便會開啟「插入日期」對話方塊。

02 接著設定星期格式、日期格式及時間格式，若要自動更新日期，請將**儲存時自動更新**選項勾選，都設定好後按下**確定**按鈕。

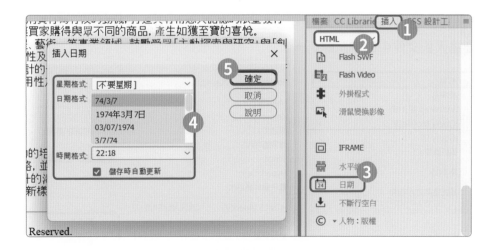

「插入日期」對話方塊中所顯示的日期及時間並不是目前的日期，這只是用來示範顯示日期及時間的範例。

03 文件中就會插入我們所設定的日期格式，若要再修改格式，只要按下屬性面板的**編輯日期格式**按鈕，即可開啟「插入日期」對話方塊，重新設定格式。

5-3-5　特殊字元

在建立文件內容時可能會使用到一些不容易輸入的特殊符號，例如：註冊商標、版權符號、貨幣單位符號等，而HTML對於這些特殊字元有特殊的輸入碼，這些輸入碼是用名稱或數字來表示，稱為**字元實體**(Character Entities)，例如：版權符號是以「©」或「©」來表示；註冊商標是以「®」或「®」來表示，要輸入正確的名稱或數字，字元才會在瀏覽器中正常顯示。

若有輸入特殊字元的需求時，可以點選功能表中的**插入→HTML→字元**，在選單中點選要插入到文件中的字元即可。

若在選單中沒有找到需要的，可以點選**其他**，開啟「插入其他字元」對話方塊，選擇要使用的特殊字元。

要插入特殊字元時，也可以進入「插入」面板中的「HTML」類別，找到**人物**選項，按下選單鈕，在選單中即可點選要插入的字元。

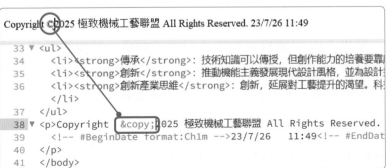

💬 知識補充：**空白字元**

在 Dreamweaver 文件中按空白鍵時，並不會插入空白字元，這是因為在預設下是不允許多個連續空白的，因為 HTML 只允許字元之間有一個空白，若要加入額外空白，則要插入**不斷行空白**(Ctrl+Shift+ 空白鍵)，或是進入「偏好設定」對話方塊中的「一般設定」類別，將「**允許多個連續空白**」選項勾選，勾選後，當按下空白鍵時，在程式碼中就會自動加入「** **」，這表示有一個空白字元。

5-4 使用DOM面板調整元素

要複製元素、刪除元素或調整元素順序時，都可以在DOM面板中進行，這節就來看看該如何操作。(範例檔案：**ex05-04.html**)

5-4-1 DOM面板的使用

預設下DOM面板會開啟在視窗的右邊，若沒有開啟，請點選功能表中的**視窗→DOM**(Ctrl+F7)，即可開啟該面板。DOM面板會顯示HTML的階層結構，當在編輯區中選取元素時，DOM面板中的元素就會跟著被選取，如此可以很清楚的知道目前所在的元素。

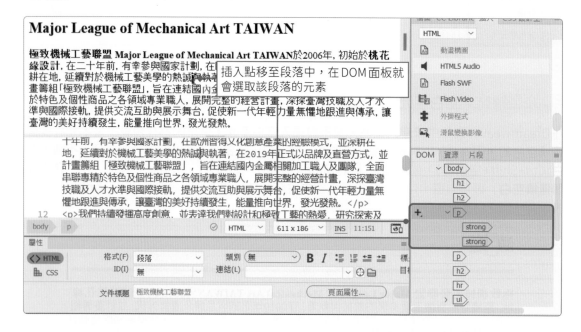

在DOM面板中選取某元素時，編輯區中的元素也會呈現選取狀態。

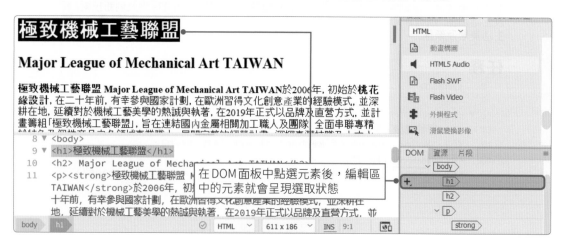

元素是以階層方式呈現，當元素下還有其他元素時，可以按下**展開鈕**，顯示所有元素；若不想顯示所有元素時，則可以按下**折疊鈕**。

5-4-2 調整元素的順序

在 DOM 面板中可以快速地調整元素的順序，只要選取要調整順序的元素，按著滑鼠左鍵並拖曳到要放置的位置，拖曳到位置時，會顯示綠色底線，接著放開滑鼠左鍵，該元素就會移動到該位置。

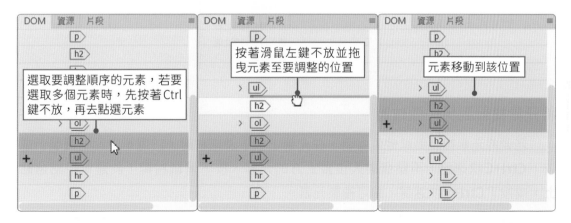

在面板中若要選取**多個而非連續**的元素時，先選取第一個元素，接著按 **Ctrl** 鍵不放，再去點選其他非連續的元素；若要選取**多個且連續**的元素時，先選取第一個元素，接著按 **Shift** 鍵不放，再去點選最後一個元素。

在調整順序的過程中，若要放棄調整結果，可以按下 **Ctrl+Z** 快速鍵，還原剛剛執行的動作。

5-4-3 重製、複製及刪除元素

在DOM面板中要進行重製、複製及刪除元素也相當的方便,這裡就來看看該如何使用。

重製元素

重製功能可以快速地複製相同元素,例如:想要在清單項目中再增加一個項目時,就可以直接使用重製功能,在元素上按下滑鼠右鍵,於選單中點選**重製**,或按下**Ctrl+D**快速鍵,即可重製元素。

將元素複製到另一個位置

若要將元素複製到其他位置時,在元素上按下滑鼠右鍵,於選單中點選**複製**,或按下**Ctrl+C**快速鍵,再點選插入位置上方的元素,按下滑鼠右鍵,於選單中點選**貼上**,或按下**Ctrl+V**快速鍵,即可複製元素。

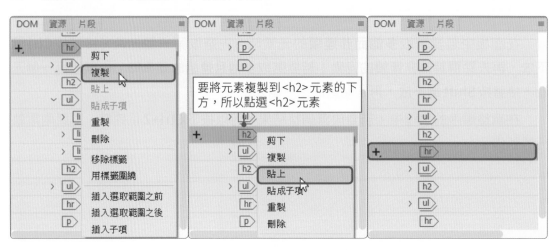

進行重製及複製等動作時，在編輯區及程式碼區中便會立即呈現結果。

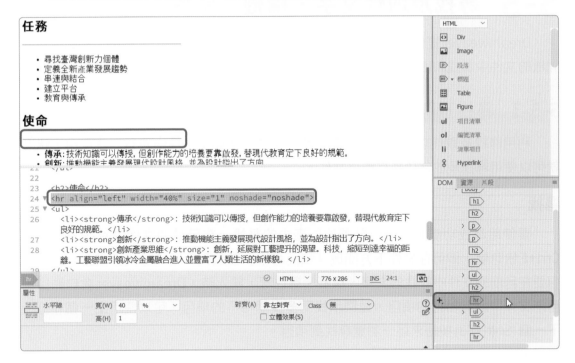

刪除元素

要刪除多餘的元素時，先點選元素，再按下滑鼠右鍵，於選單中點選**刪除**，或是按下 **Del** 鍵，即可將元素刪除。

5-5 尋找及取代文字、標籤、屬性

Dreamweaver提供了尋找和取代功能,可以在目前的文件、資料夾、網站或所有開啟的文件中尋找和取代文字、程式碼、標籤及屬性。(範例檔案:**ex05-05.html**)

5-5-1 尋找及取代

利用尋找及取代功能,可以快速地整理文件,例如:文件中會有一些空白、錯字就可以使用尋找及取代功能來編修文件。

尋找

要使用尋找功能時,可以點選功能表中的**尋找→在目前的文件中尋找**,或按下**Ctrl+F**快速鍵,即可在文件下方開啟「快速尋找」工具列。在「尋找」欄位中,輸入想要在目前的文件中尋找的文字、標籤、屬性等,輸入時,Dreamweaver會自動標示目前文件中所有相符的項目,並顯示找到多少個相符的項目,可以使用**上一個**(F3)及**下一個**(Shift+F3)按鈕來逐一瀏覽尋找到項目。

取代

要使用取代功能時,可以點選功能中的**尋找→在目前的文件中取代**,或按下**Ctrl+H**快速鍵,開啟「快速尋找和取代」工具列,輸入要尋找的文字、標籤、屬性等,再輸入要取代的文字、標籤、屬性等。

設定好後按下**取代**或**全部取代**按鈕，即可進行取代。若要各別逐一取代，請按下**取代**按鈕；若要立即取代所有相符的項目，則按下**全部取代**按鈕，此時就會進行取代的動作，取代完成後還會提供一份報告。

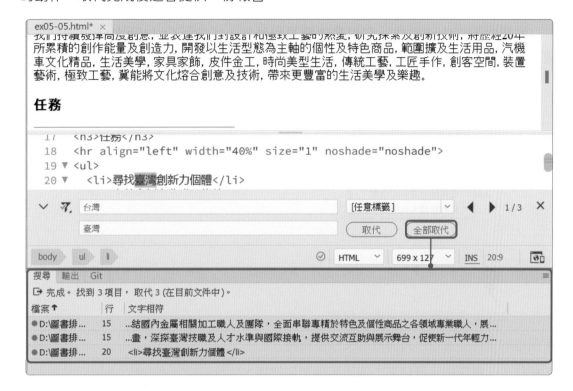

尋找及取代指定標籤內的文字

若要尋找或取代指定標籤內的特定文字時，先在「尋找」欄位中輸入文字字串，再按下標籤選單鈕，點選要指定的標籤，Dreamweaver 就會在搜尋的頁面上標示指定標籤內指定文字的所有相符項目。

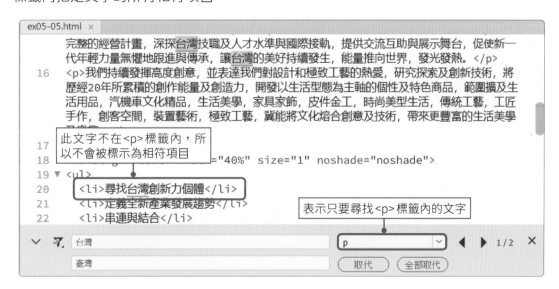

5-5-2 在多個文件中尋找及取代

在進行尋找及取代時,還可以同時在多個文件、某個資料夾或網站中,尋找及取代所有項目。

點選功能表中的**尋找→在檔案中搜尋和替換**,或按下**Ctrl+Shift+F**快速鍵,開啟「尋找和取代」對話方塊,按下「於」選單鈕,選擇要搜尋的位置。

● **目前文件**:會在目前的文件中搜尋。
● **開啟的文件**:會在所有開啟的文件中搜尋。
● **資料夾**:會在指定資料夾內的所有檔案中搜尋。
● **在網站中選取的檔案**:會在「檔案」面板內從網站選取的檔案中搜尋。
● **目前整個本機網站**:會在目前正在處理的網站中搜尋。

設定好後,若要尋找指定文字的所有相符項目,請按下**全部尋找**按鈕;如果要取代找到的文字或標籤,先在「取代」欄位中輸入文字,然後按下**取代**按鈕或**全部取代**按鈕。

●●● 自我評量

● 選擇題

( ) 1. 在 Dreamweaver 中，若要將網頁背景圖片設定為重複並排顯示時，要使用下列哪個屬性？ (A) repeat　(B) repeat-x　(C) repeat-y　(D) no-repeat。

( ) 2. 在 Dreamweaver 中，編輯網頁文字時，按下下列哪一組快速鍵，可以使段落文字「強迫換行」，而不致分成兩個段落？ (A) Ctrl+Alt+Enter　(B) Shift+Enter　(C) Ctrl+Enter　(D) Enter。

( ) 3. 下列何者為「強迫換行」標籤？ (A) <p>　(B) <hr>　(C) <b>　(D)
。

( ) 4. Dreamweaver 提供了虛文產生器功能，可以自動產生虛文單詞，只要在 <p></p> 之間輸入「lorem」，接著按下下列哪個按鍵便會自動產生單詞？ (A) Enter　(B)Ctrl　(C) Tab　(D) Shift。

( ) 5. 在 Dreamweaver 中，若要將選取的文字加上粗體效果，可以按下下列哪一組快速鍵？ (A) Ctrl+A　(B) Ctrl+B　(C) Ctrl+C　(D) Ctrl+I。

( ) 6. 在 Dreamweaver 中，若要將選取的文字加上斜體效果，可以按下下列哪一組快速鍵？ (A) Ctrl+A　(B) Ctrl+B　(C) Ctrl+C　(D) Ctrl+I。

( ) 7. 下列敘述何者<u>不正確</u>？ (A) <h>...</h> 可將文字設定為段落　(B) <blockquote> 為引述區塊元素　(C) <strong></strong> 可以將文字加入粗體　(D) <ul> 為項目清單元素。

( ) 8. 在 HTML 語法中，下列哪個標籤屬性可以定義編號類型？ (A) ul　(B) li　(C) type　(D) start。

( ) 9. 在 HTML 語法中，<hr> 標籤的作用為何？ (A)加入水平分隔線　(B)加入表單　(C)加入背景　(D)加入圖片。

( ) 10. 若在程式碼中看到「 」語法，表示？ (A)有一個段落　(B)有一個斷行符號　(C)有一個數字　(D)有一個空白。

( ) 11. 在 Dreamweaver 中，若要開啟 DOM 面板，可以按下下列哪一組快速鍵？ (A) Ctrl+F5　(B) Ctrl+F6　(C) Ctrl+F7　(D) Ctrl+F8。

( ) 12. 下列敘述何者<u>不正確</u>？ (A)在 Dreamweaver 中可以尋找標籤內的特定文字字串　(B)按下 Ctrl+A 快速鍵，可以開啟「快速尋找」工具列　(C)按下 Ctrl+H 快速鍵，可以開啟「快速尋找和取代」工具列　(D)在 Dreamweaver 中可以在多個文件中進行尋找和取代。

● 實作題

1. 請開啟「ex05-a.html」檔案，進行以下設定。

⇨ 將文件標題設為「STEAMPUNK」。

⇨ 加入背景色彩、左右邊界各設定為40px。

⇨ 建立如下所示的網頁內容，內容可自行輸入，或使用「STEAMPUNK.txt」檔案內的文字：

```
<h1>...</h1>
<hr>
<h2>...</h2>
<p>...</p>
<h2>...</h2>
<p>...</p>
<h2>...</h2>
<ul>
    <li>...</li>
    <li>...</li>
    <li>...</li>
    <li>...</li>
</ul>
<hr>
<p>...</p>
```

⇨ 參考範例

 CHAPTER 06

圖片與超連結應用

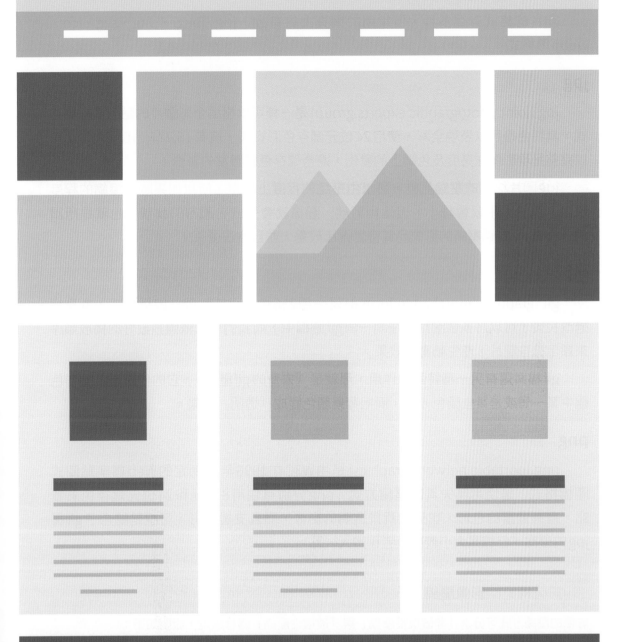

Dreamweaver CC

6-1 圖片的使用

網站是否可以吸引訪客的目光，圖片可說是個舉足輕重的角色。圖片雖然美麗，但在使用時必須要特別的小心謹慎，美美的圖片可以美化整個網站，但如果網站上圖片一多，網路傳輸的速度又不夠快時，那麼也會影響訪客瀏覽的品質。

6-1-1 認識網頁常用的圖檔格式

圖片的格式有很多種，但常用於網頁上的有 gif、jpg (jpeg)、png、svg、ico、webp 等格式。

jpg

jpg (joint photographic experts group) 是一種可以壓縮全彩圖片的點陣式圖檔格式，其特色是可以表現全彩，使用 24 位元儲存色彩資訊，擁有 16,777,216 種色彩，可以完整呈現影像在亮度及色調上的變化，適合儲存色彩豐富的影像。

jpg 圖片檔案的壓縮品質，可以由壓縮的程度上調整，所以如果圖檔壓縮的程度越高，圖檔大小就會越小，但是相對地，圖檔就會失去它原有的樣貌，也就是所謂的「失真」，經過壓縮的影像品質會變得比較差，並且無法復原。

gif

gif (graphics interchange format) 是一種 256 色壓縮的點陣式圖檔格式，本身經過改良後，可以將多個圖片存在同一個 gif 圖檔中，而我們可以依照預設好的播放順序來顯示這些圖片，產生動畫的效果。

gif 檔案還有另一種特殊的作用，那就是「去背的 gif 圖形」，它的作法是將圖形色盤中某一個或是某些顏色去掉，而把背景顏色變成「透明」效果。

png

png (portable network graphics) 是由 W3C 在 1996 年所制定的 Web 標準點陣式圖檔格式，是使用無失真的壓縮方式。png 分別可使用 8 位元和 24 位元儲存色彩資訊，擁有豐富的色彩，也支援背景透明的影像，而且支援全彩，可說是結合了 gif 與 jpg 的優點，但檔案大小較前兩者稍微大一點。

> 💬 知識補充：影像壓縮
>
> 影像的壓縮方式可分為「非破壞性壓縮」與「破壞性壓縮」兩種類型，說明如下：
>
> ● 非破壞性壓縮：是指資料經壓縮後不會失真，能完整恢復壓縮前的原貌，可確保影像資料的完整性及正確性。

● **破壞性壓縮**：是允許影像些微失真，以提高影像資料的壓縮率。此法會捨棄對人類肉眼較不敏感的像素，所以還原後的影像資料會和原始影像有少許差異。

svg

svg (scalable vector graphics)是一種適合在網頁使用的**向量圖**。svg是使用XML程式碼編寫，因此會將文字資訊儲存成純文字，而非圖形，此特性讓搜尋引擎可以讀取svg圖檔中的關鍵字，提升網站的搜尋排名。

ico

ico是一種用於圖示顯示的圖片格式，也就是常聽到的icon，在Windows系統中，該圖片格式是用來當作檔案或資料夾的icon圖示用的，常見的尺寸有16×16、32×32、48×48等。一般我們在網址列上所看到的品牌或企業logo圖示，就會使用ico圖片格式來製作。

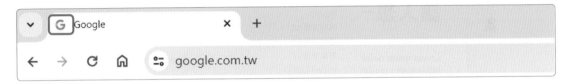

webp

webp (weppy image format)是Google推出的圖片格式，可以顯示高品質影像，而檔案大小遠低於png及jpg等格式。webp同時支援不失真及失真壓縮方式儲存檔案，在不降低圖片品質的前提之下，盡可能的壓縮檔案大小，其主要目的就是加快網頁載入的速度。

> 💬**知識補充：點陣圖與向量圖**

● **點陣圖(Bitmap Image)**：是以像素來記錄影像，像素(Picture Element，簡稱Pixel)是指影像的最小完整採樣，而點陣圖就是以矩陣的方式來儲存每個像素。此種格式的圖片，放大後會產生鋸齒狀，圖片也就會失真。而利用數位相機拍攝的圖片和掃描器掃描到電腦中的圖片，都屬於點陣圖。常見的點陣圖檔案格式有：jpg、tif、bmp、gif、png等。

● **向量圖(Vector Image)**：是以點、線、面，以及點線面之間的屬性為基本架構，而這些屬性決定了畫面上所有點、線、面的相關位置，可以完整保留各個點線面的相關屬性，因此改變顏色、大小、旋轉、移動等動作時，點跟點的距離會以數學方式重新計算，保持原本的面貌和清晰度，因此不會有鋸齒狀或是影像品質的問題發生。常見的向量圖格式有：eps、wmf、ai、cdr、svg等。

6-1-2 插入圖片

　　了解網頁圖片的基本概念之後，接著就來試試看如何將圖片插入於網頁中吧！
（範例檔案：**ex06-01\ex06-01.html**）

　　進行網頁設計時，在決定頁面尺寸的同時也會決定圖片的大小，所以會先將要加
入到網頁中的圖片裁剪到所需的尺寸。在 **ex06-01.html** 範例中，要在網頁最上方加
入一張寬 1200 的 jpg 圖片。

01 將插入點移至網頁最上方的 p 段落，點選功能表中的**插入→ Image** (Ctrl+Alt+I)，
　　或是進入「插入」面板中的「HTML」類別，找到 **Image** 並點選，會開啟「選取
　　影像原始檔」對話方塊。

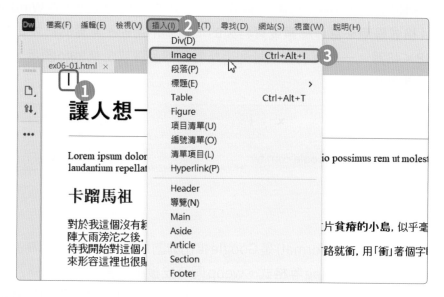

02 選取要插入的圖片，選取好後按下**確定**按鈕。

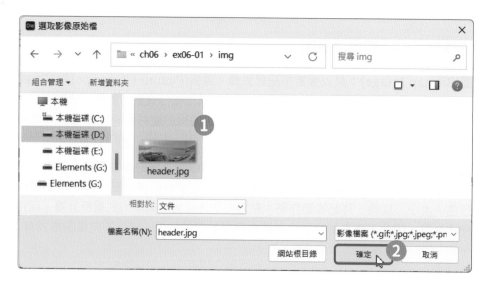

03 圖片就會插入於文件中，在程式碼區也會看到圖片的語法。

04 接著要來設定圖片的替代文字。在影像屬性面板中有個**替代**欄位，在欄位中輸入要替代的文字，即可完成替代文字的設定。當電腦無法顯示圖片或瀏覽器找不到該圖片時，就會顯示我們所設定的文字，讓瀏覽者知道該圖所代表的意義。在 HTML 語法中是使用 **alt** 屬性來設定圖片替代文字。

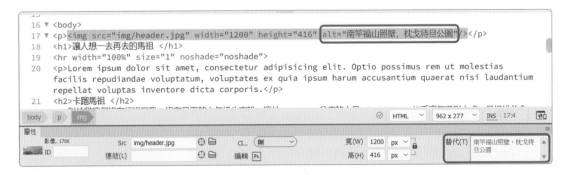

05 加入圖片時，通常會將圖片設定好大小再加入，若還是要調整圖片的大小時，可以在影像屬性面板中的**寬**及**高**欄位中進行設定，按下 🔒 按鈕可以鎖定比例，不管在寬度還是高度中輸入尺寸時，寬或高的比例都會固定。若想還原為原尺寸時，按下 🚫 按鈕即可 (該按鈕只會在有修改圖片尺寸後出現)。

06 設定完成後，按下 **F12** 鍵，預覽結果。

6-1-3 使用\<figure\>與\<figcaption\>群組圖片

　　\<figure\> 與 \<figcaption\> 是語意標籤，\<figure\> 可以將圖片、影片、表格及程式碼等標示在一個區塊裡；\<figcaption\> 則是定義 \<figure\> 內容，這兩個標籤是一起搭配使用的。語法如下：

```
<figure>
    <img>
    <img>
    <figcaption>圖片說明</figcaption>
</figure>
```

　　上述語法是將說明文字的內容放置於圖片下方，若要放到圖片上方時，則可以將語法改為：

```
<figure>
    <figcaption>圖片說明</figcaption>
    <img>
    <img>
</figure>
```

了解後就來看看在 Dreamweaver 中要如何使用 <figure> 與 <figcaption>，這裡請繼續使用 **ex06-01.html** 檔案。

01 將插入點移至要加入 Figure 的位置，點選功能表中的**插入 → Figure**，或是進入「插入」面板中的「HTML」類別，找到 **Figure** 並點選，就會加入 figure 說明文字及語法。

02 將文件中的「這是版面 Figure 標籤的內容」文字刪除。

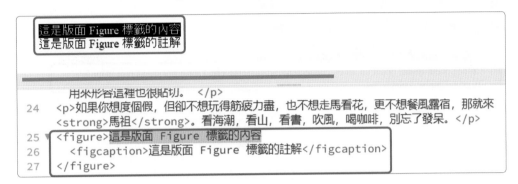

03 刪除後，點選功能表中的**插入 → Image** (Ctrl+Alt+I)，選擇要插入的圖片，第一張圖片插入後，再依續插入要放入網頁中的圖片。

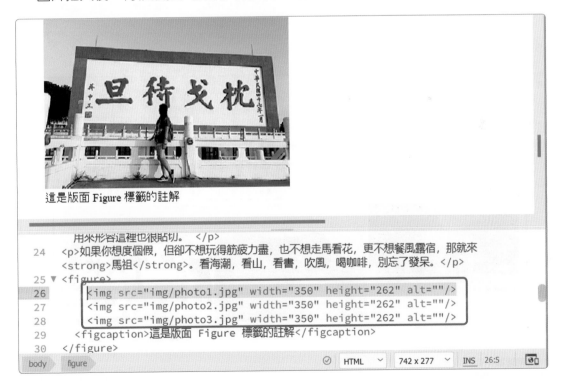

04 圖片都插入完成後,將「這是版面 Figure 標籤的註解」刪除,再輸入要呈現的文字內容。

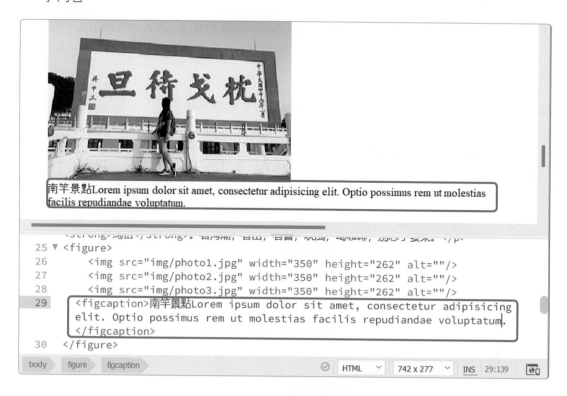

```
    <strong>爬山</strong>。看海潮、看山、看書、吹風、喝咖啡、別忘了發呆。</p>
25 ▼ <figure>
26        <img src="img/photo1.jpg" width="350" height="262" alt=""/>
27        <img src="img/photo2.jpg" width="350" height="262" alt=""/>
28        <img src="img/photo3.jpg" width="350" height="262" alt=""/>
29        <figcaption>南竿景點Lorem ipsum dolor sit amet, consectetur adipisicing
          elit. Optio possimus rem ut molestias facilis repudiandae voluptatum.
          </figcaption>
30    </figure>
```

body   figure   figcaption   ✓   HTML ⌄   742 x 277 ⌄   INS   29:139

05 完成設定後,按下 **F12** 鍵,預覽結果。

06 預覽沒有問題後，接著利用複製貼上功能，繼續製作群組圖片。進入程式碼檢視模式中，選取要複製的語法，選取好後按下 **Ctrl+C** 複製快速鍵。

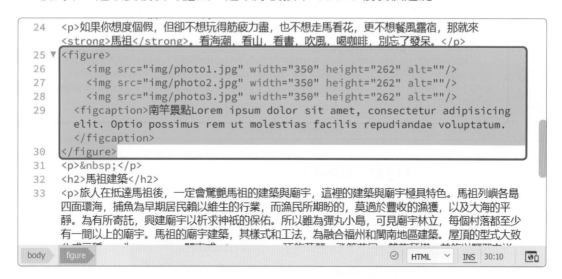

07 將插入點移至要擺放的位置，按下 **Ctrl+V** 貼上快速鍵，接著就可以直接修改圖片的檔案名稱及說明文字。

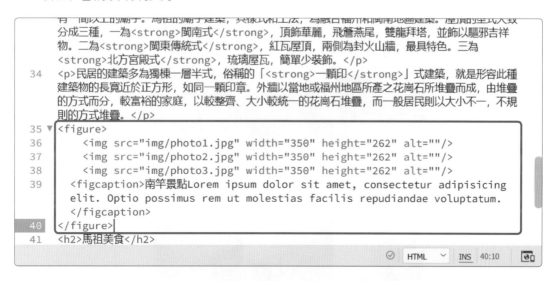

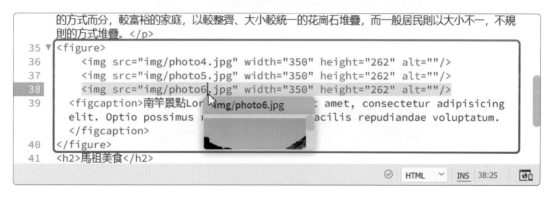

08 使用相同方式繼續複製程式碼並修改內容。

```
        美食，錯過了，就要再坐飛機來，才能品嚐的到。</p>
45 ▼  <figure>
46        <img src="img/photo7.jpg" width="350" height="262" alt=""/>
47        <img src="img/photo8.jpg" width="350" height="262" alt=""/>
48        <img src="img/photo9.jpg" width="350" height="262" alt=""/>
49        <figcaption>不可錯過的馬祖美食Lorem ipsum dolor sit amet, consectetur
          adipisicing elit. Optio possimus rem ut molestias facilis repudiandae
          voluptatum.</figcaption>
50    </figure>
51    <hr width="100%" size="1" noshade="noshade">
```

09 都設定好後，按下 **F12** 鍵，預覽結果。

▲ 最後結果請參考 ex06-01-ok.html

6-1-4 幫網頁標題加上圖示

一般在網址列上所看到的品牌或企業 logo 圖示稱為「Favion」，它是「Favorite icon」的縮寫。當使用者進入網站後，瀏覽器的頁籤上就會顯示 Favicon，而使用者將網站加入到書籤時，也會顯示 Favicon。

Favion 可以使用的檔案格式有：ico、png、gif、svg 等，而不同檔案格式在瀏覽器的支援度，也有些不同，例如：IE 不支援 svg、IE 11 以下的版本不支援 png。

製作 Favion

Favion 的圖示尺寸依裝置不同而有所不同，例如：Google TV 的尺寸是 96×96；Android 系統的 Google Chrome 瀏覽器是 196×196；Opera 瀏覽器是 228×228；iPad 是 150×150；配有 Retina 的 iPad 則是 167×167；iPhone 是 180×180 等。

而依照 Google 對網站小圖示的建議是，盡量使用 48×48、96×96、144×144 等 48px 倍數大小的正方形圖片，而使用 svg 格式則不限定尺寸。要製作圖示時，可以使用一些影像編輯軟體製作，或是免費的線上工具製作，例如：favicon.io 網站、RealFaviconGenerator.net 網站。

favicon.io 網站可以使用單純的文字製作圖示，製作時可以自行設定背景色彩、背景形狀、文字字型、文字大小等，圖示設計好後，按下 **Download** 按鈕，即可將製作好的圖示下載到電腦中。favicon.io 網站還提供了相關的程式碼，直接複製再加入到網頁文件中，即可幫網站加上圖示。

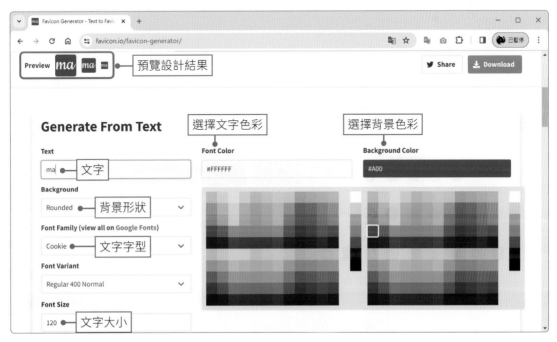

▲ https://favicon.io/favicon-generator/

favicon.io 網站所下載的檔案為「favicon_io.zip」壓縮格式，解壓縮後，即可看到各種不同格式及不同尺寸的圖示。

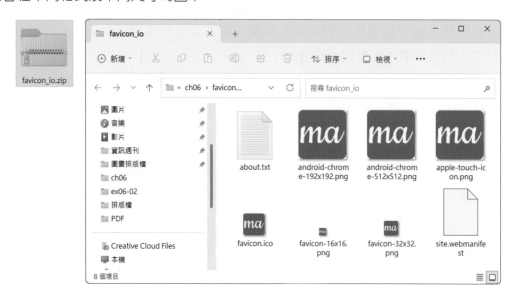

除了 favicon.io 網站外，還可以透過 **RealFaviconGenerator.net 網站**製作圖示，上傳一個尺寸至少 70×70 以上的圖片 (jpg、png 或 svg)，建議最好是 260×260 或更大的尺寸，它會自動將檔案轉換為各種瀏覽器 (Google Chrome、Safari、Firefox、IE、Edge) 及作業系統 (iOS、Android、Windows 及 macOS) 適用的尺寸圖示。

進入網站後，按下 **Select your Favicon image** 按鈕，將圖片上傳到網站，上傳後會檢測該圖片是否可以使用。

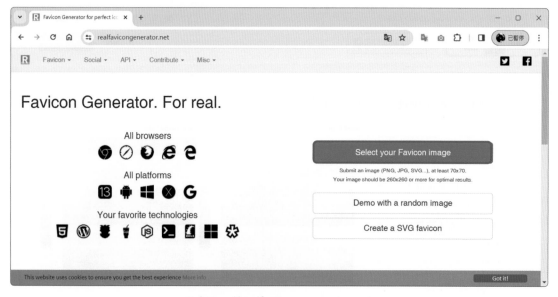

▲ https://realfavicongenerator.net

檢測沒問題後,會顯示該圖示在網頁、iOS、Android 上所呈現的效果,若還想要微調,可以點選 **Add margins and a plain background**,即可調整背景色彩、圓角及大小。

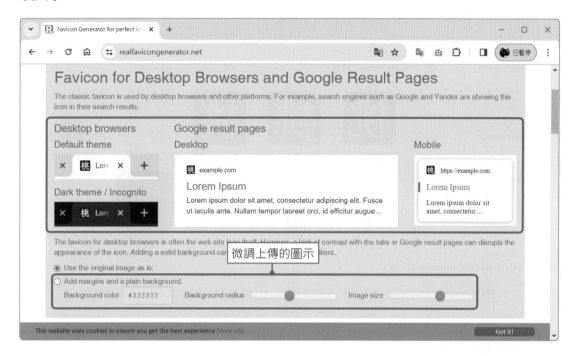

沒問題後,按下 **Generate your Favicons and HTML code** 按鈕,就會產生不同尺寸圖示的程式碼,而按下 **Favicon package** 按鈕,可以將所有檔案下載到電腦中。

從 RealFaviconGenerator.net 網站下載的檔案為「favicon_package_v0.16.zip」壓縮格式，解壓縮後，即可看到所有的檔案。

🖵 知識補充

使用線上工具製作圖示時，在下載的檔案中都會有個「site.webmanifest」檔案，該檔案是 json 格式文件，文件內容提供了應用程式相關的資訊(如：名稱、圖示、背景色彩、顯示模式)，它的作用是告訴瀏覽器如何顯示。

若想觀看「site.webmanifest」檔案的內容，可以直接將檔案拖曳至瀏覽器中，即可預覽內容，也可以在 Dreamweaver 中開啟並編輯。

程式碼如下：

```
{
    "name":"",                              //應用程式的名稱
    "short_name":"",                        //應用程式的簡寫
    "icons":[{                              //應用程式的圖示
        "src":"/android-chrome-192x192.png",  //Android裝置使用
```

```
            "sizes":"192x192",
            "type":"image/png"
        },
        {
            "src":"/android-chrome-512x512.png",        //Android裝置使用
            "sizes":"512x512",
            "type":"image/png"
        }],
        "theme_color":"#ffffff",                         //應用程式的主要顏色
        "background_color":"#ffffff",                    //啟動畫面的背景顏色
        "display":"standalone"                           //應用程式的顯示模式
}
```

在網頁中加入程式碼

　　icon圖示製作好後，就可以在網頁中使用**<link>**標籤來設定，<link>標籤是設定目前文件與外部資源之間的關聯，最常見應用就是導入CSS樣式表(stylesheet)及icon圖示，同一個網頁裡可以有多個不同的<link>標籤，常見的屬性有**rel、href、type、media、sizes**等。語法如下：

```
<link rel="icon" href="favicon.ico" type="image/x-icon">
```

● rel：設定目前文件與外部資源的關聯。常見的關聯有stylesheet (CSS樣式表)、icon(圖示)、search(搜尋資源)、top(首頁)等。
● href：設定要建立關聯的外部資源網址。
● type：設定媒體類型(Media Types)，最常見的值就是「"text/css"」，表示該類型為CSS樣式表檔案；「"image/png"」表示該類型為png影像。
● media：用來指定應用外部資源的目標媒體或裝置(樣式適用於哪個媒體)，若沒有設定media屬性，則表示適用於所有媒體或裝置。
● sizes：用來指定圖示大小，該屬性只能在「rel="icon"」時使用。

💬 知識補充：媒體類型

媒體類型是一種標準化的方式，用來表示文件的性質及類型。瀏覽器通常以媒體類型來辨識檔案，如此才能正確的判斷出如何處理檔案。下表為常用的媒體類型。

type屬性值	媒體類型	type屬性值	媒體類型
text/html	HTML 文件	image/png	PNG圖片
application/pdf	PDF	application/vnd.ms-excel	Excel文件

type 屬性值	媒體類型	type 屬性值	媒體類型
text/csv	CSV 檔案	video/mp4	MP4 影片檔
audio/ogg	OGG 音訊	video/x-ms-wmv	WMV 影片檔
image/x-icon	ico 圖片	image/svg+xml	svg 圖片

詳細的媒體類型可至 IANA 網站 (https://www.iana.org/assignments/media-types/media-types.xhtml) 查看。

了解後，這裡請繼續使用 **ex06-01.html** 檔案，進行圖示的設定。當使用線上工具製作完圖示後，先將各圖示檔案複製到相關的資料夾中，在此範例中，是將檔案放置於「img」資料夾中。

接著複製線上工具幫我們撰寫好的程式碼，再進入文件的程式碼檢視模式中，因為 <link> 標籤要建立在 <head></head> 之間，所以將程式碼貼到 <head></head> 之間，並修改檔案路徑。

```
3 ▼ <head>
4     <meta charset="utf-8">
5     <title>卡蹓馬祖</title>
6     <link rel="apple-touch-icon" href="img/apple-touch-icon.png" sizes="180x180">
7     <link rel="icon" href="img/favicon-32x32.png" type="image/png" sizes="32x32">
8     <link rel="icon" href="img/favicon-16x16.png" type="image/png" sizes="16x16">
9     <link rel="manifest" href="img/site.webmanifest">
10 ▼ <style type="text/css">
```

完成設定後，預覽結果，即可看到我們所設定的網站圖示，而當使用者將網站加入書籤時，也會顯示網站圖示。

在 Dreamweaver 中按下 F12 預覽網頁時，不會顯示設定好的網站圖示，須直接開啟該檔案預覽

▲ 最後結果請參考 ex06-01-ok.html

6-2 超連結的使用

透過**超連結**(Hyperlink)可以建立網頁與網頁或檔案之間的關係,超連結可以將很多元件連在一起,不論是網頁、網站、圖片、檔案、多媒體等,所有網路上想得到的元件,都可以設定超連結,將全世界拉在一起,而達到資源共享的目的。

本節將使用**ex06-02**資料夾內的檔案進行超連結的設定,在開始學習前,建議先建立一個名為「ex06-02」網站,再將範例檔案複製到該資料夾中,以方便在操作的過程中快速地開啟檔案。

6-2-1 超連結的HTML基本結構

網頁最大的特色就是超連結,被設定為超連結的文字在預設下會呈現藍色並加上底線,代表點擊該文字會連結到其他位置,而被點擊過的超連結會呈現紫色並加上底線,若要改變超連結的色彩及樣式時,可以透過CSS來設定,也可以在「頁面屬性」設定中,自行設定超連結的檢視顏色。

在HTML中是使用**<a>**標籤來標示超連結的,可以建立前往其他頁面、檔案、E-mail、URL等超連結。撰寫程式碼時,若連結的目標尚未建立,則可以使用「#」,建立成空連結,語法如下:

```
<a href="#">王小桃部落格</a>
```

target屬性

使用<a>標籤時,還可以加上**target**屬性來指定何種方式開啟超連結,說明如下:

● target="_blank":在新的視窗開啟網頁。
● target="_self":在目前執行的視窗中開啟網頁。
● target="_parent":在目前執行的視窗中開啟,如果框架式網頁,會在上一層頁框中開啟。
● target="_top":會以整頁方式開啟,如果有框架,網頁中的所有頁框會被移除。

download屬性

使用**download**屬性可以直接下載檔案,當使用者點擊連結時,便會直接下載連結所設定的檔案,設定時可以設定下載檔案的檔名,如果省略屬性值則會使用原始檔名。語法如下:

```
<a href="/text/doc.pdf" download="chwa-doc.pdf">下載旅遊文件</a>
```

6-2-2 超連結到同一目錄內的檔案

建立網站時，所有的網頁文件通常會在同一目錄內，若不在同一目錄裡，設定超連結時就要注意路徑的問題，同一個網站裡進行檔案的互相連結，可以使用文件相對路徑。了解後，請開啟ex06-02資料夾內的**index.html**檔案，這裡要將「卡蹓馬祖」連結到「travel.html」；「馬祖建築」連結到「building.html」；「馬祖美食」連結到「food.html」；「馬祖資訊」連結到「info.html」。

01 設定超連結時，可以在**即時**或是**設計**檢視模式中進行，這裡我們以**即時**模式來進行。選取「卡蹓馬祖」文字，在即時檢視模式下就會顯示 超連結按鈕，按下 超連結按鈕，在欄位中輸入要連結的檔案，或是按下 **瀏覽檔案**按鈕選取要連結的檔案。

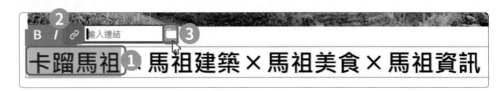

02 開啟「選取檔案」對話方塊後，點選要連結的檔案，再按下**確定**按鈕。

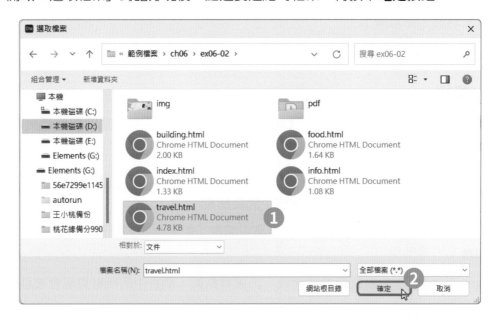

03 回到文件後被選取的文字就會呈藍色並加上底線。

卡蹓馬祖 × 馬祖建築 × 馬祖美食 × 馬祖資訊

對於我這個沒有經過戰亂、沒有風雨的六年級生來說，這片**貧瘠的小島**，似乎毫無吸引之處，只想找美食、找紀念品、找露天咖啡座.........卻因朝陰夕暉的海洋氣候，一陣大雨滂沱之後，讓我看見這個小島的美！

04 文字加入超連結後,接著在屬性面板中,按下**目標**選單鈕,於選單中點選要如何開啟網頁。

05 設定好超連結後,進入程式碼檢視模式中,就會看到加上超連結的 HTML 語法。

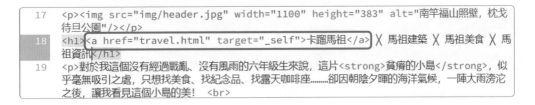

06 設定超連結時,也可以直接在屬性面板中進行,選取文字,在**連結**欄位中輸入檔案名稱,或是按下 **瀏覽檔案**按鈕,選擇要連結的檔案。

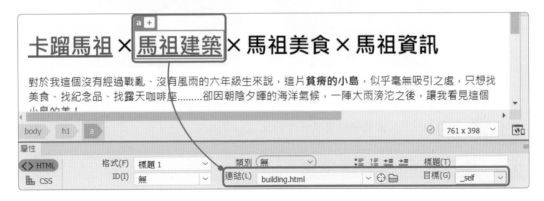

07 利用相同方式將「馬祖美食」及「馬祖資訊」也加上超連結設定,在即時模式下,若要確認連結是否正確,可以按著 **Ctrl** 鍵,再去點選超連結文字。

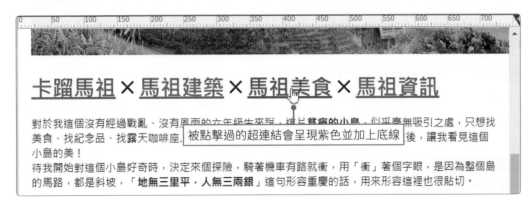

08 完成所有設定後，按下 **F12** 鍵，測試看看所有的連結是否設定正確。

▲ 最後結果請參考 ex06-02-ok\index.html

6-2-3　文件內的超連結設定

　　當網頁內容較多時，為了讓使用者瀏覽方便，可以建立文件內的超連結，當使用者點擊超連結後，就會跳到指定的內容。在建立文件內的超連結時，須在對應的文字加上 **id 屬性**，設定唯一的識別字做為識別，然後再將 href 屬性設定要連結的識別字。

　　在 **travel.html** 文件中，要將「南竿牛角聚落、福澳港、北海坑道、北竿芹壁村」文字分別連結到相對應的文字，還要再加入回到頁首的設定，當點擊「Back To Top」連結後，會回到網頁的頁首。

01 將插入點移至「南竿牛角聚落」文字，按下 **+** 按鈕，於欄位中輸入「#travel1」id 名稱。

02 輸入好後按下 **Enter** 鍵，在**選取來源**中選擇**在頁面中定義**，這樣就完成了 id 的設定。

03 利用相同方式將「福澳港、北海坑道、北竿芹壁村」的 id 分別設定為「#travel2、#travel3、#travel4」。設定 id 時，也可以直接在屬性面板中設定。

04 接著選取文件中最上方的圖片，將 id 設定為 #top。

05 id 都設定完後，接下來就可以開始進行文字超連結的設定。選取「南竿牛角聚落」文字，按下 超連結按鈕，在欄位中輸入「**#travel1**」，輸入好後按下 **Enter** 鍵。

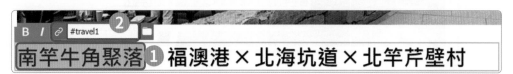

06 利用相同方式將「福澳港、北海坑道、北竿芹壁村」也加上超連結設定。

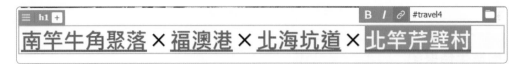

07 接著選取「Back To Top」文字，按下 🔗 超連結按鈕，在欄位中輸入「**#top**」，輸入好後按下 **Enter** 鍵，完成超連結的設定。

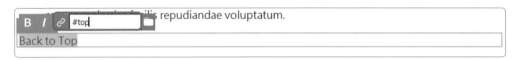

08 都設定好後，進入程式碼檢視模式中，看看連結的語法，各標題都加上了 id 屬性，而文字也加上了相對應的 id 屬性。

```
9    <p><img src="img/t_header.jpg" alt="卡蹓馬祖" width="1100" height="400"
     id="top"/></p>
10   <h1><a href="#travel1">南竿牛角聚落</a> X <a href="#travel2">福澳港</a> X <a
     href="#travel3">北海坑道</a> X <a href="#travel4">北竿芹壁村</a></h1>
11   <hr width="100%" size="1" noshade="noshade">
12   <h2 id="travel1">南竿牛角聚落</h2>
13   <p> 牛角聚落沿著港灣而築，是連江縣政府及文史工作者目前努力保留的文化遺跡，這也是南竿島最具
     特色的景點，對於愛好攝影的人士來說，這裡是朝聖之地，這裡的質樸與大自然的色彩，足以讓每一件
     攝影作品，表現出最豐富的調性與構圖。</p>
14 ▼ <figure>
15     <img src="img/t_photo1.jpg" width="350" height="262" alt=""/>
16     <img src="img/t_photo2.jpg" width="350" height="262" alt=""/>
17     <img src="img/t_photo3.jpg" width="350" height="262" alt=""/>
18     <figcaption>南竿牛角聚落Lorem ipsum dolor sit amet, consectetur
       adipisicing elit. Optio possimus rem ut molestias facilis repudiandae
       voluptatum.</figcaption>
19   </figure>
20   <p><a href="#top">Back to Top</a></p>
```

09 沒問題後，按下 **F12** 鍵，預覽結果，點選連結測試看看連結是否正確。

▲ 最後結果請參考ex06-02-ok\travel.html

6-2-4 超連結到外部網站

要連結到外部網站時，只要在連結欄位中輸入該網站的網址即可。這裡請開啟 **info.html** 檔案來練習。

01 選取「馬祖國家風景區全球資訊網」文字，按下 🔗 超連結按鈕，在欄位中輸入「**https://www.matsu-nsa.gov.tw**」網址，輸入好後按下 **Enter** 鍵，再於屬性面板中設定目標。

02 選取「馬祖資訊網」文字，按下 🔗 超連結按鈕，在欄位中輸入「**https://www.matsu.idv.tw**」網址，輸入好後按下 **Enter** 鍵，再於屬性面板中設定目標。

03 設定好後，進入程式碼檢視模式中，被選取的文字都加上了超連結語法。

```
20    <h2>馬祖好站推薦</h2>
21 ▼  <ul>
22      <li><a href="https://www.matsu-nsa.gov.tw" target="_blank">馬祖國家風景區全球
        資訊網</a></li>
23      <li><a href="https://www.matsu.idv.tw" target="_blank">馬祖資訊網</a></li>
24    </ul>
25    <h2>資源下載</h2>
```

6-2-5 電子郵件與電話號碼超連結

電子郵件超連結

要連結到電子郵件時，在電子郵件地址前須加入「mailto:」，再輸入電子郵件地址。若瀏覽器有支援的話，點擊連結後會開啟郵件編輯器讓使用者撰寫郵件內容。這裡請開啟 **info.html** 檔案來練習。

01 進入設計檢視模式中，將插入點移至「信箱：」文字後，點選功能表中的**插入 → HTML →電子郵件連結**，開啟「電子郵件連結」對話方塊。

02 輸入要顯示的文字及要連結的電子郵件，輸入好後按下**確定**按鈕。

03 設定好後，在文字欄位中輸入的文字就會顯示在文件中並加上超連結設定。

> ### 新臺馬輪交通資訊
>
> 新臺馬輪可載運旅客642人，共有386個臥鋪、256個座位，臥鋪的部分設有一間VIP房、4間頭等艙、8間貴賓艙、經濟艙有5大間，包含有親子床及無障礙床位；並可搭載45輛小客車或18輛遊覽車及4個20呎的冷藏/冷凍櫃。
>
> - 地址：20248 基隆市中正區中正路6號1樓
> - 電話：02-24256-777
> - 信箱：Keelung@allports.com.tw

04 進入程式碼檢視模式中，會看到文字加上了電子郵件超連結語法。

```
16    <li>電話: 02-24256-777</li>
17    <li>信箱: <a href="mailto:Keelung@allports.com.tw">Keelung@allports.com.tw</a></li>
```

電話號碼超連結

　　將電話號碼設定為超連結時，要注意電話號碼是否有遵循RFC3966標準格式 (https://datatracker.ietf.org/doc/html/rfc3966)。用在連結裡的電話號碼，最好是用國際撥號格式，例如：以新北的市話為例＋國碼 (886)- 區碼 (2)- 電話號碼 (22625666)。若行動裝置有支援此項功能時，使用者點擊連結後，就可以直接撥打電話。

01 進入即時檢視模式中，選取電話號碼，按下🔗超連結按鈕，在欄位中輸入「**tel:+886-2-24256777**」，輸入好後按下 **Enter** 鍵，電話號碼就會加入超連結設定。

02 設定好後，進入程式碼檢視模式中，會看到電話加上了超連結語法。

```
14 ▼ <ul>
15     <li>地址: 20248  基隆市中正區中正路6號1樓</li>
16 ▼   <li>電話: <a href="tel:+886-2-24256777">02-24256-777</a></li>
17     <li>信箱: <a href="mailto:Keelung@allports.com.tw">Keelung@allports.com.tw</a></li>
```

6-2-6　檔案超連結

　　檔案超連結設定的方式與連結到網頁一樣，只要將連結位置指定為要下載的檔案即可，若瀏覽器支援該檔案格式，會在瀏覽器中直接開啟該檔案；若沒有支援的話，檔案就會進行下載的動作。

在 **info.html** 檔案中,將「卡蹓馬祖旅遊手冊」文字連結到「pdf/matsu.pdf」檔案,當使用者點選後便會開啟該檔案或下載檔案。

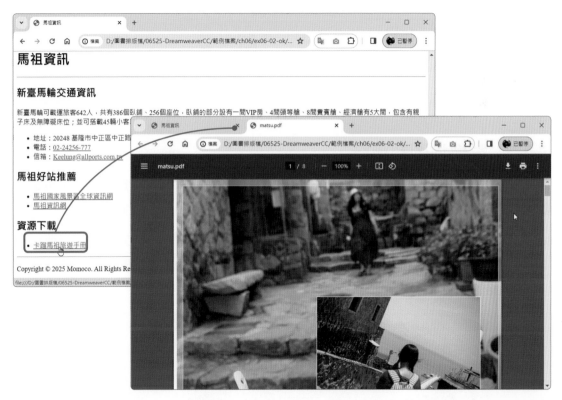

▲ 最後結果請參考 ex06-02-ok\info.html

若想要讓使用者直接下載檔案,不在瀏覽器中顯示時,可以加入 **download** 屬性,當使用者點擊連結時,便會直接下載連結所設定的檔案,設定時還可以指定下載檔案的檔名,如果省略屬性值則會使用原始檔名。

```
25    <h2>資源下載</h2>
26 ▼ <ul>
27       <li><a href="pdf/matsu.pdf" download="usermatsu.pdf"
         target="_blank">卡蹓馬祖旅遊手冊</a></li>
28    </ul>
```

💬 知識補充：**指向檔案**

Dreamweaver提供了一種快捷的「指向檔案」方法來設定超連結，只要按下⊕**指向檔案**按鈕，將箭頭指向想連結的檔案即可。

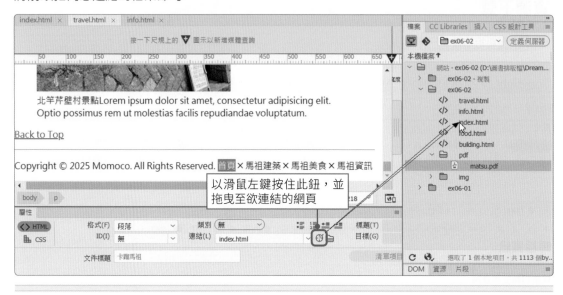

6-2-7 影像地圖超連結

　　Dreamweaver提供了影像地圖功能，可以幫圖片的局部區塊設定超連結，設定時要在設計檢視模式下進行。這裡請開啟**food.html**檔案，進行以下的練習。

01 點選美食地圖標題下的圖片，在屬性面板中選擇要使用的區域工具（⬚矩形連結區域工具、⬭圓形連結區域工具、▽多邊形連結區域工具），並在圖片上框選出要設定連結的區域。

02 建立連結區域後，即可在影像地圖屬性面板中進行連結的設定。

03 若要調整區域，只要在屬性面板按下▶**指標連結區域工具**按鈕，即可選取已建立的連結區域，來移動或調整形狀。

□ **知識補充**

在屬性面板按下▶**指標連結區域工具**按鈕後，除了可以利用滑鼠左鍵拖曳區域，移動整塊區域外，還可以編輯區域端點；而按下鍵盤上的 **Delete** 鍵，即可刪除連結區域。

04 繼續建立其他的連結區域，一一設定各個區域的超連結。

05 設定好後，進入程式碼檢視模式中，會看到在圖片的下方加入了 **<map>** 標籤語法。

```
22 ▼ <p><img src="img/food_map.png" alt="美食地圖" width="1100" height="549"
      usemap="#Map"/>
23 ▼   <map name="Map">
24       <area shape="circle" coords="198,505,77"
         href="https://www.starbucks.com.tw" target="_blank" alt="星巴克網站">
25       <area shape="rect" coords="648,65,740,189"
         href="https://www.facebook.com/yima.restaurant" target="_blank" alt="依嬤
         的店">
26       <area shape="rect" coords="835,165,966,303"
         href="https://www.facebook.com/people/%E8%9D%A6%E5%AF%AE%E9%A3%9F%E5%A0%
         82/100063569721904/" target="_blank" alt="蝦寮食堂">
27     </map>
28   </p>
```

06 設定好後，按下 **F12** 鍵，預覽結果，點選連結測試看看連結是否正確。

▲ 最後結果請參考 ex06-02-ok\food.html

6-2-8 滑鼠變換影像超連結

　　Dreamweaver提供了滑鼠變換影像功能，讓靜態的圖片變成動態，當使用者將滑鼠游標移至圖片上，就會立即變換圖片，此功能是使用JavaScript所製作的，在文件中加入滑鼠變換影像後，就會產生一段JavaScript語法。

　　要製作滑鼠變換影像效果時，要準備兩張圖片，第一張為要呈現在網頁中的圖片；第二張則為滑鼠移過去後要顯示的圖片，除了變換圖片外，還可以加上超連結的設定，使用者點選後便可連結到其他網頁或外部網站中。

　　這裡請開啟 **index.html** 檔案進行練習，在「img」資料夾中我們也準備了圖片。

01 將插入點移至要加入圖片的位置，點選功能表中的**插入→ HTML →滑鼠變換影像**，開啟「插入滑鼠變換影像」對話方塊。

02 在「原始影像」欄位中按下**瀏覽**按鈕，選擇第一張圖片；在「滑鼠變換影像」欄位中按下**瀏覽**按鈕，選擇第二張圖片；在「替代文字」中輸入要顯示的文字；在「按下時，前往的 URL」欄位中按下**瀏覽**按鈕，選擇要連結的檔案，都設定好後按下**確定**按鈕。

插入滑鼠變換影像	✕
影像名稱： Image2	確定
原始影像： img/button1.jpg 瀏覽...	取消
滑鼠變換影像： img/button11.jpg 瀏覽...	說明
☑ 預先載入滑鼠變換影像	
替代文字： 卡蹓馬祖	
按下時，前往的 URL： travel.html 瀏覽...	

03 文件中就會插入第一張圖片，使用相同方式，再加入其他圖片。

卡蹓馬祖 ✕ 馬祖建築 ✕ 馬祖美食 ✕ 馬祖資訊

對於我這個沒有經過戰亂、沒有風雨的六年級生來說，這片**貧瘠的小島**，似乎毫無吸引之處，只想找美食、找紀念品、找露天咖啡座⋯⋯⋯⋯卻因朝陰夕暉的海洋氣候，一陣大雨滂沱之後，讓我看見這個小島的美！
待我開始對這個小島好奇時，決定來個探險，騎著機車有路就衝，用「衝」著個字眼，是因為整個島的馬路，都是斜坡，「**地無三里平，人無三兩銀**」這句形容重慶的話，用來形容這裡也很貼切。

如果你想度個假，但卻不想玩得筋疲力盡，也不想走馬看花，更不想餐風露宿，那就來**馬祖**。

看海潮，看山，看書，吹風，喝咖啡，別忘了發呆

04 進入程式碼檢視模式中，就會看到一大段的 JavaScript 語法。

```
14 ▼ <script type="text/javascript">
15 ▼ function MM_swapImgRestore() { //v3.0
16      var i,x,a=document.MM_sr; for(i=0;a&&i<a.length&&(x=a[i])&&x.oSrc;i++) x.src=x.oSrc;
17   }
18 ▼ function MM_preloadImages() { //v3.0
19 ▼    var d=document; if(d.images){ if(!d.MM_p) d.MM_p=new Array();
20        var i,j=d.MM_p.length,a=MM_preloadImages.arguments; for(i=0; i<a.length; i++)
21        if (a[i].indexOf("#")!=0){ d.MM_p[j]=new Image; d.MM_p[j++].src=a[i];}}
22   }
23
24 ▼ function MM_findObj(n, d) { //v4.01
25      var p,i,x;  if(!d) d=document; if((p=n.indexOf("?"))>0&&parent.frames.length) {
26        d=parent.frames[n.substring(p+1)].document; n=n.substring(0,p);}
27      if(!(x=d[n])&&d.all) x=d.all[n]; for (i=0;!x&&i<d.forms.length;i++) x=d.forms[i][n];
28      for(i=0;!x&&d.layers&&i<d.layers.length;i++) x=MM_findObj(n,d.layers[i].document);
29      if(!x && d.getElementById) x=d.getElementById(n); return x;
30   }
31
32 ▼ function MM_swapImage() { //v3.0
33      var i,j=0,x,a=MM_swapImage.arguments; document.MM_sr=new Array; for(i=0;i<(a.length-2);i+=3)
34      if ((x=MM_findObj(a[i]))!=null){document.MM_sr[j++]=x; if(!x.oSrc) x.oSrc=x.src; x.src=a[i+2];}
35   }
36   </script>
37   </head>
```

```
46   <p><a href="travel.html" onMouseOut="MM_swapImgRestore()"
     onMouseOver="MM_swapImage('Image2','','img/button11.jpg',1)"><img src="img/button1.jpg" alt="卡蹓馬祖"
     width="200" height="200" id="Image2">   </a><a href="building.html" onMouseOut="MM_swapImgRestore()"
     onMouseOver="MM_swapImage('Image3','','img/button22.jpg',1)"><img src="img/button2.jpg" alt="馬祖建築"
     width="200" height="200" id="Image3">  </a><a href="food.html" onMouseOut="MM_swapImgRestore()"
     onMouseOver="MM_swapImage('Image4','','img/button33.jpg',1)"><img src="img/button3.jpg" alt="馬祖美食"
     width="200" height="200" id="Image4">  </a><a href="info.html" onMouseOut="MM_swapImgRestore()"
     onMouseOver="MM_swapImage('Image5','','img/button44.jpg',1)"><img src="img/button4.jpg" alt="馬祖資訊"
     width="200" height="200" id="Image5"></a></p>
47   <hr width="100%" size="1" noshade="noshade">
```

05 設定好後，按下 **F12** 鍵，預覽結果。

▲ 最後結果請參考 ex06-02-ok\index.html

●●●● 自我評量

● 選擇題

(　　) 1. 下列哪一種圖檔格式支援動畫？ (A) eps　(B) bmp　(C) gif　(D) tif。

(　　) 2. 下列哪一種圖檔格式經常被應用在網頁設計上？ (A) ai　(B) eps　(C) png　(D) wmf。

(　　) 3. 下列關於影像檔案的敘述，何者不正確？ (A) png為向量圖　(B) gif類型的影像檔案可用來製作透明圖效果影像與動畫圖檔　(C) jpg類型的影像檔案採用破壞性壓縮方式　(D) ico是一種用於圖示顯示的圖片格式。

(　　) 4. 在HTML語法中，「<img src="photo.png" width="600" height="600">」的作用為？ (A)插入圖片　(B)插入背景　(C)插入檔案　(D)插入表格。

(　　) 5. 在HTML語法中，使用下列哪個屬性來設定圖片的替代文字？ (A) img　(B) alt　(C) src　(D) type。

(　　) 6. 在HTML語法中，若要設定目前文件與外部資源之間的關聯，應該使用下列哪個標籤來進行？ (A) <head>　(B) <meta>　(C) <body>　(D) <link>。

(　　) 7. 文字連結的目標可以是網址、檔案、網頁等。若連結的目標尚未建立，則可將其建立成空連結，這時需要在超連結欄位中輸入以下哪一項內容？ (A) ?　(B) #　(C) @　(D) *。

(　　) 8. 下列關於超連結的敘述，何者不正確？ (A)網頁中的圖片可以設定超連結　(B)按下電子郵件超連結會直接開啟預設的電子郵件軟體　(C)網頁中的文字可以設定超連結　(D)超連結只能使用絕對路徑連結。

(　　) 9. 在HTML語法中，超連結的網頁若要在原視窗開啟，則target應設定為？ (A)_self　(B)_blank　(C)_top　(D)_parent。

(　　) 10. 在HTML語法中，超連結的網頁若要在新視窗開啟，則target應設定為？ (A)_self　(B)_blank　(C)_top　(D)_parent。

(　　) 11. 在建立文件內的超連結時，須在對應的文字加上？ (A) a屬性　(B) scr屬性　(C) id屬性　(D) type屬性。

(　　) 12. 在HTML語法中，下列何者可在網頁上顯示有效的電子郵件超連結？

(A) <u>abc123@gmail.com</u>

(B) <address>abc123@gmail.com</address>

(C) <img src="abc123@gmail.com">abc123@gmail.com</img>

(D) <a href="mailto:abc123@gmail.com">abc123@gmail.com</a>

● 實作題

1. 請開啟「ex06-a\ex06-a.html」檔案，進行以下設定。

⇨ 在文件中分別加入「cafe1_s.png、cafe2_s.png、cafe3_s.png、cafe4_s.png」等四張圖片，使用者點選圖片後，會在新視窗中開啟大圖(cafe1.png、cafe2.png、cafe3.png、cafe4.png)。

⇨ 使用「滑鼠變換影像」功能加入FB圖示按鈕(icon_fb1.png、icon_fb2.png)，並連結至「https://www.facebook.com/chwaUBook/」。

⇨ 使用「favicon.io網站」或「RealFaviconGenerator.net網站」自行設計網站logo，並加入到網頁文件中。

CHAPTER 07

表格、表單及多媒體應用

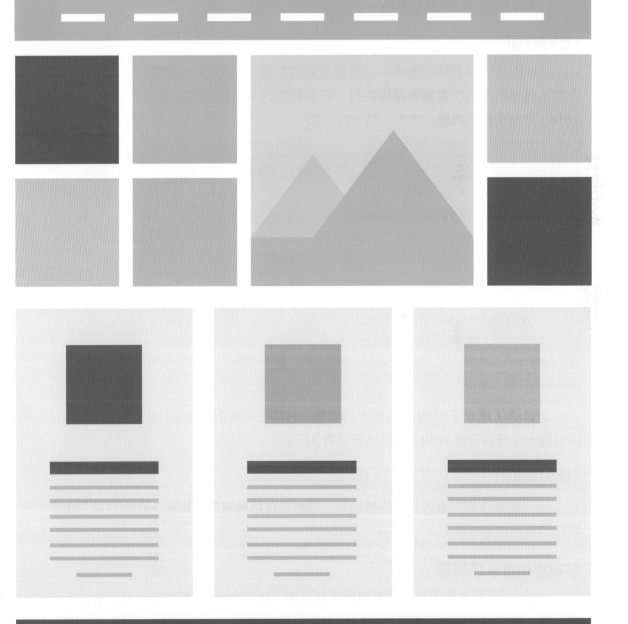

Dreamweaver CC

7-1 表格的使用

表格是網頁設計不可或缺的標籤，表格可以讓複雜的數值，或者是讓經過分析後的數據等資料排列得更整齊。

7-1-1 表格的HTML基本結構

在 HTML 中，表格是使用 <table> 標籤建立的，<table> 是表格的容器，裡面有不同的標籤來組成一個完整的表格。

<tr>與<td>

<tr> 及 <td> 是HTML表格中一定會用到的標籤，<table> 包著整個表格的結構和內容，**<tr>** 則是用來**定義表格中的行**，若需要四行，就要使用四次 <tr>，<tr> 裡還有 **<td>**，是用來**顯示內容**的地方。基本語法如下：

```
<table>
   <tr>
      <td>第一列的第一個欄位</td>
      <td>第一列的第二個欄位</td>
      <td>第一列的第三個欄位</td>
   </tr>
   <tr>
      <td>第二列的第一個欄位</td>
      <td>第二列的第二個欄位</td>
      <td>第二列的第三個欄位</td>
   </tr>
</table>
```

上述語法建立了一個2×3大小的表格，HTML中有2個 <tr>，表示表格有2列，而每個 <tr> 裡有三個 <td>，表示這表格有3行。

<th>標題列

<th> 標籤是用來宣告表格的標題列，**會將儲存格內容字體加粗**，<th> 在語意上更明確的聲明這是標題列。

<caption>表格標題

<caption> 標籤是用來宣告**表格的標題文字**，放在 <table> 最前面，文字會自動居中，而一個表格只能有一個標題。

表格結構標籤

　　表格結構標籤有**\<thead\>**、**\<tbody\>**及**\<tfoot\>**，這些標籤主要是用來增強表格的語意性，明確區分表格中的不同區塊。**\<thead\>**為**表格的標題列**；**\<tbody\>**是**表格的主體**，也就是表格的主要內容；**\<tfoot\>**是**表格的表尾**，也就是最後一列的註腳內容，通常用於統計數字的總計列。

7-1-2　加入表格

　　了解表格HTML基本結構後，接著來看看該如何使用Dreamweaver建立表格。(範例檔案：**ex07-01\ex07-01.html**)

01 開啟網頁文件，點選功能表中的**插入→ Table** (Ctrl+Alt+T)，或是進入「插入」面板中的「HTML」類別，找到**Table**並點選，開啟「Table」對話方塊。

02 在「Table」對話方塊中，可以設定所要插入的表格欄數及列數，並對表格進行一些基本的設定。

03 在此要插入一個「3 欄 12 列」的表格，並將表格的寬度設為 **75 百分比**；把表格的邊框粗細設為 **2**、儲存格內距設為 **2**、儲存格間距設為 **5**，都設定好後按下**確定**按鈕。

💬**知識補充**

● **內距**：每個儲存格內的資料內容與旁邊邊框的距離。內距所設的值越大，表示儲存格內的資料與框線距離越遠。

● **間距**：儲存格之間框線的間隔距離。間距所設的值越大，表示儲存格之間的框線間隔越大。

- **寬度：**設定表格的寬度，可以選擇以「百分比例」或是「像素」的單位表示。

- **邊框：**設定表格框線的粗細，當邊框設為「0」時，表示此表格沒有框線。

04 網頁中就會插入剛剛所設定的表格。

05 表格加入後，即可開始輸入文字，將插入點移至儲存格內即可輸入文字，使用 **Tab** 鍵，可以將插入點跳至下一個儲存格。

7-1-3　表格的調整

表格建立好後，即可進行表格的調整。

選取儲存格

許多關於表格與儲存格設定的第一個步驟，都是必須先對表格進行選取的動作，若要選取單一儲存格，直接在儲存格上按下鍵盤上的**Ctrl**鍵即可；若要選取多個儲存格，則利用滑鼠拖曳的方式，移動滑鼠至選取範圍的最左上角，然後按住滑鼠左鍵，由左上往右下移動至你所要選取的範圍，之後放開滑鼠左鍵即可。

選取欄與列

當移動滑鼠至每欄的最上方，會發現滑鼠指標變成「↓」圖示，此時按一下滑鼠左鍵，就可以選取一整欄，所選取的範圍也會以「紅色框線」來表示。

選取「列」與選取「欄」的方式是一樣的，將滑鼠移至每列的最左方，滑鼠即會變成「→」圖示，這時候按一下滑鼠左鍵，就可以選取一整列。

選取整個表格

倘若要選取一整個表格，可以移動滑鼠至任一個表格框線上，然後按一下滑鼠左鍵，就可以將整個表格選取起來。

調整欄寬與列高

插入表格後，可以依照需求來調整表格的欄寬與列高，而最簡單的方式就是使用滑鼠拖曳法。將滑鼠移至框線上時，滑鼠指標會變成「↕」或「↔」圖示，此時，就可以直接使用滑鼠「拖拉」表格的框線，來調整表格的欄寬與列高。

插入或刪除欄與列

如果表格的欄數或列數不敷使用，可以將滑鼠游標移至表格上，並按下滑鼠右鍵，接著在快顯功能表中的**表格**功能，即可選擇插入或刪除欄與列。

分割儲存格

「分割儲存格」是將一個單一的儲存格，分割成數個不同的儲存格。只要先選取欲分割的儲存格，再按下屬性面板上的 ⌖**將儲存格分隔為列或欄**按鈕，在開啟的「分割儲存格」對話方塊中選擇要分割為「欄」還是分割為「列」，並輸入要分割的儲存格數量，就可以完成分割的動作。

合併儲存格

「合併儲存格」是將多個單一儲存格合併為一個大的、單一的儲存格。其設定方法與「分割儲存格」的方法是相似的。

01 先選取要合併的儲存格，接著按下屬性面板上的 ⊟**合併選取的儲存格**按鈕。

02 被選取的儲存格就會合併成為一個儲存格。

7-1-4 表格屬性設定

當選取整個表格時，就會出現表格的屬性面板，在此可以設定表格的寬度、列與欄的數量、間距等。例如：要修改表格的寬度時，只要在**寬**欄位中進行設定即可；若要設定表格的對齊方式，可以按下**Align**選單鈕，選擇對齊方式。

7-1-5 儲存格屬性設定

當點選儲存格時，在屬性面板的上半段是關於儲存格中的編輯作業 (文字) 屬性；而在下半段的部分是關於儲存格的大小、背景色彩等屬性設定。

設定背景顏色

要將儲存格加上背景顏色時，只要選取儲存格，再到屬性面板中設定儲存格的背景顏色即可。

對齊方式

使用屬性面板中的「水平」與「垂直」功能，可以設定儲存格裡內容的對齊方式，只要先選取儲存格，再進行設定即可。水平對齊方式有**靠左、置中**及**靠右**等選項；垂直對齊方式有**靠上、置中、靠下**及**基準線**等選項。

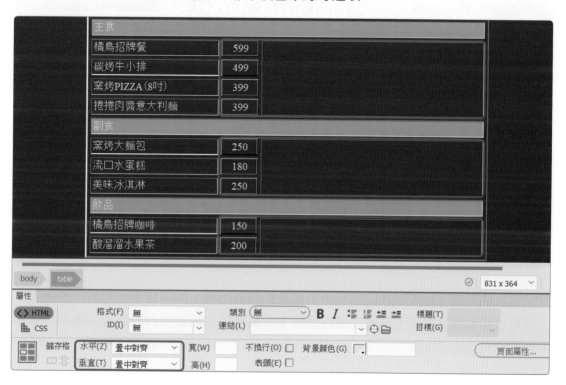

將儲存格設為標題列

若要將表格內的某一列設定為標題列時,先選取該列,再將屬性面板中的**表頭**選項勾選,該列就會宣告成標題列,並將儲存格內容字體加粗。

7-1-6　在儲存格插入圖片

在儲存格中也可以很輕鬆的加入圖片,只要將插入點移至儲存格內,再點選功能表中的**插入→Image** (Ctrl+Alt+I);或是進入「插入」面板中的「HTML」類別,找到 **Image** 並點選,即可選擇要插入的圖片。

圖片插入後,若圖片大於列高時,會自動調整列高,而導致某一列的列高過大,此時可以手動調整列高,或是在屬性面板中的**高**欄位中設定每列的高度,讓所有列高平均顯示。

▲ 最後結果請參考 ex07-01\ex07-01-ok.html

7-2 表單的使用

表單可以說是網站上一種輸入資料的介面途徑,例如:「會員登入」時,會要求輸入帳號跟密碼,這就是表單的應用。這節就來看看如何製作表單。

7-2-1 表單的HTML基本結構

在 HTML 語法中,表單是使用 **<form>** 標籤,所有的表單控制元件都要放在 <form> 之中,語法如下:

```
<form>
    …表單內容…
</form>
```

建立表單時,還會使用到 **method**、**action**、**enctype**、**name**、**autocomplete** 等屬性,下表所列為各屬性的說明。

屬性	說明
method	設定表單的傳送方式,可選擇 post 或 get 方式。 ● post:表單資料不會被存放在 url 後,會先封裝再進行傳送,傳送時沒有字元長度限制,安全性較高,大部分會選擇以此方式傳送表單資料。 ● get:表單資料會被存放在 url 後,當作一般的查詢字串,傳送時的字元長度不得超過 255 個字元。
action	用來指定表單資料送出的目的地,例如:「action="data.asp"」表示要將表單資料送到 data.asp 程式進行處理。如果不使用資料庫程式,也可以將表單資料傳送到電子郵件信箱中,例如:「action="mailto:000@msa.com.tw"」。
enctype	設定傳送資料是否要經過編碼,此屬性只有在 method 設定為 post 時才會生效。目前有以下三種方式: ● enctype="application/x-www-form-urlencoded":此為預設值,表示在傳送前資料都要先經過編號。 ● enctype="multipart/form-data":若表單中有包含檔案上傳控制元件時,那麼就必須使用該值。 ● enctype="text/plain":將表單傳送到電子郵件信箱時,必須使用該值,否則會出現亂碼。
name	用來指定表單的名稱,此名稱不會示,但客戶端程式 (JavaScript) 或伺服器端程式 (ASP 或 PHP) 可以用這個名稱來存取表單的內容。
autocomplete	用來指示這個表單中的欄位是否啟用瀏覽器自動完成機制。可以選擇以下方式: ● off:否。 ● on:是,此為預設值。

`<label>`

　　`<label>` 標籤是用來給控制元件一個說明標題，基本上會跟 `<input>` 標籤一起使用，在網頁上 `<label>` 不會呈現任何效果，但是搭配 `<input>` 使用時，在 `<label>` 上加上 for 屬性，而 `<input>` 加上 id 屬性，這樣可以讓 `<label>` 與 `<input>` 建立關聯，當滑鼠點擊到 `<label>` 包覆的文字時，滑鼠游標就會指到 `<input>` 中。

　　如下列語法，當點擊「姓名」文字時，效果會等於直接點了 input 輸入框。請注意，**for 的值必須與 id 的值相同。**

```
<label for="name">姓名:</label>
<input type="text" id="name" name="name" placeholder="請輸入姓氏"><br>
<label for="address">地址:</label>
<input type="text" id="address" name="address" placeholder="請輸入地址">
```

　　要達到上述的效果，還可以直接將表單元件包在 `<label></label>` 裡面，也可以有同樣的效果。語法如下：

```
<label>密碼：<input type="password" size=12 maxlength=12></label>
```

`<input>`

　　表單控制元件都是建立在 **`<input>`** 標籤中，可以建立非常多不同用途的表單控制元件，**`<input>` 是一個空元素，沒有結束標籤**，語法如下：

```
<input type="text" name="username" value=" 姓名" size="12"
  maxlength="8" placeholder=" 請輸入姓名">
```

　　下表所列為 `<input>` 標籤的屬性。

屬性	說明
type	指定表單元件的類型，如 text (文字方塊)、password (密碼欄位)、url (網址欄位) 等。type 預設值是 text，若省略不寫，就代表是 text。
name	指定控制元件的名稱，可以是英文 (有大小寫之分)、數字底線。
value	指定元件的預設值，可省略不用。
size	指定元件的顯示長度，預設長度為 20。
maxlength	指定用戶可輸入最大資料長度 (字元個數)。
minlength	指定用戶最少需要輸入多少字元數。
placeholder	可在欄位中建立提醒、說明等文字。
required	可將表單元件設定為「必填」欄位，若未填，按下送出按鈕，就會跳出提示文字，要求一定要輸入資料才能送出。
autofocus	設定將游標停在指定的元件上，每個頁面只能設定一個 autofocus 屬性。
disabled	將元件設定為禁用狀態。

屬性	說明
readonly	將元件設定為唯讀不可更改內容的狀態。
autocomplete	是否啟用瀏覽器自動完成功能。

在表單中，必須依照不同的需求、型態，來選擇不同的表單元件，下表為一些常見的輸入類型元件。

元件名稱	表示方法	說明
單行文字	type="text"	單行文字輸入欄位。 姓： 請輸入姓氏 名： 請輸入名字
密碼欄位	type="password"	單行的文字輸入欄，輸入的字元會用符號顯示，以保護資料的隱密性。可以使用**pattern**屬性來設定輸入密碼的限制，例如：**pattern="[a-zA-Z0-9]{8,}**，表示至少要輸入8位數的英文或數字。該屬性還可以使用在 text、search、tel、url、email 等類型。 姓名：王小桃 密碼：●●●●●●●●●●●
單選核取方塊	type="radio"	提供選項讓使用者勾選其中的一項。 性別：◉ 師哥 ○ 美女
複選核取方塊	type="checkbox"	提供選項讓使用者勾選其中的一項或多項。 你打過的COVID-19疫苗： ☑BNT ☐AZ ☐莫德納
上傳檔案	type="file"	讓使用者可以從本機端選擇檔案上傳。搭配**capture**屬性，可以用來開啟使用手機的照相機鏡頭，user可以指定要開啟前鏡頭；environment可以指定要開啟後鏡頭。 搭配**accept**屬性可以限制允許上傳的檔案類型，可以用逗號分隔多種類型。 `type="file" accept="image/*,.pdf"` ● 檔案類型：.jpg, .pdf, .docx ● 指定媒體類型：image/jpeg, image/png ● audio/*：指任何聲音檔 ● video/*：指任何影片檔 ● image/*：指任何圖檔 上傳檔案：選擇檔案 未選擇任何檔案 上傳

元件名稱	表示方法	說明
按鈕	type="button"	沒有預設的行為，通常會搭配Script語法來達到想要的效果。 按鈕
送出按鈕	type="submit"	將表單傳送出去。 Send Request
重設按鈕	type="reset"	清除表單內容。 重設表單：Reset
搜尋	type="search"	建立搜尋輸入框。 輸入要搜尋的關鍵字：
日期	type="date"	建立日期欄位，輸入的日期格式為YYYY/MM/DD，會以月曆選擇器方式顯示。可以使用max設定最晚日期；使用min設定最早日期；使用step設定間距。 請選擇日期 2023/01/22
時間	type="time"	建立時間欄位，使用者可設定時間，時間格式為24小時制的hh:mm。可以使用max、min及step屬性。 請輸入時間：上午 06:00

元件名稱	表示方法	說明
本地日期時間	type="datetime-local"	建立日期時間欄位，讓使用者輸入本地的日期時間，會以月曆選擇器方式顯示。可以使用max、min及step屬性。
月份	type="month"	建立月份欄位，讓使用者選擇月份，格式為YYYY-MM，會以月曆選擇器方式顯示。可以使用max、min及step屬性。
一年的第幾週	type="week"	建立第幾週欄位，讓使用者選擇週數，會以月曆選擇器方式顯示。可以使用max、min及step屬性。

元件名稱	表示方法	說明
數值	type="number"	建立數值欄位，只能輸入數字。可以使用min設定最小值；max設定最大值；step設定每隔間距；value設定預設數值。 若要輸入小數點時，可以使用step的屬性值來調整，例如：設定step="0.1"表示能輸入到小數點第一位；step="0.01"表示能輸入到小數點第二位，依此類推；step="any"則是可以輸入任何數字。 請輸入分數：58.78
指定範圍的數字	type="range"	建立數值範圍滑桿，可以使用min設定最小值；max設定最大值；step設定每隔間距；value設定預設數值。滑桿的外觀因瀏覽器而有所不同。 移動滑桿
電子郵件	type="email"	建立電子郵件欄位，輸入的值必須符合E-mail信箱格式，若輸入錯誤，則無法送出表單，會自動檢查格式。 請在電子郵件地址中包含「@」。「000#gmail.com」未包含「@」。 電子郵件 000#gmail.com
網址	type="url"	建立網址欄位，輸入的值必須符合網址格式，若輸入錯誤，則無法送出表單，會自動檢查格式。 輸入網址 www.chwa.com.tw 請輸入網址。
色彩	type="color"	建立色彩欄位，讓使用者挑選色彩，色彩的格式為 #000000。 選擇顏色： 46 145 158 R G B

元件名稱	表示方法	說明
電話號碼	type="tel"	建立電話欄位，並沒有限制輸入值的格式，輸入時會自動切換為數字輸入的鍵盤。可以使用 pattern 屬性設定輸入規範，例如：pattern="09\d{2}-\d{6}"，就能限制輸入的內容為「09xx-xxxxxx」格式。 請輸入手機號碼 0933-000000

註：上述輸入類型元件請參考 input.html 範例檔案。

文字區域標籤<textarea>

　　<textarea>標籤可以建立**多行文字的輸入框**，使用時，可以加入下表所列的屬性，讓 <textarea> 更完整。

屬性	說明
name	欄位名稱。
rows	設定輸入框的高度是幾行文字，預設值為2。
cols	設定輸入框的寬度是多少文字，預設值為20。
maxlength	限定輸入的文字長度最多是幾個字。
minlength	限定輸入的文字長度最少是幾個字。
disabled	可以將欄位設定為禁用的狀態。
readonly	可以將欄位設定為不可編輯的狀態。
required	可以將欄位設定為必填。

```
<textarea name="text" rows="5" cols="60" required>
    請在這裡輸入你的建議
</textarea>
```

請在這裡輸入你的建議

▲ 請參考 input.html

下拉式選單標籤<select>

　　<select>標籤可以用來**建立下拉式選單**，讓使用者可以從多個選項中，選擇出一個或多個選項。**<select>為選單的容器，選項內容是使用<option>來設定**。基本語法如下：

```
<select>
   <option>請選擇尺寸</option>
   <option>S號</option>
   <option>M號</option>
   <option>L號</option>
   <option>XL號</option>
</select>
```

　　<select>標籤可以使用**name**屬性來**設定欄位名稱**；使用**disabled**屬性將欄位**設定為禁用的狀態**；使用**required**屬性將欄位**設定為必填**；使用**size**屬性設定**要顯示的選項數量**。

　　<option>標籤也有以下的屬性可以用：

● value：用來判斷使用者所選擇的項目，是讓程式讀取的，不會顯示在頁面上。

● selected：將選項設定為預設值。

● disabled：將選項設定為不可選取的狀態。

　　下列語法將各選項加入了value屬性，將「M號」選項設定為預設值，將「L號」選項設定為不可選取的狀態。

```
<label for="myselect">請選擇尺寸<label><br>
<select name="myselect" id="myselect">
   <option value="s">S號</option>
   <option value="m" selected>M號</option>
   <option value="l" disabled>L號</option>
   <option value="xl">XL號</option>
</select>
```

● 可複選的選單

　　若要製作可複選的選單，可以使用**multiple**屬性來進行設定，該屬性可以用來設定選單中的選項可以被複選，語法如下：

```
<select name="myselect" id="myselect" multiple>
   <option value="s">S號</option>
   <option value="m" selected>M號</option>
   <option value="l" disabled>L號</option>
   <option value="xl">XL號</option>
</select>
```

● 選項分區

使用 **<optgroup>** 標籤，可以將同樣性質的選項分為一區一區顯示，而使用 **label** 屬性，可以設定該分區的名稱。語法如下：

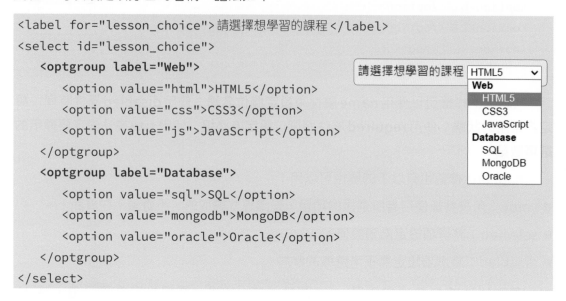

```
<label for="lesson_choice">請選擇想學習的課程</label>
<select id="lesson_choice">
    <optgroup label="Web">
        <option value="html">HTML5</option>
        <option value="css">CSS3</option>
        <option value="js">JavaScript</option>
    </optgroup>
    <optgroup label="Database">
        <option value="sql">SQL</option>
        <option value="mongodb">MongoDB</option>
        <option value="oracle">Oracle</option>
    </optgroup>
</select>
```

表單群組標籤－<fieldset>與<legend>

<fieldset> 標籤可將表單內容分門別類，可再加上 **<legend>** 標籤，就可以設定分組標題(在 Dreamweaver 中將表單群組標籤稱為「欄位集」)。語法如下：

```
<fieldset>
    <legend>基本資料</legend>
    <label>帳號：<input type="text" size=12 maxlength=12></label>
    <label>密碼：<input type="password" size=12 maxlength=12></label>
</fieldset>
```

▲ 請參考 input.html

7-2-2　表單的製作

Dreamweaver 提供了完整的表單元件，可以快速地完成表單製作，要使用這些元件時，只要進入「插入」面板中的「表單」類別，就能看到各種表單元件了。

了解表單 HTML 基本結構後，接著將使用各種表單標籤及輸入類型元件製作一份問卷調查表。(範例檔案：**ex07-02/ex07-02.html**)

加入表單

製作表單時，首先要先加入表單標籤，用來放置所有元件。

01 點選功能表中的**插入→表單→表單**，或是進入「插入」面板中的「表單」類別，點選**表單**，文件中就會顯示表單元素 (即時檢視模式)，若是在設計檢視模式下，會顯示一個紅色虛線的區域，此區域就是用來放置所有表單元件的。

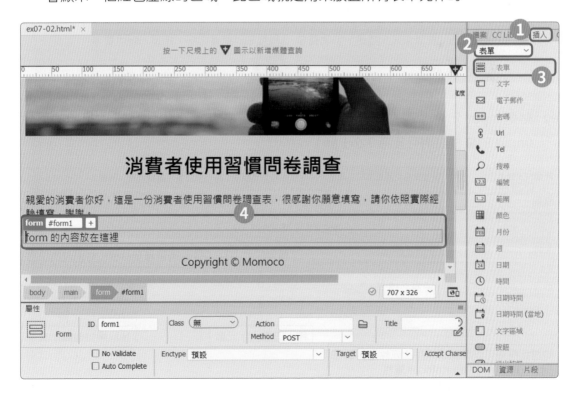

02 表單加入後，接著在表單屬性面板中設定表單的基本屬性。在 **Action** 指定表單資料送出的目的地；在 **Method** 設定表單的傳送方式；在 **Enctype** 設定傳送資料是否要經過編碼；在 **Accept Charset** 指定表單資料的字元編碼格式。

03 設定好後，進入程式碼檢視模式，即可看到表單元件加上了相關的語法。

```
27 ▼    <form action="http://www.chwa.com.tw/process.asp" method="post" name="form1"
        id="form1" accept-charset="UTF-8">
28          form 的內容放在這裡
29      </form>
```

加入文字元件

使用文字元件可以建立單行文字輸入欄位。

01 進入「插入」面板中的「表單」類別，點選**文字**，就會插入 label 與 input 元件，接著將「Text Field:」標籤文字更改為「姓名」。

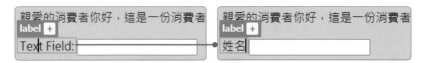

02 點選 input 元件，就會顯示元件的屬性面板，在此面板中即可設定相關的屬性 (input 的屬性說明可參考 7-2-1 節)。

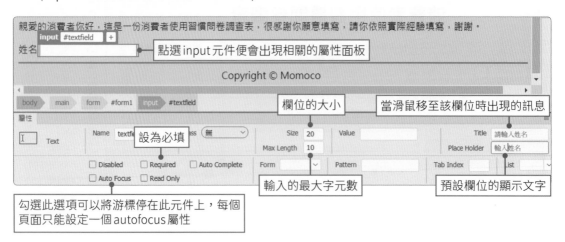

03 設定好後，進入程式碼檢視模式，即可看到文字元件加上了相關的語法。

```
28        <label for="textfield">姓名</label>
29 ▼      <input name="textfield" type="text" id="textfield" placeholder="輸入姓名" title="請輸
          入姓名" size="20" maxlength="10">
```

加入日期元件

　　日期元件可以建立日期欄位，輸入的日期格式為YYYY/MM/DD，會以月曆選擇器方式顯示。

01 進入「插入」面板中的「表單」類別，點選**日期**，就會插入 label 與 input 元件，接著將「Date:」標籤文字更改為「生日」。

02 點選 input 元件，就會顯示元件的屬性面板，在此面板中即可設定相關的屬性。可以在 **Value** 設定開始日期；在 **Min** 設定最早日期；在 **Max** 設定最晚日期；在 **Step** 設定間距。

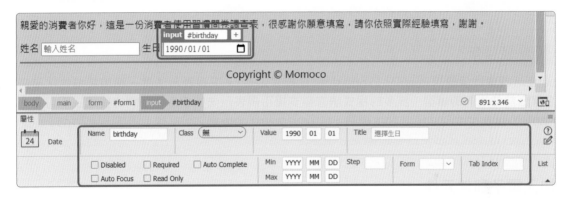

03 設定好後，進入程式碼檢視模式，即可看到日期元件加上了相關的語法。

```
30        <label for="birthday">生日</label>
31 ▼      <input name="birthday" type="date" id="birthday" title="選擇生日" value="1990-01-01">
```

加入電話元件

　　電話元件可以建立電話欄位，建立時並沒有限制輸入值的格式，輸入時會自動切換為數字輸入的鍵盤。

01 進入「插入」面板中的「表單」類別，點選 **Tel**，就會插入 label 與 input 元件，接著將「Tel:」標籤文字更改為「行動電話」。

02 點選 input 元件，就會顯示元件的屬性面板，在此面板中即可設定相關的屬性。

03 在 **Size** 設定欄位大小；在 **Max Length** 設定最大長度；在 **Place Holder** 設定預設值；在 **Pattern** 設定限制輸入的方式，如「09\d{2}-\d{6}」，表示限制輸入的內容為「09xx-xxxxxx」格式。

04 設定好後，進入程式碼檢視模式，即可看到 Tel 元件加上了相關的語法。

```
33 ▼    <input name="tel" type="tel" id="tel" placeholder="0900-000000" pattern="09\d{2}-
        \d{6}" title="輸入電話" size="11" maxlength="11">
```

💬 知識補充

pattern的屬性值要用Regular Expression(正規表示法)，正規表示法是一種用來描述字串符合某個語法規則的模型，許多的程式語言都支援正規表示法的使用。相關的使用說明可參考 https://www.html5pattern.com 網站，https://regexr.com 網站可以線上測試正規表示式。

加入電子郵件元件

使用電子郵件元件可以建立電子郵件欄位，輸入的值必須符合E-mail信箱格式，若輸入錯誤，則無法送出表單，會自動檢查格式。

01 進入「插入」面板中的「表單」類別，點選**電子郵件**，就會插入 label 與 input 元件，接著將「Email:」標籤文字更改為「電子郵件」。

02 點選 input 元件，就會顯示元件的屬性面板，在此面板中即可設定相關的屬性。

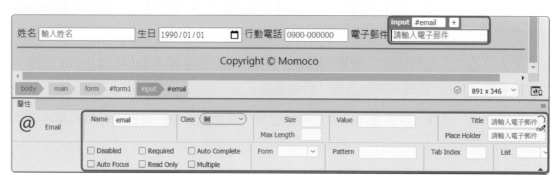

03 設定好後，進入程式碼檢視模式，即可看到電子郵件元件加上了相關的語法。

```
34          <label for="email">電子郵件</label>
35 ▼       <input name="email" type="email" id="email" placeholder="請輸入電子郵件" title="請輸入電
            子郵件">
```

加入核取方塊群組元件

核取方塊元件提供了選項讓使用者勾選其中的一項或多項，若要單一選擇則要使用「選項按鈕」元件。

01 首先先建立一個標籤，做為核取方塊群組元件的標題。進入「插入」面板中的「表單」類別，點選**標籤標記**，接著將「label 的內容放在這裡」標籤文字更改為「你曾使用過的行動電話品牌：」。

02 進入「插入」面板中的「表單」類別，點選**核取方塊群組**，開啟「核取方塊群組」對話方塊，建立核取方塊。

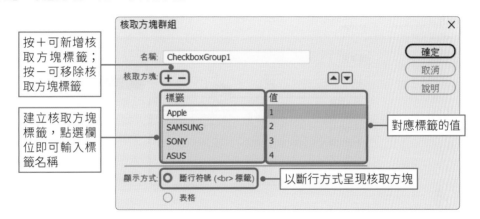

03 因為設定了以**斷行符號 (
 標籤)** 顯示核取方塊，所以文件中的核取方塊會一行一行顯示，這裡我們將斷行刪除，讓所有核取方塊呈現在同一行。

04 設定好後，進入程式碼檢視模式，即可看到核取方塊元件加上了相關的語法。

```
<label>你曾使用過的行動電話品牌: </label><br>
<label><input type="checkbox" name="CheckboxGroup1" value="1" id="CheckboxGroup1_0">Apple</label>
<label><input type="checkbox" name="CheckboxGroup1" value="2" id="CheckboxGroup1_1">SAMSUNG</label>
<label><input type="checkbox" name="CheckboxGroup1" value="3" id="CheckboxGroup1_2">SONY</label>
<label><input type="checkbox" name="CheckboxGroup1" value="4" id="CheckboxGroup1_3">ASUS</label>
<label><input type="checkbox" name="CheckboxGroup1" value="5" id="CheckboxGroup1_4">OPPO</label>
<label><input type="checkbox" name="CheckboxGroup1" value="6" id="CheckboxGroup1_5">小米</label>
```

加入下拉式選單

下拉式選單可以讓使用者從多個選項中，選擇出一個或多個選項。

01 進入「插入」面板中的「表單」類別，點選**選取**，就會插入 label 與 select 元件，
接著將「Select:」標籤文字更改為「你使用哪家電信業者的門號？」。

02 點選 select 元件，就會顯示元件的屬性面板，按下屬性面板中的**清單值**按鈕，開
啟「清單值」對話方塊，建立清單項目。

03 建立好後，按下下拉式選單按鈕，在選單中即可看到我們所建立的清單項。

04 若要將某個選項設定為預設值時，可以在屬性面板中的 **Selected** 清單裡選擇。

05 設定好後，進入程式碼檢視模式，即可看到 select 元件加上了相關的語法。

```
<label for="select">你使用哪家電信業者的門號? </label>
    <select name="select" id="select">
        <option value="1" selected="selected">中華電信</option>
        <option value="2">遠傳電信</option>
        <option value="3">台灣大哥大</option>
        <option value="4">台灣之星</option>
    </select>
```

06 接著再建立一個將選項都顯示出來，並且可以複選的 select 元件。進入「插入」面板中的「表單」類別，點選**選取**，就會插入 label 與 select 元件，接著將「Select:」標籤文字更改為「選擇的原因？」。

07 點選 select 元件，按下屬性面板中的**清單值**按鈕，開啟「清單值」對話方塊，建立清單項目。

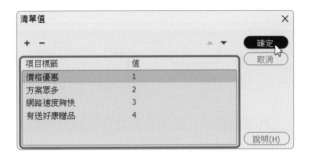

08 建立好後，在屬性面板中將 Size 設為 4，表示選單顯示 4 個選項；將 **Multiple** 選項勾選，表示可以複選；將「價格優惠」選項設為預設值。

09 這樣「選擇的原因？」中的選項就可以複選了，要複選時，只要按下 **Ctrl** 鍵不放，再去選取第二個選項即可。

加入文字區域元件

文字區域元件可以建立多行文字的輸入框。

01 進入「插入」面板中的「表單」類別,點選**文字區域**,就會插入 label 與 textarea 元件,接著將「Text Area:」標籤文字更改為「使用行動電話遇到的問題:」。

02 點選 textarea 元件,就會顯示元件的屬性面板,在屬性面板中可以設定輸入框的高度是幾行文字、輸入框的寬度是多少文字等。

03 設定好後,進入程式碼檢視模式,即可看到文字區域元件加上了相關的語法。

```
<label for="textarea">使用行動電話遇到的問題: </label>
<textarea name="textarea" cols="100" rows="8" id="textarea" placeholder="請在這留下你的建議">
</textarea>
```

04 若要將示 textarea 元件顯示在「使用行動電話遇到的問題:」文字的下方,只要在「</label>」標籤後加入
 斷行標籤即可。

加入欄位集

使用欄位集可以將相關的表單元件群組起來,使用方式很簡單,直接加入或是將所有表單元件選取後再加上欄位集。

在此範例中要將「姓名」、「生日」、「行動電話」及「電子郵件」等加入「基本資料」欄位集；將「你曾使用過的行動電話品牌：」、「你使用哪家電信業者的門號？」、「選擇的原因？」等加入「使用品牌及電信業者調查」。

01 進入設計檢視模式中，選取「姓名」、「生日」、「行動電話」及「電子郵件」等元件，進入「插入」面板中的「表單」類別，點選**欄位集**。

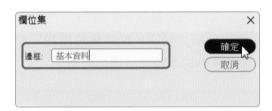

02 開啟「欄位集」對話方塊，在邊框中輸入「基本資料」，輸入好後按下**確定**按鈕，被選取的元件就會被包在「基本資料」欄位集中。

03 接著將「你曾使用過的行動電話品牌：」、「你使用哪家電信業者的門號？」、「選擇的原因？」等元件建立「使用品牌及電信業者調查」欄位集。

04 設定好後，回到即時檢視模式即可預覽設定的結果。

加入送出與重設按鈕元件

送出按鈕可將填寫好的表單資料送出；重設按鈕則是將填寫好的表單資料清除。

01 進入「插入」面板中的「表單」類別，點選**送出按鈕**，就會插入送出按鈕元件。

02 點選送出按鈕元件，在屬性面板中設定所屬的表單、如何處理表單、編碼方式、傳送方式等。

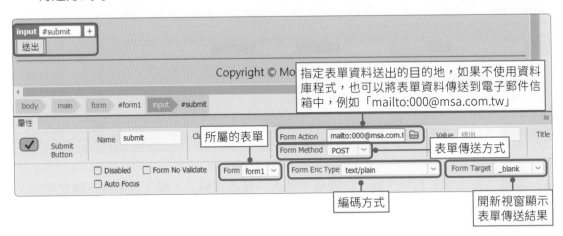

指定表單資料送出的目的地，如果不使用資料庫程式，也可以將表單資料傳送到電子郵件信箱中，例如「mailto:000@msa.com.tw」

所屬的表單

表單傳送方式

編碼方式

開新視窗顯示表單傳送結果

03 進入「插入」面板中的「表單」類別，點選**重設按鈕**，就會插入重設按鈕元件。點選重設按鈕元件，在屬性面板中設定所屬的表單。

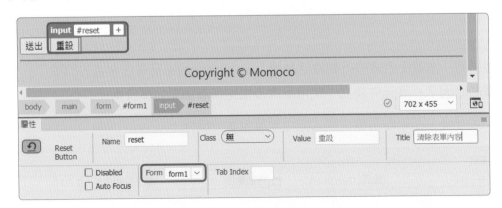

04 設定好後，進入程式碼檢視模式，即可看到送出及重設按鈕元件加上了相關的語法。

```
<input name="submit" type="submit" id="submit" form="form1"
formaction="mailto:000@msa.com.tw" formenctype="text/plain"
formmethod="POST" formtarget="_blank" title="送出表單" value="送
出">
<input name="reset" type="reset" id="reset" form="form1"
title="清除表單內容" value="重設">
```

預覽表單

表單製作完成後，再檢查看看有沒有什麼遺漏或需要再調整的，沒問題後，按下 **F12** 鍵，預覽結果並填寫表單，資料填寫完後，按下 **送出** 按鈕，若填寫的資料有誤時，會顯示警告訊息。

▲ 最後結果請參考 ex07-02\ex07-02-ok.html

7-3 多媒體的使用

設計網頁時，可以適時的加入音訊、視訊或動畫等素材，讓網頁增加一些動態效果。這節就來看看如何使用吧！

7-3-1 音訊的HTML基本結構

在HTML中只要使用**<audio>**標籤，即可加入音訊。不過，<audio>只支援**wav**、**mp3**、**ogg**等三種格式，語法如下：

```
<audio src="music.mp3"></audio>
```

<audio>標籤的屬性列表如下。

屬性	說明
src	指定來源檔案及檔案路徑，除了使用src外，還可以使用<source>標籤來設定來源，可以使用多個<source>指定不同類型的音訊來源，瀏覽器會自行挑選有支援的格式來載入，若都不支援時，會顯示<p>標籤裡的內容。語法如下： ``` <audio controls autoplay loop> <source src="music.ogg" type="audio/ogg"> <source src="music.mp3" type="audio/mpeg"> <source src="music.wav" type="audio/wav"> <p>瀏覽器不支援HTML5 audio</p> </audio> ```
preload	讓瀏覽器知道是否要先載入資源的提示，可以使用以下屬性值來設定。 ● none：不要先載入。 ● metadata：使用者不一定會播放該音訊，但還是先下載音訊。 ● auto：使用者可能會播放該音訊，可以先進行下載。
autoplay	控制音訊是否自動播放，預設為否。
loop	控制音訊是否循環播放，預設為否。
controls	設定是否顯示播放面板，面板會有播放進度、暫停鈕、播放鈕、靜音鈕等，預設為否。
muted	控制是否靜音，預設為否。

7-3-2 音訊的使用

在Dreamweaver可以將音訊檔加入到網頁中，還可以設定是否顯示面板、是否自動播放等。(範例檔案：**ex07-03\ex07-03.html**)

01 將插入點移到要插入音訊的位置，進入「插入」面板中的「HTML」類別，點選 **HTML5 Audio**，即可在文件中加入 Audio 音訊圖示。

02 插入後，在屬性面板中，按下**來源**欄位的 🗀 **瀏覽**按鈕，開啟「選取音效」對話方塊，選擇要連結的音訊檔案，選擇好後按下**確定**按鈕。

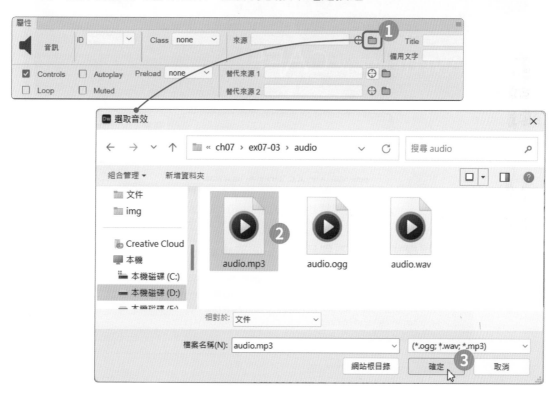

03 選擇好來源檔案後，若相同資料夾內還有其他格式的音訊檔案，就會將檔案自行加入到**替代來源**中。

04 接著設定音訊的屬性，若要開啟網頁就播放音訊就將 **Autoplay** 勾選；若要重複播放就將 **Loop** 勾選；若要顯示音訊面板就將 **Controls** 勾選；在**備用文字**中輸入要顯示的文字，當網頁都不支援所設定的音訊格式時就會顯示備用文字。

05 設定好後，進入即時檢視模式，或按下 **F12** 鍵即可預覽設定結果。

有將 Controls 勾選所以會顯示面板

▲ 最後結果請參考 ex07-03\ex07-03-ok.html

06 進入程式碼檢視模式，即可看到音訊的相關的語法。

```
<audio title="播放音樂" controls="controls" autoplay="autoplay" >
    <source src="audio/audio.mp3" type="audio/mp3">
    <source src="audio/audio.ogg" type="audio/ogg">
    <source src="audio/audio.wav" type="audio/wav">
    <p>瀏覽器不支援HTML5 audio</p>
</audio>
```

7-3-3 視訊的HTML基本結構

在 HTML 中使用**<video>** 標籤，即可加入視訊，其使用方式與<audio>大致相同，可加上 preload、controls、type、autoplay 等屬性，除此之外，還可以設定視訊的寬度與高度，<video>支援的影音格式有 **ogg、mp4、webm、ogv、3gp、m4v** 等。語法如下：

```
<video width="320" height="240" controls>
    <source src="movie.mp4" type="video/mp4">
```

```
    <source src="movie.ogg" type="video/ogg">
    <p>瀏覽器不支援HTML5 video</p>
</video>
```

<video>除了加上preload、controls、type、autoplay等屬性外，還可以使用poster屬性指定一個圖片位址，做為影片未播放的預覽圖。語法如下：

```
<video controls poster="/img/video.png">
```

7-3-4 視訊的使用

在Dreamweaver可以將視訊檔加入到網頁中，而使用者可以自行按下播放鈕來播放影片。(範例檔案：**ex07-03\ex07-03.html**)

01 將插入點移到要插入視訊的位置，進入「插入」面板中的「HTML」類別，點選 **HTML5 Video**，即可在文件中加入 Video 視訊圖示。

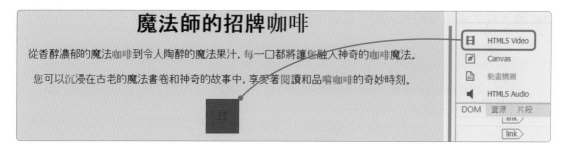

02 插入後，在屬性面板中，按下**來源**欄位的 🗀 **瀏覽**按鈕，開啟「選取視訊」對話方塊，選擇要連結的視訊檔案，選擇好後按下**確定**按鈕。

03 選擇好來源檔案後，若相同資料夾內還有其他格式的視訊檔案，就會將檔案自行加入到**替代來源**中。

04 接著設定視訊的屬性，在 **W** 中設定視訊的寬度；在 **Poster** 中設定影片未播放的預覽圖；在**備用文字**中輸入要顯示的文字。

05 設定好後，進入即時檢視模式，或按下 **F12** 鍵，預覽設定結果。

▲ 最後結果請參考 ex07-03\ex07-03-ok.html

06 進入程式碼檢視模式，即可看到視訊的相關的語法。

```
<video width="900" title="咖啡影片" poster="img/video.png" controls="controls" >
    <source src="video/cafe.3gp" type="video/3gp">
    <source src="video/cafe.mp4" type="video/mp4">
    <p>瀏覽器不支援HTML5 Video</p>
</video>
```

7-3-5 內嵌框架

使用內嵌框架可以在網頁裡面嵌入另外一個HTML網頁，例如：嵌入YouTube網站上的影片，或是嵌入Facebook的粉絲專頁或按讚按鈕。

在HTML語法中是使用 **<iframe>** 標籤來設定，設定時可以使用 **width** 及 **height** 屬性，來指定iframe框架在網頁中要顯示的寬度與高度，還可以使用 **frameborder** 屬性設定是否要顯示框架的邊框，1表示要顯示，0表示不顯示。語法如下：

```
<iframe scr="網址" width="640" height="480" frameborder="1"></iframe>
```

雖然在HTML網頁裡面嵌入另外一個HTML網頁很方便，但有些網頁會為了安全性，而拒絕連線至網頁。

嵌入YouTube影片

若要嵌入YouTube上的影片時，只要進入該影片，在影片上按下滑鼠右鍵，於選單中點選 **複製嵌入程式碼** 選項，就可以複製完整的iframe及樣式設定。(範例檔案：**ex07-04\ex07-04.html**)

複製好後，進入程式碼檢視模式中，在要放置程式碼的位置按下 **Ctrl+V**，即可將程式碼加入到 HTML 中，程式碼加入後，即可依需求修改影片的寬度與高度。

設定好後，按下 **F12** 鍵，預覽設定結果。

▲ 最後結果請參考 ex07-04\ex07-04-ok.html

嵌入Facebook的粉絲專頁

要嵌入Facebook的粉絲專頁時，先複製要連結的粉絲專頁的網址，再進入到**Facebook的社交外掛程式**網頁中粉絲專頁外掛程式頁面，即可進行各項資訊設定，設定好後按下**取得程式碼**按鈕。(範例檔案：**ex07-05\ex07-05.html**)

▲ 粉絲專頁外掛程式頁面(https://developers.facebook.com/docs/plugins/page-plugin)

按下**取得程式碼**按鈕後，會出現兩種程式代碼，點選**iframe**標籤，即可獲取iframe的程式碼。

　　複製該程式碼，進入程式碼檢視模式中，在要放置程式碼的位置按下**Ctrl+V**，即可將程式碼加入到HTML中。設定好後，按下**F12**鍵，預覽設定結果。

▲ 最後結果請參考 ex07-05\ex07-05-ok.html

嵌入Google地圖

　　要嵌入Google地圖時，先進入Google地圖網站中，並找出要嵌入的地點，然後按下**分享**按鈕。(範例檔案：**ex07-05\ex07-05.html**)

按下**分享**按鈕後，會開啟分享頁面，再點選**嵌入地圖**標籤，按下**複製HTML**按鈕，即可複製程式碼。

進入程式碼檢視模式中，在要放置程式碼的位置按下**Ctrl+V**，即可將程式碼加入到HTML中。

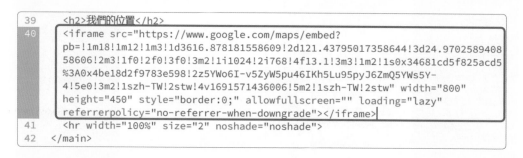

設定好後，按下**F12**鍵，預覽設定結果。

▲ 最後結果請參考 ex07-05\ex07-05-ok.html

●●●● 自我評量

● 選擇題

(　) 1. 在HTML中，下列哪個標籤是用來宣告表格標題列？ (A) <table>　(B) <th>　(C) <td>　(D) <tr>。

(　) 2. 下列關於表格結構標籤的說明，何者<u>不正確</u>？ (A) <thead>標籤為表格的標題列　(B) <tbody>標籤是表格的主體　(C) <tfoot>標籤是表格的表尾　(D) <th>為表格的列。

(　) 3. 在插入表格時，想要設定儲存格內的資料內容與旁邊邊框的距離，應該要設定下列哪個項目？ (A) 寬度　(B) 邊框粗細　(C) 內距　(D) 間距。

(　) 4. 想要選取單一儲存格，可在儲存格中按下鍵盤上的哪個鍵進行選取？ (A) Space　(B) Ctrl　(C) Alt　(D) Shift。

(　) 5. 在製作表單時，若要指定表單元件的類型時，應該使用下列哪個屬性？ (A) size　(B) name　(C) value　(D) type。

(　) 6. 在製作表單時，可以使用下列哪個屬性將元件設定為「必填」？ (A) multiple　(B) disabled　(C) required　(D) placeholder。

(　) 7. 在製作表單時，可以使用下列哪個標籤建立下拉式選單？ (A) <select>　(B) <form>　(C) <table>　(D) <option>。

(　) 8. 在製作下拉式選單時，若要將選單設定為可以複選，應該使用下列哪個屬性？ (A) multiple　(B) disabled　(C) required　(D) placeholder。

(　) 9. 下列何種檔案格式<u>無法</u>嵌入至網頁中播放？ (A) *.mp3　(B) *.exe　(C) *.ogg　(D) *.wav。

(　) 10. 在HTML中，如果要製作循環播放的音樂，應該使用下列哪個屬性？ (A) loop　(B) autoplay　(C) controls　(D) type。

(　) 11. 在HTML中，若要嵌入YouTube網站上的影片，應該使用下列哪個標籤？ (A) <video>　(B) <audio>　(C) <iframe>　(D) <input>。

(　) 12. 在HTML中，下列敘述何者<u>不正確</u>？ (A) colspan屬性可以用來合併水平的儲存格　(B) 表單控制元件都是建立在<iframe>標籤中　(C) 使用<video>標籤，可在網頁中加入視訊　(D) action屬性可以用來指定表單資料送出的目的地。

● 實作題

1. 請開啟「ex07-a\ex07-a.html」檔案，使用表格設計履歷表。

2. 請開啟「ex07-b\ex07-b.html」檔案，嵌入一個YouTube影片，並設計對該影片的觀後感問卷調查表。

使用CSS美化網頁

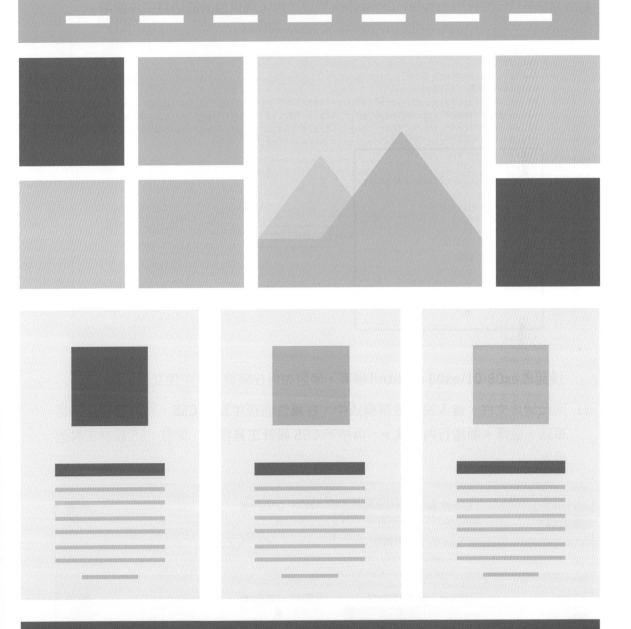

Dreamweaver CC

8-1 建立CSS樣式

Dreamweaver提供了在頁面建立內部樣式表、建立新的CSS檔及附加外部樣式表等三種建立CSS樣式的方式，這節就來看看該如何使用。

8-1-1 在頁面建立內部樣式表

在Dreamweaver中可以直接在開啟的網頁中建立內部樣式表，建立時會將CSS語法寫在HTML文件的 **\<style>...\</style>** 標籤之內，**僅供目前的網頁文件使用**。

```
1   <!doctype html>
2 ▼ <html>
3 ▼ <head>
4   <meta charset="utf-8">
5   <title>履歷表</title>
6   <link rel="apple-touch-icon" sizes="180x180" href="img/apple-touch-icon.png">
7   <link rel="icon" type="image/png" sizes="32x32" href="img/favicon-32x32.png">
8   <link rel="icon" type="image/png" sizes="16x16" href="img/favicon-16x16.png">
9   <link rel="manifest" href="img/site.webmanifest">
10 ▼ <style type="text/css">
11 ▼ body {
12      background-color: #466072;
13  }
14 ▼ header, main, footer {
15      text-align: center;
16  }
17 ▼ body, td, th {
18      color: #FAF6F6;
19  }
20 ▼ a:link {
21      color: #FCFAFA;
22  }
23  </style>
24  </head>
```

CSS內部樣式表

請開啟 **ex08-01\ex08-01.html** 檔案，學習如何在網頁文件中建立內部樣式表。

01 開啟網頁文件，進入設計檢視模式中，在屬性面板中點選 **CSS**，按下**目標規則**選單鈕，選擇 **< 新增行內樣式 >**，再按下 **CSS 設計工具**按鈕，開啟 CSS 設計工具面板。

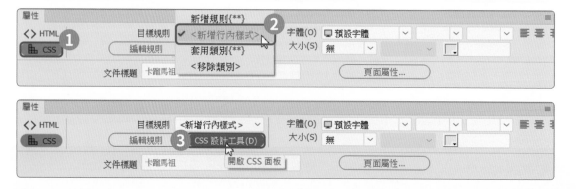

02 在 **CSS 設計工具**面板中，選擇 CSS 來源模式，在**來源**窗格中按下＋按鈕，於選單中點選**在頁面中定義**，點選後，就會建立 **<style>**。

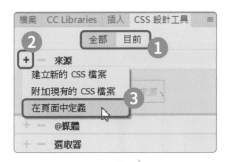
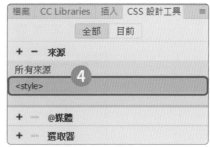

03 來源建立好後，接下來就要使用選取器來撰寫樣式。要建立選取器時，可以先在文件中點選要設定的元素，CSS 設計工具就會根據文件中所選的元素，建立選取器。將插入點移至標題 1 元素上，再按下**選取器**窗格中的＋按鈕，就會建立「body h1」選取器，表示要對「body 標籤裡的 h1 標題」定義樣式。

04 建立好選取器時，可在選取狀態下修改選取器名稱，若不修改，直接按下 **Enter** 鍵即可。接著就可以在**屬性**窗格中定義樣式了，Dreamweaver 將 CSS 內建的屬性分為版面、文字、邊框、背景及更多等群組。這裡先點選文字，來設定標題 1 的屬性。

05 進入文字群組後，點選 **color** 屬性，開啟顏色檢選器後，即可設定顏色、亮度、透明度及選擇色彩格式。

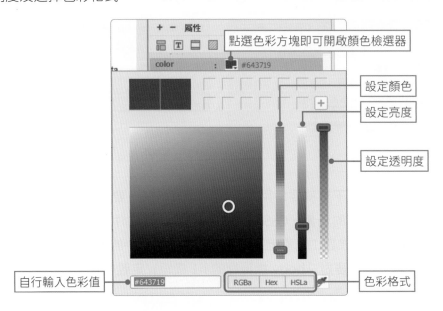

06 點選 **font-size** 屬性，設定文字大小，可以使用 px、%、em、rem 等單位設定大小，若不設單位，也可以設定成 xx-small、x-small、small、medium、large、x-large、xx-large、smaller、larger 等，其中 medium (等於 16px) 是標準大小。在選單中點選要使用單位，點選 **px** 單位，再輸入數值，然後再按下 **Enter** 鍵，完成文字大小的屬性設定。

💬 **知識補充：絕對單位與相對單位**

網頁的單位大致上分成絕對單位與相對單位，各單位的說明如下表所列。

	單位	說明
絕對單位	px	代表螢幕中每個點(pixel)，設定多大就會呈現多大的px，適用於需要客製化的區域。
	xx-small	對應h6的標籤文字大小，為medium字體的3/5倍。
	x-small	沒有對應的標籤文字大小，為medium字體的3/4倍。
	small	對應h5的標籤文字大小，為medium字體的8/9倍。
	medium	對應h4的標籤文字大小，根據W3C的規範，以medium預設16px為基礎。
	large	對應h3的標籤文字大小，為medium字體的6/5倍。
	x-large	對應h2的標籤文字大小，為medium字體的3/2倍。
	xx-large	對應h1的標籤文字大小，為medium字體的2/1倍。

相對單位	%	每個子元素透過「百分比」乘以父元素的px值。
		
		`.psize {font-size:16px; }`
		`.p-1 {font-size:1.5%; }`　　`/*16×150%＝24px*/`
		`.p-2 {font-size:1.5%; }`　　`/*24px×150%＝36px*/`
		`.p-3 {font-size:1.5%; }`　　`/*36px×150%＝54px*/`

	em	每個子元素透過「倍數」乘以父元素的px值，且會繼承父級元素的字體大小。1 em＝16 px＝100%＝12pt。使用em為單位時，通常會先宣告body的字級大小。
		
		`.emsize { font-size:16px; }`
		`.em-1 { font-size:1.5em; }`　　`/*16×1.5＝24px*/`
		`.em-2 { font-size:1.5em; }`　　`/*24px×1.5＝36px*/`
		`.em-3 { font-size:1.5em; }`　　`/*36px×1.5＝54px*/`

	rem	每個元素透過「倍數」乘以根元素的px值，不會繼承父級元素的字體大小，而是以網頁的根元素 <html> 的font-size來計算。適合用在整體網頁的尺寸切換，可以依據不同的螢幕尺寸，統一改變網頁全部的文字大小。
		
		`.emsize { font-size:16px; }`
		`.em-1 { font-size:1.5rem; }`　　`/*16×1.5＝24px*/`
		`.em-2 { font-size:1.5rem; }`　　`/*6×1.5＝24px*/`
		`.em-3 { font-size:1.5rem; }`　　`/*6×1.5＝24px*/`

	larger	以上一層(父層)的固定百分比為單位，為父層的120%。
	smaller	以上一層(父層)的固定百分比為單位，為父層的80%。

07 在 text-align 屬性中設定文字水平對齊方式，這裡提供了 left（靠左）、center（置中）、right（靠右）、justify（左右對齊）等對齊方式。

08 樣式都定義完成後，勾選**顯示集合**，就能只顯示定義的樣式，這樣就可以檢視自己設定了哪些樣式。

09 我們所定義的樣式會立即套用，而在程式碼中也會加入相關的語法。

```
10 ▼ <style type="text/css">
11 ▼ body h1 {
12      color: #643719;
13      font-size: 36px;
14      text-align: center;
15   }
16   </style>
```

8-1-2　建立新的CSS檔

在 Dreamweaver 中可以直接建立一個新的 CSS 檔給網頁文件使用，這裡請開啟 **ex08-02\ex08-02.html** 檔案，學習如何在網頁文件中建立新的 CSS 檔。

01 開啟網頁文件，進入 **CSS 設計工具**面板，在**來源**窗格中按下＋按鈕，於選單中點選**建立新的 CSS 檔案**，開啟「建立新的 CSS 檔案」對話方塊，按下**瀏覽**按鈕，開啟「另存樣式表檔案」對話方塊。

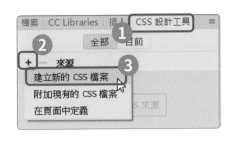

02 開啟「另存樣式表檔案」對話方塊後，選擇要存放的位置，並建立檔案名稱，都設定好後按下**存檔**按鈕。

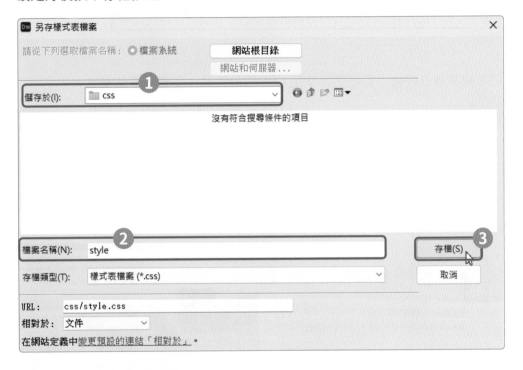

03 回到「建立新的 CSS 檔案」對話方塊，在**增加成為**選項中點選**連結**，再按下**確定**按鈕。

04 在開啟的網頁文件下就會多了一個附加檔案,而程式碼中也會自動加上連結語法。

```
ex08-02.html* ×
原始碼   style.css*                                          ▼
1   @charset "utf-8";
2
```

```
<head>
<meta charset="utf-8">
<title>卡蹓馬祖</title>
<link rel="apple-touch-icon" href="img/apple-touch-icon.png" sizes="180x180">
<link rel="icon" href="img/favicon-32x32.png" type="image/png" sizes="32x32">
<link rel="icon" href="img/favicon-16x16.png" type="image/png" sizes="16x16">
<link rel="manifest" href="img/site.webmanifest">
<link href="css/style.css" rel="stylesheet" type="text/css">
</head>
```

05 CSS 檔案建立好後,即可開始使用 CSS 設計工具,定義元素的屬性。

```
原始碼   style.css
1   @charset "utf-8";
2 ▼ body {
3       margin-left: 20px;
4       margin-right: 20px;
5   }
6 ▼ body h1 {
7       color: #780607;
8       text-align: center;
9   }
10 ▼ p  {
11      text-align: justify;
12  }
13 ▼ body section h2 {
14      color: #FBF7F7;
15      background-color: #66442D;
16  }
17 ▼ body section {
18      padding: 20;
19      margin: 20;
20  }
21 ▼ body footer {
22      text-align: center;
23      font-size: medium;
24      background-color: #E3E2E2;
25      padding: 20px;
26  }
27 ▼ body header {
28      text-align: center;
```

▲ 最後結果請參考 ex08-02\ex08-02-ok.html
  及 ex08-02\css\style.css

8-1-3 附加外部樣式表

外部樣式表是將一或多個CSS樣式程式集合在一個 .css格式的樣式表檔案中。要使用時,只要在HTML文件中以**<link>**標籤連結至該檔案,就可以使用該外部樣式表中所定義的樣式。

要連結外部樣式表時,也可以進入**CSS設計工具**面板,在**來源**窗格中按下**╋**按鈕,於選單中點選**附加現有的CSS檔案**,開啟「附加現有的CSS檔案」對話方塊,按下**瀏覽**按鈕,選擇要連結的檔案,回到「附加現有的CSS檔案」對話方塊,在**增加成為**選項中點選**連結**,再按下**確定**按鈕即可完成附加的動作。

在開啟的網頁文件下就會多了一個附加檔案,而程式碼中也會自動加上連結到該檔案的語法。

```
<link href="css/style.css" rel="stylesheet" type="text/css">
```

8-2 CSS選取器的應用

顧名思義,選取器就是用來指定要定義CSS的地方,這裡將介紹一些常使用的選取器。

8-2-1 標籤選取器

標籤選取器重新定義特定HTML標籤的預設格式,賦予標籤新的屬性,網頁中所有使用到這個標籤的部分都會受到影響。使用標籤選取器時,可以將多個標籤群組,套用相同樣式,只要在標籤之間用「,」分隔即可,這種方式稱為**群組選取器**。

例如:將標籤 <h2> 與 <p>的文字色彩設定為綠色,那麼網頁中所有運用到此標籤的地方都會套用相同樣式。

```
h2, p {color:green;}
```

標籤選取器的建立可以參考8-1-1節的介紹。

8-2-2 類別選取器

類別選取器(class選擇器)可套用至任何HTML元素,選取器名稱必須以「.」開頭(如:.style),可套用至一或多個元素,名稱可以自訂,例如:在<h1>中要套用CSS樣式,就在<h1>中加入類別選取器。

CSS語法如下:

```
.text-orangered {color: orangered;}
```

HTML語法如下:

```
<h1 class="text-orangered">王小桃</h1>
```

在 **ex08-03\ex08-03.html** 範例中,將建立一個「.text-orangered」選取器,再套用到圖說文字中。

01 開啟網頁文件,進入 **CSS 設計工具**面板,在**來源**窗格中點選要建立樣式的來源檔案,點選好後按下**選取器**窗格中的＋按鈕,建立「.text-orangered」選取器。

02 選取器建立好後,在**屬性**窗格中點選▣**文字**,點選 color 屬性,開啟顏色檢選器後,於色彩值欄位中輸入色彩名稱,完成 color 屬性的設定。

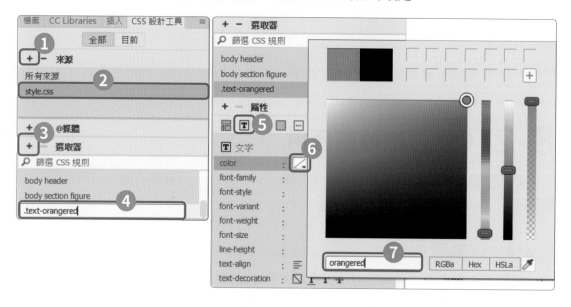

03 類別選取器建立好後,接下來就要套用到元素中。若在即時檢視模式中,先點選元素,再按下＋按鈕,於欄位中輸入「.text-orangered」選取器名稱,當輸入「.」時,會自動出現所有已建立的類別選取器,在選單中直接點選要使用的選取器名稱即可。

輸入「.」後,就會自動顯示所有類別選取器　　按下＋按鈕,即可新增類別或ID

04 若是在設計檢視模式中，選取要套用類別選取器的文字，再進入 CSS 屬性面板，按下**目標規則**選單鈕，於選單中點選要套用的類別選取器即可。

05 若是在程式碼檢視模式中，只要在標籤中加入「class="text-orangered"」語法即可，在程式碼中輸入屬性時，當輸入第一個字元時，就會自動顯示相關的屬性名稱，直接點選即可使用該屬性。

```
<figure>
    <img src            輸入c後，會自動出現選單，點選選單中的class，" alt=""/>
    <img src            會自動轉換為「class=""」並出現可用的類別選取" alt=""/>
    <img src            器選單，此時直接點選要套用的選取器即可      " alt=""/>
    <figcaption class="">南竿景點Lorem ipsum dolor sit amet,
    consectetur adipis        text-orangered    ossimus rem ut
    molestias facilis           重新整理樣式清單...    tum.</figcaption>
</figure>
```

06 設定好後，按下 **F12** 鍵，預覽設定結果。

▲ 最後結果請參考 ex08-03\ex08-03-ok.html 及 ex08-03\css\style.css

8-2-3 ID選取器

ID選器取是為包含特定id屬性的標籤定義格式，只針對特定一個HTML元素。選取器名稱必須以「#」開頭(如#style)。CSS語法如下：

```
#idtext {color: orangered;}
```

HTML語法如下：

```
<h1 id="idtext">王小桃</h1>
```

ID選取器的建立方式與類別選取器大致相同，使用CSS設計工具建立好ID選取器後，再將選取器套用至元素上即可。在 **ex08-03\ex08-03.html** 範例中，建立了一個「#idtext」選取器，再套用到文字中。

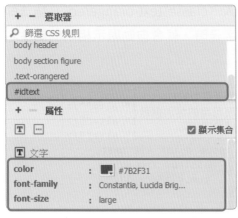

建立id選取器

```
<h1>讓人想一去再去的馬祖</h1>
<p id="idtext">Lorem ipsum dolor sit amet,
repudiandae voluptatum, voluptates ex quia
inventore dicta corporis.</p>
```

套用id選取器的文字

▲ 最後結果請參考 ex08-03\ex08-03-ok.html 及 ex08-03\css\style-ok.css

8-2-4　修改選取器的屬性

建立好選取器後，若要修改選取器的屬性，只要在選取器窗格中，點選要編輯的選取器，即可再增加、刪除或停用屬性。若要刪除整個選取器時，點選選取器後，按下**Delete**鍵即可。

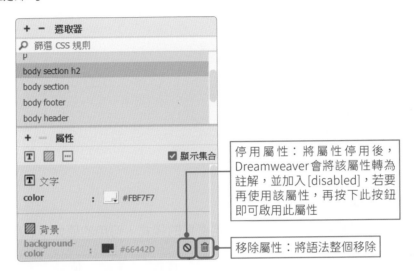

停用屬性：將屬性停用後，Dreamweaver會將該屬性轉為註解，並加入[disabled]，若要再使用該屬性，再按下此按鈕即可啟用此屬性

移除屬性：將語法整個移除

8-3　邊框的設計

設計網頁時，有許多地方都會用到邊框，如文字、圖片、區塊等元素，這節就來學習邊框的設計吧！

8-3-1　邊框的屬性

在CSS中有許多與邊框有關的屬性，這節就來學習各種邊框屬性吧！

border屬性

border屬性可以在元素周圍加上色彩或是線條，可以應用在文字、圖片、區塊等元素上。border屬性裡可以放置border-width、border-style及border-color三個屬性值，語法如下：

```
p { border: 5px solid red; }     /*邊框粗細度、邊框樣式、邊框顏色*/
```

若要分別指定上、右、下、左的邊框，可以使用border-top、border-right、border-bottom、border-left等屬性來分開指定，語法如下：

```
h1 {
    border-left: 6px solid red;
    border-bottom: 6px solid red;
}
```

border-width屬性

　　border-width (邊框寬度) 屬性可以設定邊框的寬度,可用的值有:thin (薄)、medium (中等)、thick (厚),或px、rem、%等單位,語法如下:

```
h1 {
    border-width: 10px;
    border-style: solid;
}
```

```
h2 {
    border-width: medium;
    border-style: dashed;
}
```

border-style屬性

　　border-style (邊框樣式) 屬性可以設定邊框的樣式,可用的值如下表所列。

值	樣式	值	樣式	值	樣式
solid	實線	groove	凹線	outset	浮出線
dashed	虛線	ridge	凸線	none	無邊框
double	雙線	inset	嵌入線	hidden	隱藏邊框
dotted	點線				

　　若要分別指定邊框的上、右、下、左樣式,則可以使用border-top-style、border-right-style、border-bottom-style、border-left-style等屬性來指定,而這樣的用法與「border-style:groove hidden solid hidden;」結果是一樣的。語法如下:

```
p {
    border-top-style: dotted;
    border-right-style: solid;
    border-bottom-style: dotted;
    border-left-style: solid;
}
```

border-color屬性

　　border-color (邊框顏色) 屬性可以設定邊寬的顏色,語法如下:

```
h2 {border-color: #0000ff; border-style: solid;}
h3 {border-color: red; border-style: dotted;}
p {border-color: red green blue yellow;}  /*上邊框、右邊框、下邊框、左邊框*/
```

border-radius屬性

border-radius (邊框圓角) 屬性可以設定邊框四個角的弧度，語法如下：

```
h1 {
   border: 5px solid red;
   border-radius: 12px;
}
```

設定時還可以分別設定各邊的圓角，語法如下：

```
border-radius: 16px 10px 16px 10px;   /*左上，右上，右下，左下*/
border-radius: 16px 10px 16px;        /*左上，右上與左下，右下*/
border-radius: 16px 10px;             /*左上與右下，右上與左下*/
```

除此之外，還可以使用 border-top-left-radius (左上角)、border-top-rightradius (右上角)、border-bottom-right-radius (右下角) 及 border-bottom-leftradius (左下角) 屬性設定各角的半徑。下列語法為設定左上的圓角半徑，前者的數值是左上圓角靠上方邊線的圓半徑，後者的數值則是左上圓角靠左方邊線的圓半徑。

```
.border-top-left-radius {
   border-top-left-radius: 10px 100px;
}
```

border-image屬性

border-image (邊框影像) 屬性可以設定將圖片做為邊框，可以使用的值有：

● **border-image-source**：圖片來源網址。

● **border-image-slice**：將要使用的圖片邊框分割為九宮格，分別抓出四個角的圖片。

● **border-image-width**：設定圖片邊框的寬度。

● **border-image-outset**：邊框圖片超出邊框的量。

● **border-image-repeat**：設定圖片的填滿方式，可以使用round (重複方式填滿，當無法以整數的倍數填滿時，會依照整數倍數來縮放圖片並填滿)、repeat (重複方式填滿)、stretch (延展方式填滿)、space (重複填滿，用整數倍數填滿，不足的部分，再縮放圖片填滿等值)。

使用border-image屬性時，可以將所有值整合在一起撰寫，也可以分別撰寫。語法如下：

```
#borderimg1 {
   border-image: url("border.jpg") 50 round;
}
```

```
#borderimg2 {
    border-image-source: url("border.jpg");
    border-image-repeat: repeat;
    border-image-slice: 30;
    border-image-width: 20px;
}
```

8-3-2　建立邊框屬性

在 Dreamweaver 中要建立邊框屬性時，只要在 **CSS 設計工具面板**中的**屬性**窗格點選□**邊框**，即可進行邊框的屬性設定。

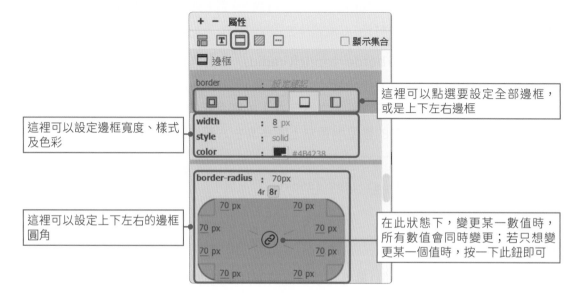

這裡可以設定邊框寬度、樣式及色彩

這裡可以設定上下左右的邊框圓角

這裡可以點選要設定全部邊框，或是上下左右邊框

在此狀態下，變更某一數值時，所有數值會同時變更；若只想變更某一個值時，按一下此鈕即可

8-3-3　幫文字加上邊框

了解邊框的屬性後，實際來看看邊框在文字上的應用。在 **ex08-04\ex08-04. html** 範例中，設計了四種不同的邊框樣式，再加上陰影屬性及漸層屬性，就能設計出不同風格的邊框，讓標題文字呈現不同的效果。

```
.border1 {    /*設定下邊框並加上圓角*/
    color: #4B4238;
    border-bottom: 8px solid #4B4238;
    border-radius: 70px;
}
.border2 {    /*設定上邊框及左右邊框圓角*/
    border-top: 5px solid #FDF9F9;
    border-bottom-left-radius: 100px 100px;
    border-bottom-right-radius: 100px 100px;
    background: #f08080;
    padding: 10px;
}
```

```
.border3 {   /*將邊框加上陰影效果*/
   border: 1px solid;
   padding: 10px;
   box-shadow: 4px 4px #334758, 8px 8px #FF7A59, 12px 12px #00A4BD;
}
.border4 {   /*將邊框加上漸層色彩效果*/
   border: 8px solid;
   padding: 10px;
   border-radius: 50%;
   border-image: repeating-linear-gradient(to bottom right, #33475b,
      #0033CC, #FF77CC, rgb(255, 122, 89)) 20;
}
```

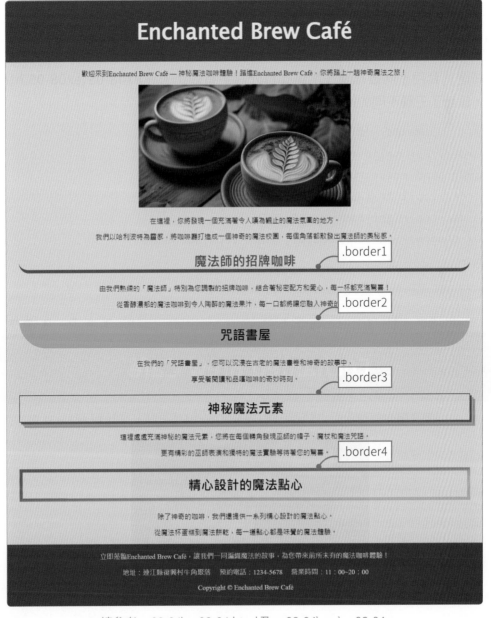

▲ 請參考 ex08-04\ex08-04.html 及 ex08-04\css\ex08-04.css

💬 知識補充：box-shadow屬性

box-shadow屬性可以用來設定區塊的陰影效果，設定陰影時，還可以一次定義多個陰影，定義時用**逗號區隔**即可。可以使用的值有：

● **h-shadow**：水平陰影的位置(可以為負值)，必填。

● **v-shadow**：垂直陰影的位置(可以為負值)，必填。

● **blur**：模糊距離，選填。

● **spread**：陰影尺寸，選填。

● **color**：陰影顏色，選填。

● **inset**：將外部陰影改為內部陰影，選填。

8-3-4 幫圖片加上邊框

　　將圖片套用不同邊框屬性能讓圖片外觀更有變化。在 **ex08-05\ex08-05.html** 範例中，設計了三種不同的邊框樣式，改變圖片的外觀。

```
.img1 {        /*邊框、圓角、背景色彩及陰影的應用*/
    border: 8px solid #FDFBFB;
    background-color: white;
    border-top-left-radius: 20px;
    border-top-right-radius: 20px;
    box-shadow: 5px 5px #cccccc, 10px 10px #dedede;
}
```

```
.img2 {          /*將正方形圖片加上50%的圓角，圖片就會以圓形呈現*/
    border: 8px solid #FDFBFB;
    border-radius: 50%;
}
```

```
.img3 {          /*設定左右邊框即可呈現出不同風格*/
    border: 30px solid #f3f2f2;
    border-left: 3vw solid lightgrey;
    border-right: 3vw solid lightgrey;
}
```

▲ 請參考 ex08-05\ex08-05.html 及 ex08-05\css\ex08-05.css

8-4 背景與漸層的設計

善用CSS的背景與漸層屬性可以設計出多樣化的網頁背景，這節就來看看該如何使用吧！

8-4-1 背景屬性

使用背景屬性則可以在元素的背景加上色彩或是圖片。

background-color屬性

background-color (背景色彩)屬性可以設定背景色彩，該屬性可以用在各種元素裡，語法如下：

```
body { background-color: lightblue; }
div { background-color: red; }
p { background-color: yellow; }
```

background-image屬性

background-image (背景圖片)屬性可以設定用圖片來當背景，若使用圖片做為背景時，切記勿使用太花巧的圖案，以免影響閱讀，語法如下：

```
div { background-image: url("bg.png"); }
```

background-repeat屬性

background-repeat (背景重複排列方式)屬性可以設定背景是否重複，background-image屬性在預設下會水平和垂直重複圖片來呈現，若要避免這個情況，可使用background-repeat屬性。設定值有repeat (重複並排顯示)、repeat-x (水平方向重複顯示)、repeat-y (垂直方向重複顯示)、no-repeat (不重複顯示)，語法如下：

```
body {
background-image: url("bg.png");
background-repeat: repeat-x;          /*水平方向重複顯示*/
}
```

background-position屬性

background-position (背景圖片位置)屬性可以指定背景圖片的位置，可以使用關鍵字(top、center、bottom、left、center、right)及數值加上單位來設定。

例如：要將影像設定成顯示在上方中央，語法如下：

```
background-position: center top;   /*若只填一個值，另一個值會以center表示*/
```

若要將影像起始位置設定在距離左邊50px(水平軸)、距離上方100px(垂直軸)的位置時(容器左上角為0% 0%，右下角為100% 100%)，語法如下：

```
background-position: 50% 100%;   /*若只填寫一個數值時，第二個數值會以50%表示*/
```

background-attachment屬性

background-attachment(背景固定模式)屬性可以設定背景圖固定在指定位置上或跟著捲動。可以使用的值有scroll(預設值，背景圖會隨著頁面滾動而移動)及fixed(背景圖固定在相同位置)，語法如下：

```
body {
    background-image: url("bg.png");
    background-repeat: no-repeat;
    background-position: right top;
    background-attachment: fixed;
}
```

background-size屬性

background-size(背景圖片大小)屬性可以用來設定背景圖的尺寸，可以使用cover(影像等比例放大，直到填滿顯示範圍)、contain(維持長寬比，並顯示完整影像)及數值加上單位來設定。background-size必須搭配background-image來使用，若沒有設定background-image是沒有作用的，語法如下：

```
#div1 {
    background-images: url("bg.png");
    background-size: contain;     /*不變形、寬高等比例、不可裁切*/
    background-repeat: no-repeat;
}
#div2 {
    background-images: url("bg.png");
    background-size: cover;       /*不變形、寬高等比例、在必要時局部裁切*/
    background-repeat: no-repeat;
}
#div3 {      /*寬度與長度，若只有一個數值的話，第二個數值會以auto表示*/
    background-images: url("bg.png");
    background-size: 20px 40px;
}
```

```
#div4 {        /*寬度與長度,若只有一個數值的話,第二個數值會以auto表示*/
    background-images: url("bg.png");
    background-size: 50% 100%;
}
```

background屬性

　　background (背景速記)屬性可以用來統一設定所有與背景相關的屬性,如背景影像、大小,要不要重複顯示等,而沒有設定的部分則會套用預設值,設定時屬性之間要用半形空格隔開,順序為background-color→background-image→background-attachment→background-repeat→background-poition→background-size。

　　還有一點要注意的是,background-position 與 background-size 這兩個的值要用「/」斜線隔開。語法如下:

```
body {
    background: #ffffff url("bg.png") no-repeat right top/cover;
}
```

background-blend-mode屬性

　　background-blend-mode (背景混合模式)屬性可以設定該元素的背景圖片混合模式,也就是單一元素可以指定兩個背景屬性,同時有「漸層顏色」及「背景圖片」或兩張圖片用background-blend-mode混合模式效果。

　　background-blend-mode屬性可使用的值有:normal (一般)、multiply (色彩增值)、screen (濾色)、overlay (覆蓋)、darken (變暗)、lighten (變亮)、colordodge (顏色減淡)、color-burn (加深顏色)、hard-light (實光)、soft-light (柔光)、difference (差異化)、exclusion (排除)、hue (色相)、saturation (飽和度)、color (色相)、luminosity (明度)等,語法如下:

```
background-image: url("garden01.jpg"), url("garden02.jpg");
background-blend-mode: luminosity;
```

☐ 知識補充

在撰寫 url 裡的值時,可以有多種寫法,如:url (image.png)、url ("image.png")、url ('image.png')等方式,這三種寫法都是正確的。

mix-blend-mode屬性

mix-blend-mode (圖層混合模式) 屬性可以設定圖層混合模式，與 Photoshop 中的圖層混合類似，當網頁圖片重疊時，也能像影像軟體一樣，製作出混合模式的效果，而混合模式會根據使用的顏色而有所不同。mix-blend-mode 屬性可用的值與 background-blend-mode屬性相同。語法如下：

```
mix-blend-mode: luminosity;
```

background-clip屬性

background-clip (背景裁剪) 屬性是利用不同的裁切範圍，控制背景圖片顯示區域，可以使用的值有 border-box、padding-box、content-box、text，語法如下：

```
background-clip: border-box;      /*背景延伸到邊框外圍，預設值*/
background-clip: padding-box;     /*背景延伸到內邊距外圍*/
background-clip: content-box;     /*背景裁剪到內容區外圍*/
background-clip: text;            /*背景被裁剪成文字的前景色*/
```

其中text值有點類似圖片遮罩效果，其背景內容只保留文字所在區域的部分，再配合將文字色彩設為透明(color: transparent)，就可以製作出圖片或漸層文字。

8-4-2　建立背景屬性

在 Dreamweaver中要建立背景屬性時，只要在 **CSS 設計工具** 面板中的 **屬性** 窗格點選 **背景**，即可進行背景的屬性設定。

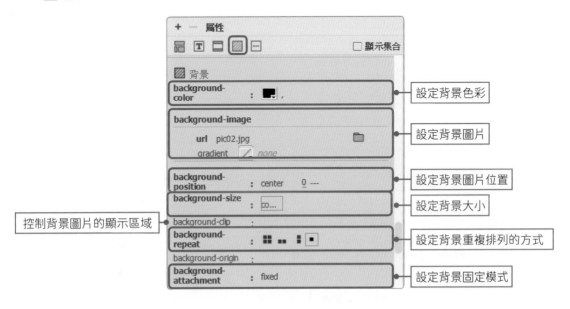

8-4-3 背景設計範例

在 **ex08-06\ex08-06.html** 範例中，使用了背景屬性在頁首加入了背景圖片，在區塊加入重複顯示的背景圖片，使用背景裁剪屬性製作出圖片遮罩效果文字，頁尾則使用背景色彩。

```css
header {
    background: no-repeat, center top fixed;  /*不重複排列、靠上置中、固定位置*/
    background-image: url("pic02.jpg"), url("bg.jpg");
    background-size: cover;  /*不變形，寬高等比例，在必要時局部裁切*/
    background-blend-mode: overlay;  /*將兩張圖以覆蓋模式呈現*/
    height: 500px;
    text-align: center;
}
section {
    background-image: url("bg1.png");
    background-repeat: repeat;  /*重複並排顯示*/
    padding: 10px;
    margin: 10px;
    text-align: center;
}
footer {
    background-color: #6db47c;  /*背景色彩*/
    padding: 10px;
    margin: 10px;
    height: 60px;
}
h1 {
    position: relative;
    display: inline-block;
    padding: 10px;
    font-size: 8rem;
    color: white;
    mix-blend-mode: overlay;  /*覆蓋效果*/
}
.text-image {  /*圖片遮罩效果文字*/
    font-size: 5rem;
    background-image: url("pic02.jpg");
    background-clip: text;
    -webkit-background-clip: text;
    color: transparent;  /*色彩設為透明*/
}
```

將兩張圖以覆蓋模式呈現「background-blend-mode: overlay;」

將背景圖設定為不變形，寬高等比例，在必要時局部裁切「background-size: cover;」。原始圖片如下：

將 \<h1\> 設定為覆蓋效果「mix-blend-mode: overlay;」

My Secret Garden

將背景圖片設定為重複並排顯示「background-repeat: repeat;」。原始圖片如下：

Handroanthus chrysotrichus

Lorem ipsum dolor sit amet, consectetuer adipiscing elit, sed diam nonummy nibh euismod tincidunt ut laoreet dolore magna aliquam erat volutpat.

使用圖片遮罩效果的文字

My Secret Garden

Ut wisi enim ad minim veniam, quis nostrud exerci tation ullamcorper suscipit lobortis nisl ut aliquip ex ea commodo consequat.

使用背景色彩

Copyright © 王小桃

▲ 請參考 ex08-06\ex08-06.html 及 ex08-06\css\style.css

8-4-4 漸層屬性

使用漸層屬性可以設定各種漸層色彩，以下介紹一些常用的漸層屬性。

linear-gradient屬性

linear-gradient (線性漸層) 屬性可以設定**指定角度的直線漸層**，語法如下：

```
background: linear-gradient(方向, 顏色1 位置, 顏色2 位置);
```

若沒有設定角度，預設會從上往下進行漸層，若設定角度，則改由左下角為圓心，和y軸夾角作為角度的設定，例如：下列語法因為沒有設定顏色位置參數，所以三種顏色平均分配漸層位置，分別是0% 50% 100%。

```
background: linear-gradient(red, yellow, red);
```

radial-gradient屬性

radial-gradient(放射漸層) 屬性可以設定出放射漸層，與線性漸層一樣，會依據設定的顏色填滿整個區域，但放射漸層是從單個點出發為顏色起始點，語法如下：

```
background: radial-gradient(方式 尺寸 at 位置, 顏色1 位置, 顏色2 位置);
```

放射漸層的方式分成 Circle (圓形) 及 Ellipse (橢圓)，語法如下：

```
background: radial-gradient(circle at center,yellow,red);    /*圓形*/
background: radial-gradient(ellipse at center,yellow,red);   /*橢圓*/
```

放射漸層可以使用 closest-side (最近邊)、farthest-side (最遠邊)、closestcorner (最近角)、farthest-corner (最遠角，預設值) 等值，設定放射的半徑。

conic-gradient屬性

conic-gradient (圓錐漸層) 屬性可以設定出圓錐漸層，漸層的方式可以指定百分比%或是角度deg，語法如下：

```
background: conic-gradient(white, black);
```

透過 conic-gradient 屬性便可以輕鬆製作出彩虹的效果，語法如下：

```
background: conic-gradient(#f00, #f50, #ff0, #0c0, #09d, #03a, #909, #f00);
```

repeating-gradient屬性

repeating-gradients (重複漸層) 屬性可以設定出重複效果的漸層，有以下三種可以使用。

● repeating-linear-gradient 屬性：只需要指定需要重複的顏色位置，沒有指定的部分，瀏覽器會自動計算補滿。例如：下列的語法，只要指定兩種顏色，位置擺放在5%和10%，就會自動重複。

```
background: repeating-linear-gradient(45deg, #000 0, #000 5%, #f80 5%,
   #f80 10%);
```

● repeating-linear-gradient 屬性：可以做出類似陰影的效果。語法如下：

```
background: repeating-radial-gradient(circle, #000 0, #000 5%,
   #f90 5%, #f90 10%, #a50 18%);
```

● repeating-conic-gradient 屬性：可以快速地做出放射線的背景效果。語法如下：

```
background: repeating-conic-gradient(#f00 0, #f00 15deg, #fa0 15deg,
   #fa0 30deg );
```

8-4-5 漸層設計範例

在 **ex08-07\ex08-07.html** 範例中，使用了漸層屬性製作了各種不同的漸層。

```
#grad1 {     /*線性漸層*/
   background: linear-gradient(120deg, #84fab0 0%, #8fd3f4 100%);
}
#grad2 {     /*放射漸層*/
   background: radial-gradient(circle, red, yellow, green);
}
#grad3 {     /*圓錐漸層彩虹效果*/
   background: conic-gradient(#03a,#f00, #f50, #ff0, #0c0, #09d, #909, #f00);
}
#grad4 {     /*線性重複效果*/
   background: repeating-linear-gradient(90deg,#8fd, #8fd 15px,#09d 0, #09d 30px);
}
#grad5 {     /*棋盤格紋效果*/
   background: #eee;
   background-image: linear-gradient(45deg,rgba(0,0,0,.25) 25%,
    transparent 0,transparent 75%, rgba(0,0,0,.25) 0), linear-gradient
    (45deg,rgba(0,0,0,.25) 25%, transparent 0,transparent 75%,
    rgba(0,0,0,.25) 0);
   background-position: 0 0, 15px 15px;
   background-size: 30px 30px;
}
```

```
#grad6 {      /*漸層文字*/
    font-size: 5em;
    font-family: "Arial Black";
    background-image: linear-gradient(to right, #00dbde 0%, #fc00ff 100%);
    background-clip: text;
    -webkit-background-clip: text;
    color: transparent;
}
```

▲ 請參考 ex08-07\ex08-07.html

🗨 知識補充：瀏覽器的前綴詞

因CSS一直在推出新屬性，許多規則還在制定的階段，並非所有瀏覽器都支援CSS3的新屬性。因此，針對不同的瀏覽器，會在屬性前加入 -moz- 或 -webkit- 的前綴詞，強制對應核心瀏覽器正在實驗階段的CSS屬性或值使用實驗成果進行解析。瀏覽器常見的前綴詞有：

-moz-：Firefox	-o-：Opera	-webkit-：Safari、Chrome、iOS
-khtml-：Konqueror	-ms-：Internet Explorer	-chrome-：Google Chrome 專用

8-5 變形處理與轉變效果

CSS提供了變形處理與轉變效果屬性，可以製作出更多樣化的網頁元素，這節就來學習這些屬性吧！

8-5-1 變形處理屬性

這節將介紹一些與變形處理相關的屬性。

transform (2D、3D變形處理)屬性

transform屬性可以**讓網頁元素變形，如位移、旋轉、縮放及傾斜等**，可以做到3D的動畫效果。transform可使用的值不少，若有多個屬性值，要用**空格**隔開，較常使用的如下表所列。

屬性值	說明
translate(x, y)	位移，水平跟垂直的移動，x > 0 向右位移，y > 0 向下位移。
scale(x, y)	縮放，x、y 縮放倍率，若只放一個數字就是x、y 縮放倍率相同。
rotate(deg)	旋轉，單位是 deg 度數，順時鐘為正，逆時針為負。
skew(x, y)	傾斜，x、y 的傾斜角度。

下列語法為將元素右偏移120 px、向下偏移120 px，並且旋轉90度。

```
.target_object{
    transform: translate(120px, 120px) rotate(90deg);
}
```

transform-origin (變形的起始點)屬性

一般來說變形的起始點都在物件的中心點，若要改變中心點，就需靠transform-origin屬性去設定**物件變形的起始點**。transform-origin屬性可以設定X軸及Y軸的旋轉位置，語法如下：

```
div {
    transform: rotate(45deg);
    transform-origin: 20% 40%;
}
```

perspective (透視)屬性

transform屬性可以製件出2D效果，若搭配perspective屬性，就可以**定義出3D視覺的角度**，perspective屬性的設定值只要設定距離長度即可，其屬性也只需要設定在父元素中，當perspective的值越大，代表離螢幕越遠。語法如下：

```
.box1-p {
   perspective: 400px;
}
.box2-t {
   transform: rotateY(45deg);
}
```

perspective-origin (初始位置)屬性

perspective-origin 屬性可以**定義 X 和 Y 軸為基礎的 3D 位置**，X 軸可以使用 left、center、right、%、長度等值；Y 軸可以使用 top、center、bottom、%、長度等值，預設值為 50%。語法如下：

```
div {
   perspective: 100px;
   perspective-origin: 50% -150px;
}
```

8-5-2 轉變效果屬性

使用 transition (轉變效果)屬性能夠做出動畫特效，也就是讓元素從一種樣式轉換為另一種樣式。

transition-property屬性

transition-property 屬性可以設定**要變化的屬性**，若有多個屬性時，使用逗號將不同屬性隔開即可，語法如下：

```
transition-property: width 0.6s;       /*指定width屬性變化時間0.6秒*/
transition-property: all 0.6s;         /*所有屬性都要套用，預設值*/
```

transition-duration屬性

transition-duration 屬性可以設定**轉變效果需要花多少時間完成**，轉場時間越長，動畫效果的呈現越慢，以 s 為單位 (秒)，可以定義小數點，預設值是 0s，語法如下：

```
transition-duration: 0.6s;
```

transition-timing-function屬性

transition-timing-function 屬性可以設定**轉變的播放速度曲線**，可以使用的值有 linear (均速)、ease (緩入中間快緩出，預設值)、ease-in (緩入)、ease-out (緩出)、ease-in-out (緩入緩出)、cubic-bezier (n,n,n,n)(貝茲曲線自定義速度模式)等，語法如下：

```
transition-timing-function: linear;
```

transition-delay屬性

transition-delay屬性可以**設定延遲時間**，時間通常以s為單位(秒)，可以定義小數點，預設值是0s，語法如下：

```
transition-delay: 0.6s;
```

transition屬性

transition屬性可以用來**統一設定轉場效果的相關屬性**，撰寫順序是按照上面的順序依次寫成一整行，如下列語法，代表第1、3、4值都是使用預設值，而.5s代表持續期間(duration)。

```
transition: .5s;
```

下列語法為延遲1秒後，啟動5秒的動畫。

```
transition: width 5s linear 1s;
```

8-5-3　建立轉變效果屬性

在Dreamweaver中要建立轉變效果屬性時，可以先在**CSS設計工具**面板中建立一個類別樣式，再透過「轉變」對話方塊來設定轉變效果。這裡請開啟**ex08-08\ex08-08.html**範例來練習。

01 開啟網頁文件，進入 **CSS 設計工具**面板，在**來源**窗格中點選要建立樣式的來源檔案，點選好後按下**選取器**窗格中的＋按鈕，建立「.transition」選取器。

02 選取器建立好後，點選功能表中的**視窗→ CSS 轉變**，開啟 **CSS 轉變**面板，按下＋按鈕，開啟「新增轉變」對話方塊。

03 在**目標規則**中選擇剛剛建立的類別；在**開啟轉變**中選擇要使用的效果，**hover** 表示滑鼠移過去時的轉變，選擇好後再進行相關的轉變效果設定。

04 都設定好後按下**建立轉變**按鈕，在 **CSS 轉變**面板中就會出現建立好的轉變語法。

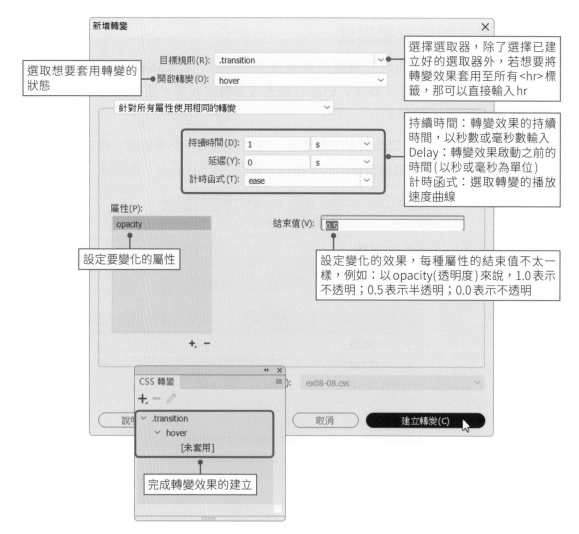

05 接著點選要套用轉變效果類別的圖片，並新增類別。

06 進入程式碼檢視模式中，即可看到相關的 CSS 語法。

```
42 ▼ .transition {
43      -webkit-transition: all 1s ease 0s;
44      -o-transition: all 1s ease 0s;
45      transition: all 1s ease 0s;
46  }
47 ▼ .transition:hover {
48      -webkit-opacity: 0.5;
49      opacity: 0.5;
50  }
```

07 設定好後，按下 **F12** 鍵，預覽結果。當滑鼠移至圖片時，圖片就會呈現透明。

▲ 最後結果請參考 ex08-08\ex08-08-ok.html

8-5-4　轉變設計範例

在 **ex08-09\ex08-09.html** 範例中，使用了 transform 屬性將相片邊框旋轉，再使用轉場效果讓相片動起來，當滑鼠游標移至相片上，相片就會緩入緩出的旋轉，這樣相片的呈現就會更有趣了。

```
div.polaroid {
    width: 284px;
    padding: 10px 10px 10px 10px;
    border: 1px solid #8f8e8e;
    background-color: white;
    box-shadow: 10px 10px 5px #aaaaaa;
}
div.polaroid:hover {
    background: #5b5b5b;
    color: azure;
    border-radius: 5%;
    transition: all 1s ease-in-out;      /*持續期間1秒，緩入緩出*/
    transform: rotate(720deg);           /*順時針旋轉720度*/
}
div.rotate_right {
    float: left;
    transform: rotate(-5deg);            /*順時針旋轉-5度*/
}
div.rotate_left {
    float: left;
    transform: rotate(8deg);             /*順時針旋轉8度*/
}
```

▲ 物件依照所設定的方向旋轉，若將滑鼠移至圖片上，圖片就會整個旋轉 (ex08-09\ex08-09.html)

●●● 自我評量

● 選擇題

( ) 1. 設定文字大小時，可以使用絕對單位與相對單位設定文字的大小，下列哪個單位不屬於相對單位？ (A) % (B) em (C) rem (D) px。

( ) 2. 下列關於各屬性的說明，何者不正確？ (A) box-shadow屬性可以用來設定區塊的陰影效果 (B) border-style屬性可以設定邊框的粗細 (C) border-radius屬性可以設定邊框四個角的弧度 (D) border-style屬性可以設定將圖片做為邊框。

( ) 3. 下列關於背景屬性的說明，何者不正確？ (A) color屬性可以設定背景色彩 (B) background-repeat屬性可以設定背景是否重複 (C) mix-blend-mode屬性可以設定圖層混合模式 (D) background-clip屬性是利用不同的裁切範圍，控制背景圖片顯示區域。

( ) 4. 若要設定背景圖固定在指定位置上或跟著捲動，可以使用下列哪個屬性？ (A) background-size (B) background-attachment (C) background-blend-mode (D) background-position。

( ) 5. 若要設定背景圖片的混合模式時，可以使用下列哪個屬性？ (A) background-size (B) background-attachment (C) background-blend-mode (D) background-position。

( ) 6. 下列關於漸層屬性的說明，何者不正確？ (A) linear gradient屬性可以設定指定角度的直線漸層 (B) radial gradient屬性可以設定出放射漸層 (C) repeating-linear-gradient可以設定出重複放射漸層 (D) conic-gradient屬性可以設定出圓錐漸層。

( ) 7. 若要製作出滑鼠移至圖片後，圖片會呈現透明效果時，可以使用下列哪個屬性設定透明度？ (A) opacity (B) border-spacing (C) letter-spacing (D) list-style-position。

( ) 8. 下列哪個屬性可以做到位移、旋轉、縮放及傾斜等動畫效果？ (A) perspective-origin (B) transition (C) position (D) transform。

( ) 9. 下列哪個屬性可以讓元素從一種樣式轉換為另一種樣式？ (A) perspective-origin (B) transition (C) position (D) transform。

( ) 10. 下列哪個屬性可以設定轉變的播放速度曲線？ (A) transition-timing-function (B) transition-property (C) transition-duration (D) transition-delay。

( ) 11. 下列哪個屬性可以設定延遲時間？ (A) transition-timing-function (B) transition-property (C) transition-duration (D) transition-delay。

( ) 12. 下列哪個屬性可以設定轉變效果需要花多少時間完成？ (A) transition-timing-function (B) transition-property (C) transition-duration (D) transition-delay。

● 實作題

1. 請開啟「ex08-a\ex08-a.html」檔案，改變「background-blend-mode」的值，看看圖片會有什麼變化？

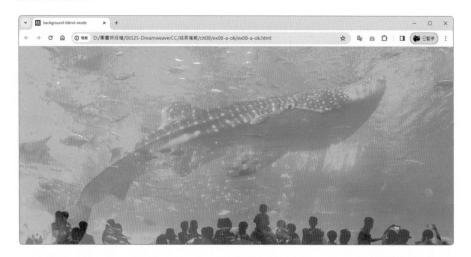

2. 網路上有許多漸層語法產生器可以使用，製作漸層時可以直接套用，而不必費心的撰寫語法，這裡請你進入 CSS3 Patterns Gallery 網站 (https://projects.verou.me/css3patterns/#)，看看該網站提供的各式各樣漸層語法，並將語法加入到「ex08-b\ex08-b.html」檔案中，看看會呈現什麼樣的效果。

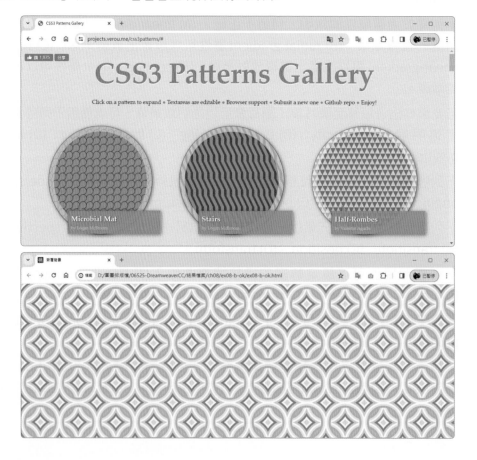

使用CSS設計版面

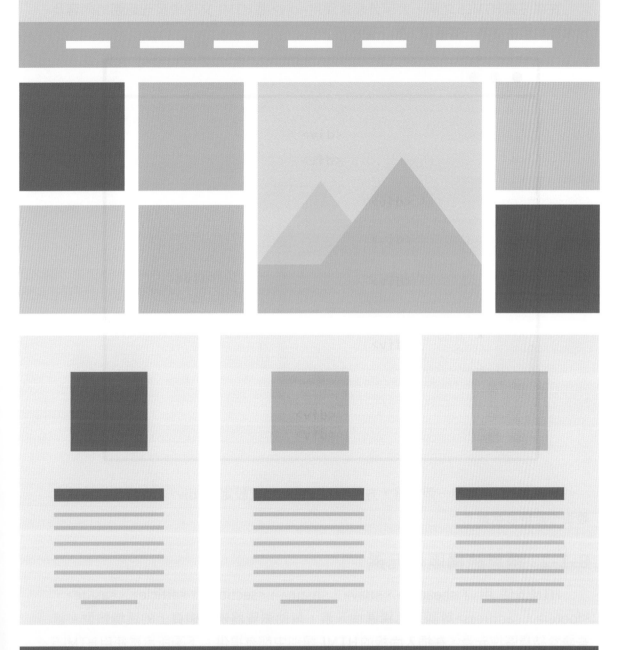

Dreamweaver CC

9-1 使用語意結構元素建構頁面

HTML5中有許多語意結構元素，可以幫助搜尋引擎及網頁設計者清楚的解讀網頁結構，這節就來看看該如何使用。

9-1-1 div

在還沒有HTML5之前，大部分都是使用<div>將HTML文件中某些範圍的內容及元素群組起來成為一個區塊，如下圖所示。

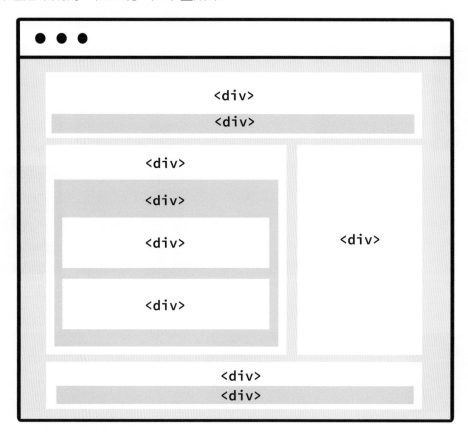

可以將<div>視為一個容器，方便讓CSS進行樣式設定，<div>本身沒任何特殊意義也不是語意標籤。

9-1-2 語意結構區塊元素

HTML5使用了<header>、<nav>、<main>、<section>、<article>、<aside>、<footer>、<address>等語意結構區塊元素，幫助瀏覽器辨識網頁上的區塊類型。這些語意結構區塊元素，在**插入**面板的**HTML**類別中都有提供。下圖所示是使用HTML5語意標籤建構出來的頁面結構。

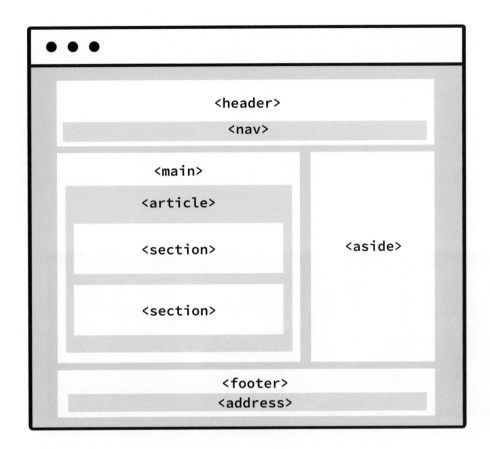

在 **ex09-01\ex09-01.html** 範例中，使用了語意結構元素建構網頁，並加入CSS的設定。

```
<body>
    <header>                     <!--頁首內容-->
        <h1>Major League of Mechanical Art TAIWAN</h1>
    </header>
    <nav>                        <!--導覽列-->
        <a href="#">首頁</a>｜<a href="#">關於我們</a>｜
        <a href="#">聯盟成員</a>｜<a href="#">聯盟活動</a>
    </nav>
    <main>                       <!--主要內容-->
        <article>                <!--文章內容-->
        <h2>極致機械工藝聯盟</h2>
        <p>....</p>
        <aside>                  <!--側欄內容-->
            <p><strong>相關的文章</strong></p>
        </aside>
        <section>                <!--摘要內容-->
            <h3>任務</h3>
        </section>
```

```
            <section>
                <h3>發展四大方向</h3>
            </section>
        </article>
    </main>
    <footer>              <!--頁尾內容-->
        Copyright © 極致機械工藝聯盟 All Rights Reserved.
        <address>電話:0800-000-888 地址:OO市OO區OO街XX號X樓</address>
    </footer>
</body>
```

header

nav

main

article

aside

section

section

footer

9-2 盒子模型

網頁版面的編排方式會影響到整體的呈現與美觀，在CSS中可以使用區塊元素，來進行網頁的編排，在區塊元素中加入寬、高、內距、框線、邊界等屬性設定後，整個外型就如一個盒子，所以稱為**盒子模型**(Box Model)，這節就來學習與盒子模型相關的各種屬性吧。

9-2-1 盒子模型的結構

盒子模型主要由四個部分組成，由內而外分別是**內容**(content)、**內邊距**(padding)、**邊框**(border)、**外邊距**(margin)。

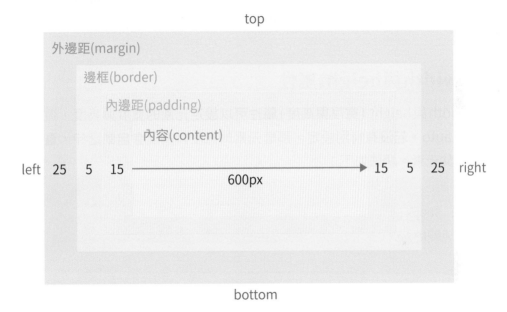

content、padding、border、margin都會占用空間，其中content、padding及border會影響盒子的實際高寬。邊框以內包含內邊距及內容的部分是盒子模型的內部。

● content：HTML元素的內容(文字、圖片等)會放置在content中。

● padding：是內容與外框的留白距離，介於content與border之間的部分。

● border：內容的外框，介於margin與padding之間的範圍，可以使用border屬性來設定邊框的寬度、樣式與顏色(border的屬性可參考8-3節的說明)。

● margin：圍繞於border之外，用於設定元素與其他元素之間的距離，不包含在width與height範圍內。

設定盒子模型時，通常會使用絕對單位與相對單位，而除了上述的兩種單位，還可以使用取決於視窗大小的 **vh、vw、vmin、vmax** 等單位，這些單位都是**相對單位**，透過這些單位，就可以設計出隨視窗大小變動的圖片或按鈕，很適合用在設計 RWD 網頁時。下表所列為 vh、vw、vmin、vmax 等單位的說明。

單位	說明	
vh	表示 view height，也就是**螢幕可視範圍高度的百分比** (1vw 代表視窗的寬度為 1%)，例如：可視範圍高度為 1200px 時，若設定 50vh，那就會變成 1200px 的 50%，也就是 600px。設定值會隨著顯示範圍的高度而變化。	
vw	表示 view width，也就是**螢幕可視範圍寬度的百分比**，計算方式與 vh 相同。	
vmin	寬度或高度最小值的百分比。	例如：瀏覽器的寬度為 1200px，高度為 800px，那麼 1vmax = 1200/100px = 12px，1vmin = 800/100px = 8px。
vmax	寬度或高度最大值的百分比。	

9-2-2　width 與 height 屬性

使用 width 與 height (寬度與高度) 屬性可以設定元素的寬度與高度，這兩個屬性的預設值為 auto，若沒有特別設定，那麼元素的寬度與高度會自動延伸，直到填滿包夾該元素的父元素。語法如下：

```
#parent {
    height: 500px;
    width: 500px;
}
#child {            /*將元素的高度及寬度設定為父元素高度的50%*/
    height: 50%;    /*父元素的50%，即250px*/
    width: 50%;
}
```

除了使用 width 與 height 屬性設定寬度與高度外，還可以使用 **min-width、minheight、max-width、max-height** 等屬性設定最大及最小的寬度與高度。設定時，如果內容小於最小寬度或高度，將使用最小寬度或高度，若內容大於最小寬度或高度，則該屬性不會有作用。

```
.wrapper {
    max-width: 500px;
    min-width: 300px;
    man-height: 400px;
    min-height: 200px;
}
```

9-2-3　padding屬性

padding（內邊距）屬性可以**設定邊框內側與文字或圖片等元素的距離**，由左至由分別為上邊界、右邊界、下邊界及左邊界，**值與值之間用空白分隔**即可，可使用px、rem、%及auto等值（不可是負值），語法如下：

```
padding: 10px;                    /*表示上下左右各10px*/
padding: 15px 20px;               /*表示上下15px；左右20px*/
padding: 10px 20px 20px;          /*表示上10px；左右20px；下20px*/
padding: 10px 20px 20px 20px;     /*表示上下左右分別設定*/
```

除此之外，也可以使用**padding-left（左內邊距）**、**padding-right（右內邊距）**、**padding-top（上內邊距）**、**padding-bottom（下內邊距）**等屬性分別設定內邊距。

預設下，padding不包含在width及height屬性的範圍，內邊距會影響當初所設定的盒子模型大小寬度與高度。例如：高度設定100px，而上下內邊距又各設了10px，那麼總高度會是100px＋10px＋10px＝120px。

9-2-4　margin屬性

margin（外邊距）屬性可以**設定外邊界，也就是元素與元素之間的距離**，由左至由分別為上邊界、右邊界、下邊界及左邊界（順時針順序），**值與值之間用空白分隔**即可，可以使用px、rem、%及auto等值（可以是負值），語法如下：

```
margin: 10px;                    /*表示上下左右各10px*/
margin: 15px 20px;               /*表示上下15px；左右20px*/
margin: 10px 20px 20px;          /*表示上10px；左右20px；下20px*/
margin: 10px 20px 20px 20px;     /*表示上下左右分別設定*/
```

除此之外，也可以使用**margin-left（左外邊距）**、**margin-right（右外邊距）**、**margin-top（上外邊距）**、**margin-bottom（下外邊距）**等屬性分別設定外邊距。

很多元素在預設下都會有內外邊距，而且不同瀏覽器還會有不同的預設值，若希望能夠統一所有瀏覽器的呈現效果，可以清除預設的瀏覽器內外邊距。通常會使用通用選擇器來進行清除，語法如下：

```
* {
    padding: 0;
    margin: 0;
}
```

9-2-5 box-sizing屬性

若要將padding及border包含在設定好的寬度或高度時，可以使用box-sizing屬性來設定，該屬性主要功能是讓padding及border不改變元素本身的width (寬度)和height (高度)，所以固定寬高下，不管內邊距和邊框大小怎麼設定，這些元素大小都是相同的。

box-sizing屬性可以用在任何元素，可以使用的值有：

● content-box：預設值，實際寬高＝所設定的數值＋border＋padding。

● border-box：實際寬高＝所設定的數值(已包含border及padding)。

```
.box1{
    width: 600px;                    /*寬度固定*/
    height: 250px;                   /*高度固定*/
    padding: 20px;
    margin: 10px auto;
    border: 15px #484848 solid;
    box-sizing: border-box;          /*padding & border不影響總寬度*/
}
```

9-2-6 範例實作

在 **ex09-02.html** 範例中，要使用各種與盒子模型相關的屬性製作出兩個區塊，就可以看出box-sizing的設定值改變了區塊的呈現方式。

01 開啟網頁文件，進入 **CSS 設計工具**面板中，在**來源**窗格中點選要建立樣式的來源檔案，於**選取器**窗格中點選建立好的「.box1」選取器。

02 進入 **版面**群組中，將 **width** 設定為 **450px**；**height** 設定為 **150px**；**box-sizing** 設定為 **border-box**，表示 padding 及 border 將不影響總 width (寬度)。

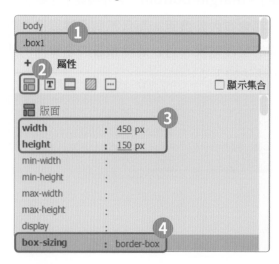

03 將 **margin** 設為 **10px auto**，表示左右邊距為 auto，可以讓區塊水平居中。

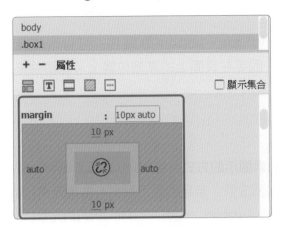 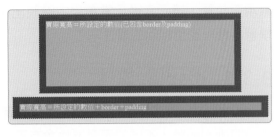

04 將 **padding** 設定為 20px。

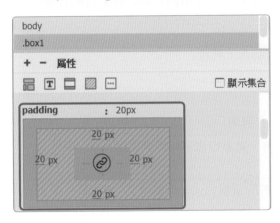 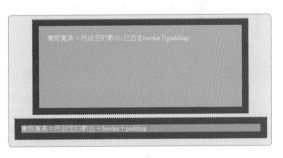

05 接著將建立好的「.box2」選取器進行相同的設定，但不設定 box-sizing 屬性，這樣就可以看出兩者的差異了。

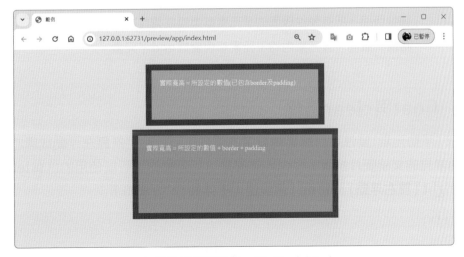

▲ 最後結果請參考 ex09-02-ok.html

9-3 定位方式

在CSS中使用float、position、left、right、top、bottom等屬性,可以改變元素現有位置,讓元素從正常布局中跳脫出來,固定在頁面上的某個位置上。這節就來學習各種與定位相關的屬性吧!

9-3-1 display屬性

display (元素的顯示層級) 屬性可以**設定元素顯示的方式**,每個HTML元素都有一個預設的display值,不同的元素屬性會有不同的預設值,常見的顯示類型有**區塊元素** (如 <h1~h6>、<p>、<ul>、<ol>、<li>、<dl>、<dt>、<dd>、<table>、<form>、<Pre>) 與**行內元素** (如 <a>、<strong>、<em>、<img>、<input>、<abbr>、<i>、<label>、<select>、<span>、<b>、
),若該元素**被標示為block就是區塊元素;被標示為inline就是行內元素**。語法如下:

```
display: block;    /*元素的顯示型態被設定為區塊元素*/
```

display屬性常見的值如下表所列。

值	說明
inline	不會強迫換行,元素可以水平並排,寬高以標籤中的內容為依據,無法設定屬性。
block	強迫換行,除非有特別設定 (使用float與position屬性),否則無法水平並排,可以用CSS控制寬度與高度。
inline-block	結合inline與block特性,不會強迫換行,可以用CSS控制寬度與高度。
table-cell	以表格方式顯示,類似<td>標籤。
none	不顯示此元素。
flex	彈性版面,所有彈性版面的子元素都會變成彈性項目。
grid	格線式版面,該元素內的子元素都會變成grid子元素。

9-3-2 float與clear屬性

float (浮動元素) 屬性可以**將區塊設定為浮動**,可以設定為靠左浮動或靠右浮動,如同我們常見的文繞圖片排版,任何元素都是可以浮動的,可以使用的值有 **left (靠左浮動)**、**right (靠右浮動)**、**none (預設值,不浮動)**。語法如下:

```
float: left;
```

clear (清除浮動) 屬性可以用來**清除float屬性的作用**，可以使用的值有**left (消除左邊的浮動)、right (消除右邊的浮動)、both (消除左邊及右邊的浮動)、none (不消除任何一邊的浮動)**，語法如下：

```
clear: left;
```

9-3-3 position屬性

position (定位元素) 屬性可以**用來設定網頁元件要在網頁的哪個位置呈現**。預設狀態下物件的位置是依據資料流排列，也就是跟隨資料排列，如果對物件加入了不同的position之後，就能改變物件所參考的空間對象，然後改變物件的位置。position屬性可以設定的值如下表所列。

值	說明
absolute	絕對位置，元素會被放在瀏覽器內的某個位置(依top、bottom、left及right的值而定)。當使用者將網頁往下拉時，元素也會跟著改變位置。
relative	相對位置，元素被放的地方會與預設的地方有所不同，會依照top、bottom、left及right的值而定。
fixed	元素會被放在瀏覽器內的固定位置(依top、bottom、left及right的值而定)，當網頁捲動時，物件位置不會改變。
sticky	黏貼定位，結合了relative及fixed的特性，預設下，元素會被當作relative，捲動頁面時元素會跟著父元素一起捲動，但是當元素與視窗的距離小於指定的數值時，元素則會轉換為fixed。sticky必須指定top、bottom、left、right值之一，否則只會處於相對定位。
static	預設值，物件會由上到下依序顯示。

top、right、bottom、left這四個方向性的屬性，主要是用來**定義元素的位置要從什麼方向起算延伸**。

9-3-4 z-index屬性

z-index (重疊順序) 屬性可以**控制物件的堆疊順序**，z代表z軸(立體空間)，將重疊的元素依照需求進行層疊排序，數字越大物件將越上層，上層的物件可以覆蓋下層的物件。

使用**z-index屬性時，必須要有position屬性，且值要是relative或absolute**，z-index才會有作用，可使用的值**auto** (預設值，推疊的順序與父層一樣)、**數字**(根據數字決定堆疊順序，數字越大代表越上層)及**inherit** (繼承自父層的堆疊順序)。

若要做出堆疊效果，可以先透過 position 屬性來指定物件位置使其重疊在一起，再使用 z-index 做出堆疊效果。語法如下：

```
.box1 {
    position: relative;
    z-index: 2;       /*因為box1的值比box2的值大，所以box1會在上層*/
}
.box2 {
    position: relative;
    z-index: 1;
}
```

9-3-5　範例實作

在 **ex09-03\ex09-03.html** 範例中，要使用 position 屬性的 relative 及 absolute 進行圖片的編排，先設定 div 選取器的的位置與寬度，再設定 img 選取器的寬度與高度，讓它能貼齊 div，接著設定 textbox 選取器的位置、高度、邊界、背景色彩及文字色彩等，這樣就可以呈現出將文字加入照片中的效果。

01 開啟網頁文件，進入 **CSS 設計工具**面板中，在**來源**窗格中點選要建立樣式的來源檔案，於**選取器**窗格中建立「div」選取器。

02 進入 版面群組中，將 **width** 設定為 **1200px**；將 **margin** 設為 **10px auto**；將 **position** 設為 **relative**；將 **position** 的 **top** 設為 **10px**。

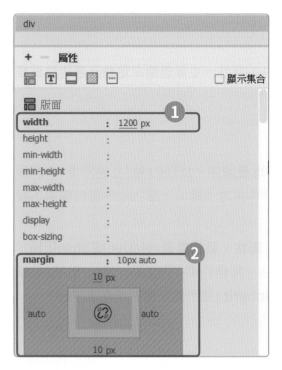
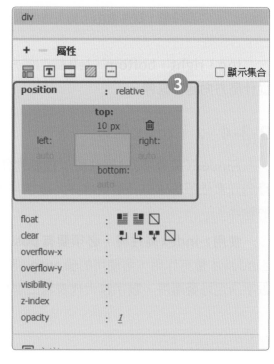

03 於**選取器**窗格中建立「img」選取器,將 **width** 設定為 **100%**;將 **height** 設定為 **auto**。

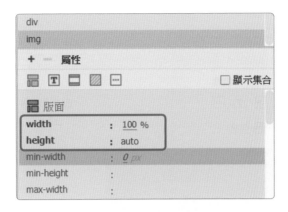

04 於**選取器**窗格中建立「.textbox」選取器,將 **position** 設為 **absolute**;將 **top** 設為 **10%**,這樣就會下移 div 高度的 10%;將 **right** 設為 **0**,這樣就會貼齊在 div 的右側;將 **padding** 設為 **0.5em 1em**;將 **margin** 設為 **2em 0**;將 **background** 設為 **#2f2f2f**;將 **border-left** 設為 **solid 10px #fed85c**。

05 於**選取器**窗格中建立「.font1」選取器，將 **margin-top** 設為 **0**；將 **font-size** 設為 **3rem**；將 **letter-spacing** 設為 **2px**；將 **color** 設為 **white**；將 **text-align** 設為 **center**。

06 「.textbox」與「.font1」選取器都設定好後，再將 p 元素加入這二個選取器。

07 設定好後，按下 **F12** 鍵，預覽設定結果。將「.textbox」選取器的 **position** 設為 **absolute** 時，在照片上的文字框就會隨著畫面捲動而跟著捲動。

▲ 最後結果請參考 ex09-03\ex09-03-ok.html

08 若將「.textbox」選取器的 **position** 設為 **fixed** 時，在照片上的文字框就會固定在同一個位置，不管如何捲動畫面，它都會在那裡。

9-4　彈性版面

CSS提供了彈性版面，可以輕鬆編排出網頁版面，這節就來學習如何使用吧！

9-4-1　彈性版面的屬性

這小節將介紹與彈性版面相關的屬性。

flexbox屬性

flexbox（彈性版面）屬性可以完成大部分的網頁版面編版，常用於導覽列等直向、橫向排列，能夠輕鬆地讓元素在各種螢幕尺寸下適應排版方式。

要製作彈性版面時，**要先在display屬性中宣告為flex或inline-flex**，被宣告的對象會成為彈性容器，並且建立彈性環境，子層則變成彈性項目，並包在彈性容器中。

```
.container {
    display: flex;            /*宣告為彈性版面*/
}
```

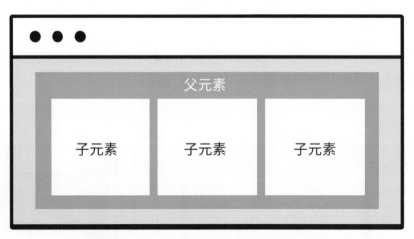

▲ 一個包含三個子元素的彈性容器（藍色區塊）

flex-direction屬性

flex-direction（堆疊方向）屬性可以**設定容器想要堆疊子元素的方向**，可設定從上到下、從下到上、從左到右及從右到左等方向，語法如下：

```
.flex-container {
    display: flex;
    flex-direction: column;        /*垂直堆疊彈性項目(從上到下)*/
}
```

```
.flex-container {
    display: flex;
    flex-direction: column-reverse;    /*垂直堆疊彈性項目(從下到上)*/
}
.flex-container {
    display: flex;
    flex-direction: row;               /*水平堆疊彈性項目(從左到右)*/
}
.flex-container {
    display: flex;
    flex-direction: row-reverse;       /*水平堆疊彈性項目(從右到左)*/
}
```

flex-wrap屬性

　　flex-wrap (換行)屬性可**設定子元素是否應該換行**,可使用的值有wrap(自動換行,由上往下排列)、wrap-reverse(自動換行,由下往上排列)及nowrap(不會換行,預設值)。語法如下:

```
.container {
    display: flex;
    flex-wrap: wrap;            /*會在排列到父元素的邊緣時,由上往下排列自動換行*/
}
```

flex-flow屬性

　　flex-flow (彈性版面速記)屬性是整合flex-direction及flex-wrap的寫法,語法如下:

```
.container {
    display: flex;
    flex-flow: row wrap;
}
```

justify-content屬性

　　justify-content (水平對齊)屬性可以**設定子元素的水平對齊方式**,語法如下:

```
justify-content: start;              /*靠左對齊,預設值*/
justify-content: end;                /*靠右對齊*/
justify-content: center;             /*置中對齊*/
justify-content: space-between;      /*左右對齊*/
justify-content: space-around;       /*分散對齊*/
```

align-items屬性

align-items (垂直對齊) 屬性可以**設定子元素的垂直對齊方式**，語法如下：

```
align-items: stretch;       /*延伸，會根據父元素高度或內容最多的子元素高度，預設值*/
align-items: flex-start;    /*靠上對齊，從父元素的起始位置開始排列*/
align-items: flex-end;      /*靠下對齊，從父元素的終點開始排列*/
align-items: center;        /*置中對齊，對齊垂直置中的位置*/
align-items: baseline;      /*基線對齊，對齊內容的基線*/
```

align-content屬性

align-content (垂直方向對齊) 屬性**可以在子元素橫跨多行時設定垂直方向的對齊方式**，不過，當父元素設定為nowrap時，子元素會變成一行，則align-content屬性就會無效。語法如下：

```
align-content: stretch;      /*延伸，預設值*/
align-content: flex-start;   /*靠上對齊，從父元素的起始位置開始排列*/
align-content: flex-end;     /*靠下對齊，從父元素的終點開始排列*/
align-content: center;       /*置中對齊，對齊垂直置中的位置*/
align-content: between;      /*上下對齊*/
align-content: around;       /*分散對齊，所有的子元素都等距排列*/
```

彈性容器中的子元素的屬性

上述的屬性都是彈性容器的屬性，而子元素的屬性則如下表所列。

屬性	說明
order	可以重新定義元件的排列順序，順序會依據數值的大小排列，每個子元素預設的order為0，可以為負數。
flex-grow	可以設定一個子元素相對於其他子元素的伸展的比例。
flex-shrink	可以設定一個子元素相對於其他子元素的壓縮的比例。
flex-basis	為子元素的基本大小，預設值為0。
flex	是flex-grow、flex-shrink及flex-basis屬性組合的簡寫，若flex只填了一個值，則代表是伸展比例，若填三個值，則依序代表伸展比例、壓縮比例及基本比例，例如：flex: 10 100px;。
align-self	可以個別設定子元素在交錯軸線的位置，與align-item相同。若已經在父元素上設定align-item，但要其中一個子元素的位置需要調整成其他對齊方式時，就可以針對該元素設定align-self，以覆寫原本align-item的屬性。

例如：下列語法有藍、綠兩個區塊在黃色區塊內，將同樣屬性的子元素放到兩個不同寬度的父元素，藍色區塊在父元素寬度足夠的情況下，延展的比例只有1，而綠色則分配到2，所以綠色總長度會比藍色多；藍色區塊在父元素寬度不足的情況下，縮小的比例只有1，而綠色則分配到2，所以藍色的總長度會比綠色多。

```
.blue{
    flex-grow: 1;          /*伸展比例*/
    flex-shrink: 1;        /*壓縮比例*/
    flex-basis: 100px;     /*基本比例*/
}
.green{
    flex-grow: 2;          /*伸展比例*/
    flex-shrink: 2;        /*壓縮比例*/
    flex-basis: 100px;     /*基本比例*/
}
```

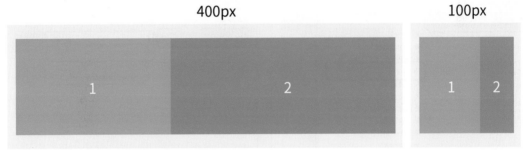

9-4-2　四欄相片庫網頁製作

在 **ex09-04\ex09-04.html** 範例中，要使用flexbox彈性版面，建立四欄的相片庫網頁。沒有使用flexbox彈性版面時，網頁中的圖片會依據資料流排列，如下圖所示。

01 開啟網頁文件，進入 **CSS 設計工具**面板中，在**來源**窗格中點選要建立樣式的來源檔案，於**選取器**窗格中建立「.row」選取器。

02 因為在 display 中並沒有 flex 的值可以選擇，所以要自行新增該屬性，在**更多**中的**新增屬性**欄位，輸入 **display**，再到值欄位輸入 **flex**，若在選單中有可以選擇的值，就直接點選即可。

03 接著再繼續新增 **flex-wrap** 屬性，並將值設定為 **wrap**。

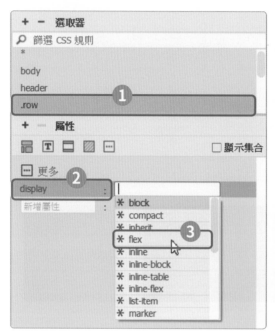 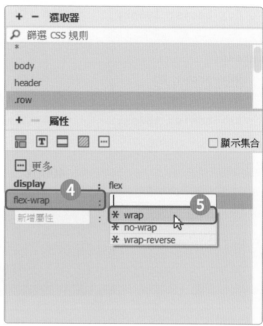

04 進入 版面群組中，將 **padding** 設為 **0 4px**。

05 於**選取器**窗格中建立「.column」選取器，並設定以下屬性。

```
flex: 25%;
max-width: 25%;
padding: 0 4px;
```

06 於**選取器**窗格中建立「.column img」選取器，並設定以下屬性。

```
margin-top: 8px;
vertical-align: middle;
```

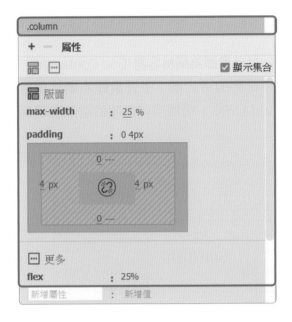 

07 完成以上設定後，按下 **F12** 鍵，預覽設計結果。使用了彈性版面後，所有圖片就
會以四欄呈現。

▲ 最後結果請參考 ex09-04\ex09-04-ok.html

9-5 Grid網格系統

CSS提供了Grid網格系統，可以快速地製作出網頁版面，這節就來學習吧！

9-5-1 Grid基本知識

Grid與flexbox一樣，要有父元素及子元素，**父元素即為網格容器**(Grid Container)，用該容器包覆整體，再於父元素中置入要水平排列的子元素，**子元素即為網格項目**(item)，將網格劃分為區塊的線稱為**網格線**(Grid Line)，網格項目之間的空隙則稱為**項目間隔**(Gap)。

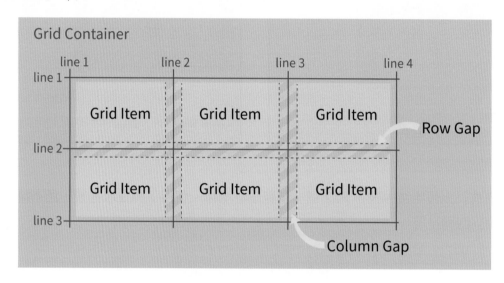

要使用網格布局網頁時，要先**在display屬性中宣告為grid或inline-grid**，被宣告的對象會成為網格容器，子層則變成網格項目，並包在網格容器中。

```
.container {
    display: grid;          /*宣告為網格版面*/
}
```

9-5-2 Grid Container

Grid Container的屬性有grid-template、grid-template-columns、grid-template-rows及grid-template-area等，分別說明如下。

grid-template-columns屬性

grid-template-columns屬性可以**設定子元素的寬度**，在同行內有多個子元素時，就用半形空格隔開需要的子元素數量，並指定每個子元素的寬度。下列語法是一行排列4個子元素，每個元素的寬度為250px。

```
.container {              /*子元素會水平排列,四欄*/
    display: grid;
    grid-template-columns: 250px 250px 250px 250px;
}
```

設定時,還可以將線命名,名字加在數值前,語法如下:

```
grid-template-columns: [line1]40px [second-line]25%;
```

設定大小時,可以使用px、em、rem、%、auto、fr等單位,還可以混用,例如:grid-template-columns: 100px 3em 40%。

fr是一個特別的單位,指的是**fraction(比例)**,可以用比例來設定父元素對應子元素的大小,這樣子元素就**會依畫面的寬度自動縮放,1 fr是指一個格線單位**。例如:版面要分兩個欄,一個欄位是三分之一,另一個就是三分之二,語法如下:

```
.container {
    display: grid;
    grid-template-columns: 1fr 2fr;
}
```

grid-template-rows屬性

grid-template-rows屬性可以設定子元素的高度,若有多列,就用**半形空格隔開需要的子元素數量**,語法如下:

```
.container {
    display: grid;
    grid-template-columns: 250px 250px 250px 250px;
    grid-template-rows: 250px 250px 250px 250px;
}
```

設定grid-template-columns與grid-template-rows時,也可以使用**repeat(數量,值)**來撰寫,語法如下:

```
.container {
    display: grid;
    grid-template-columns: repeat(5,1fr);      /*重複5次1fr*/
    grid-template-rows: repeat(5,20%);
}
```

也可以撰寫成下列語法,表示有10欄,第一欄是250px,最後一欄依內容決定。

```
grid-template-columns: 250px repeat(4, 1fr 2fr) auto;
```

也可以使用 **minmax** 指定最小值及最大值,語法如下:

```
.container {
    display: grid;
    grid-template-rows: minmax(50px, 100px);
    grid-template-columns: minmax(50px, 100px);
}
```

grid-template屬性

grid-template 屬性可以**定義版型的結構**,分別由 column 及 row 定義出直排與橫列的格線,項目再依格線安排。撰寫語法時可以結合 grid-template-column 及 grid-template-row 屬性,語法如下:

```
/*三列網格布局,其中第一行高250像素*/
grid-template: 250px / auto auto auto;
/*列(row)線的間距 /欄(column)線的間距*/
grid-template: 5px 40px auto 40px 5px / 40px 25% 2fr fr;
```

grid-template-area屬性

grid-template-area 屬性可以**設定區塊在 template 上的位置**,並單獨定義每一格的名字,接受一個或多個字串作為值,每個字串(用引號括起來)代表一行。定義完後,子元素的 class 必須加入 grid-area 指定區塊,使用「.」可以留空區塊。語法如下:

```
.container {
    display: grid;
    grid-template-columns: 0.25fr 0.25fr 0.25fr 0.25fr;
    grid-template-rows: auto;
    grid-template-areas:
        "header header header"          /*代表header要占據三行*/
        "main main . sidebar"           /*代表main占兩行,而sidebar占一行*/
        "footer footer";                /*代表footer占兩行*/
}
```

grid-auto-flow屬性

grid-auto-flow 屬性可以**設定排列的順序**,row 預設的排序方式為先欄後列;column 為先排列,後排欄位;dense 為自動填滿的關鍵字,會依照排序方式,盡量填滿容器,語法如下:

```
container {
    grid-auto-flow: row dense;
}
```

9-5-3　Grid Item

　　Grid Item (容器項目) 就是網格系統內的區塊元件。Grid Item 的屬性基本上有 grid-column-star、grid-column-end、grid-row-start 及 grid-row-end，也可以簡化成 grid-column 及 grid-row，這些屬性可以指定子元素的位置。

grid-column-start、grid-column-end、grid-row-start及grid-row-end屬性

　　grid-column-start 屬性可以設定欄位開始的格線的位置；grid-column-end 屬性可以設定欄位結束的格線的位置；grid-row-start 屬性可以設定列開始的格線的位置；grid-row-end 屬性可以設定列結束的格線的位置。

　　grid-column-start、grid-column-end、grid-row-start 及 grid-row-end 屬性可以使用以下四種值來設定：

● line：對照到 Grid Container 中定義的線，可以是數字或名字。

● span [number]：所占用的欄位數，只能是正數，方向都是由左至右、由上而下。

● span [name]：item 所在的 grid 名稱。

● auto：自動。

　　語法如下：

```
.item {
    grid-column-start: 2;          /*起始線從第2條開始*/
    grid-column-end: 4;            /*終點線從第4條結束*/
    grid-row-start: span 4;        /*從起始線1的位置開始占4格的空間*/
    grid-row-end: auto;            /*不設定終點線*/
}
```

grid-column及grid-row屬性

　　若使用 grid-column 及 grid-row 屬性簡化語法時，要使用**斜線 (/) 隔開屬性**。語法如下：

```
.item {
    grid-column: span 2 / span 2;       /*占用兩個column及兩個row*/
}
```

grid-area屬性

grid-area屬性可以一次將row及column的位置指定完成，順序為**row_start**→**column_start**→**row_end**→**column_end**，語法如下：

```
.item {          /*item從第2行第1列開始，跨越2行和3列*/
   grid-area: 2 / 1 / span 2 / span 3;
}
```

grid-area屬性除了使用格線的位置來指定外，也可以放在某個命名的位置上，語法如下：

```
.item1 { grid-area: header; }
.item2 { grid-area: main; }
.item3 { grid-area: footer; }
```

gap屬性

gap屬性可以用來**設定子元素之間的空隙寬度**，設定的寬度只會套用在子元素彼此之間的空隙，所有子元素上下左右仍會貼齊父元素格線容器的外框。語法如下：

```
.container {
   display: grid;
   grid-area: 2 / 1 / span 2 / span 3;
   gap: 5px 10px;           /*row的間隔，column的間隔*/
}
```

grid-gap是row-gap（設定列之間的間距尺寸）及column-gap（欄之間的間距尺寸）的簡化，撰寫語法時也可以分開撰寫，語法如下：

```
.item {
   row-gap: 5px;
   column-gap: 5px;
}
```

9-5-4　Grid的排序與各種對齊方式

在grid容器元素上使用**justify-items**屬性可以設定所有的grid子元素在**水平線（主軸）上的對齊方式**，而使用**align-items**屬性可以設定所有的grid子元素在**垂直線（交叉軸）上的對齊方式**。若只想要改變某個grid元素的對齊方式，可以使用**justify-self**及**align-self**屬性。使用方式大致都與flex排版的原理相通。

9-5-5　網格系統範例

在 **ex09-05\ex09-05.html** 範例中，使用了網格系統建構了網頁版面，版面規劃如下圖所示。

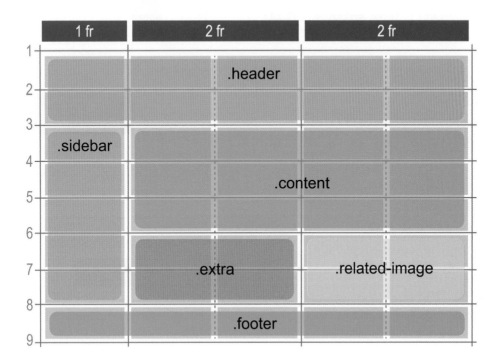

▼ ex09-05\ex09-05.css

```
.container {
   display: grid;
   grid-template-columns: 1fr 2fr 2fr;
   grid-column-gap: 15px;
   grid-row-gap: 15px;
}
.grid {
   padding: 25px;
   font-size: 2rem;
}
.header {
   grid-column: 1 / 4;
   grid-row: 1 / 3;
   background-image: url("img/header.jpg");
   background-size: cover;
   min-height: 300px;
}
```

```
.sidebar {
    grid-column: 1 / 2;
    grid-row: 3 / 8;
    background-color: #B5B7B7;
    border-left: 10px solid #7B7B7A;
}
.content {
    grid-column: 2 / 4;
    grid-row: 3 / 6;
    background-color: #fff;
    border-left: 10px solid #7B7B7A;
}
.extra {
    grid-column: 2 / 3;
    grid-row: 6 / 8;
    background-color: #96C4C4;
}
.related-image {
    grid-column: 3 / 4;
    grid-row: 6 / 8;
    background-image: url("img/photo1.jpg");
    background-size: cover;
}
.footer {
    grid-column: 1 / 4;
    grid-row: 8 / 9;
    background-color: #0F3A3A;
    font-size: 1rem;
    text-align: center;
    color: #fff;
}
```

💬知識補充：Grid生成器

網路上有許多 Grid 生成器，可以輕鬆又快速地生成出想要的網格布局，並產生對應的 CSS 語法及 HTML 語法，以下列出幾個網站，可以自行上網試試。

● Grid It! (https://ahmedm1999.github.io/Grid_it_css_grid_seystem_generator/)
● CSS Grid Generator(https://cssgrid-generator.netlify.app)
● Layoutie! (https://grid.layoutit.com)
● Vue Grid Generator (https://vue-grid-generator.netlify.app)

.header

極致機械工藝聯盟

.content

具有較純熟專業技能的人，我們通稱為**職人**或**匠人**，而這些職人往往因為專注於技術上的熟練，往往對於經營和銷售概念較薄弱，常常發生的狀況是：技術越來越好，但忽略了所製造的商品或物件，比較無法符合市場需求。職人專家通常在家裡或工作室獨自一人採購材料，自己完成整個作品，又要想辦法自己拿去賣，多重不同領域工作卻一人完成，這往往忽略或省略掉很多環節，最缺乏的是產業化，經濟模式靠滾動，鏈結上中下游的方式，可以帶動更多更有效率及產值更高的商業交易。

「**極致機械工藝聯盟 Major League of Mechanical Art TAIWAN**」於2006年，初始於桃花緣設計，在二十年前，有幸參與國家計劃，在歐洲習得文化創意產業的經驗模式，並深耕在地，延續對於機械工藝美學的熱誠與執著，在2019年正式以品牌及直營方式，並計畫籌組「極致機械工藝聯盟」，旨在連結國內金屬相關加工職人及團隊，全面串聯專精於特色及個性商品之各領域專業職人，展開完整的經營計畫，深探臺灣技職及人才水準與國際接軌，提供交流互助與展示舞台，促使新一代年輕力量無懼地跟進與傳承，讓臺灣的美好持續發生，能量推向世界，發光發熱。

我們持續發揮高度創意，並表達我們對設計和極致工藝的熱愛，研究探索及創新技術，將歷經20年所累積的創作能量及創造力，開發以生活型態為主軸的個性及特色商品，範圍擴及生活用品，汽機車文化精品，生活美學，家具家飾，皮件金工，時尚美型生活，傳統工藝，工匠手作，創客空間，裝置藝術，極致工藝，冀能將文化熔合創意及技術，帶來更豐富的生活美學及樂趣。

首頁

關於聯盟

聯盟成員

聯盟活動

.sidebar

任務

.extra

尋找臺灣創新力個體

定義全新產業發展趨勢

串連與結合

建立平台

教育與傳承

.related-image

.footer　Copyright © 極致機械工藝聯盟 All Rights Reserved.

知識補充：**GRID GARDEN網站**

GRID GARDEN網站提供了 css grid 的小遊戲，透過設定格線來澆花及除草，讓你一步一步了解grid的用法。

9-6 媒體查詢

媒體查詢 (Media Queries) 可以根據不同媒體類型，定義不同的樣式，常被應用到 RWD 設計上，這節就來學習媒體查詢吧！

9-6-1 加入媒體查詢

加入媒體查詢時，可以指定媒體的類型，常見的有 **all (全部)**、**screen (螢幕)**、**print (印表機)**、**tv (電視)**、**speech (朗讀裝置)** 等，而智慧型手機、平板電腦、筆電及桌上型電腦都被定義為「screen」。

在 HMTL 中可以使用下列三種方式加入媒體查詢的功能，設定時，還可以使用 **not**、**and**、**only** 等來設定條件。

● 直接在 CSS 中定義

```
@media screen {
    * { font-family: sans-serif; }
}
/*如果螢幕寬度為768px以下，就套用CSS設定*/
@media screen and (max-width:768px) { .... }
/*如果螢幕寬度為400px以上且768px以下，就套用CSS設定*/
@media screen and (min-width: 400px) and (max-width: 768px) { .... }
/*如果是彩色螢幕或彩色投影機設備，就套用CSS設定*/
@media screen and (color), projection and (color) { .... }
/*如果是彩色螢幕不套用CSS設定，印表機才套用*/
@media not screen and (color), print and (color) { .... }
```

● 在 CSS 內使用 @import 的方式

```
/*在螢幕寬度500px以上，就會匯入 font.css*/
@import url(font.css) screen and (min-width: 500px);
```

● 在 HTML 中匯入外部樣式檔

```
/*當螢幕寬度在400px~700px之間，就會使用style.css檔案*/
<link rel="stylesheet" media="screen and (min-width: 400px)
and (max-width: 700px)" href="style.css" />
/*支援的瀏覽器，如果是彩色螢幕，就會讀取style.css；不支援媒體查詢，但支援媒體類型
  的瀏覽器，都不會讀取style.css*/
<link rel="stylesheet" type="text/css" href="style.css" media="only
screen and (color)">
```

9-6-2 媒體特徵

有了裝置類型之後，還可以更進一步取得裝置的屬性特徵，這樣就可以進行更多判斷。在撰寫特徵時，必須要**使用括號( )包覆**。特徵大致可分視窗或頁面尺寸、顯示品質、顏色、互動等，由於特徵眾多這裡就不全部介紹，下表列出一些常用的特徵。

特徵	說明
width	螢幕寬度，max-width (最大寬度) 及 min-width (最小寬度)。
height	螢幕高度，max-height (最大高度) 及 min-height (最小高度)。
aspect-ratio	螢幕長寬比例，寫法格式為「長/寬」，如1680/720。 可寫成 max-aspect-ratio (最大長寬比) 或 min-aspect-ratio (最小長寬比)。
orientation	螢幕旋轉方向，portrait (直向) 及 landscape (橫向)。
device-height	裝置螢幕高度，max-device-height (裝置螢幕高度小於或等於) 及 mindevice-height (裝置螢幕高度大於或等於)。
device-width	裝置螢幕寬度，max-device-width (裝置螢幕寬度小於或等於) 及 mindevice-width (裝置螢幕寬度大於或等於)。
resolution	解析度，單位為dpi、ppx等，max-resolution (最大解析度) 及 minresolution (最小解析度)。

9-6-3 用媒體查詢設計RWD版面

在 **ex09-04.html** 範例中，使用彈性版面製作了相本網頁，但該網頁在視窗縮放時，始終維持四欄，圖片並不會隨著視窗大小不同而排版不同，若要改善這個問題，就要使用**媒體查詢**功能，加入媒體查詢後，網頁就能實現RWD的呈現方式。

Dreamweaver提供了「視覺媒體查詢列」及「CSS設計工具」來加入媒體查詢的設定。這裡請開啟 **ex09-04\ex09-04-ok.html** 檔案練習。

01 開啟網頁文件，進入即時檢視模式中，在尺規上按下 ▼ 按鈕，新增媒體查詢。

02 點選後，會開啟選單，在 **max-width** 中設定寬度，並選取要加入媒體查詢的 CSS 來源，設定好後按下**確定**按鈕，便會加入媒體查詢的相關語法。

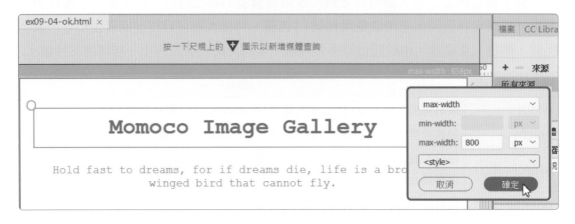

03 利用相同方式再建立一個媒體查詢。建立好後在視覺媒體查詢列會出現綠色色塊，表示具有 max-width 條件的媒體查詢；藍色表示具有 min-width 和 max-width 條件的媒體查詢；紫色表示具有 min-width 條件的媒體查詢。

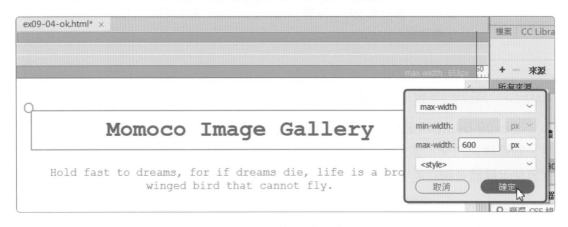

04 接著進入程式碼檢視模式中，設定媒體查詢的條件，首先設定「如果螢幕最大寬度為 800px 以下時就改為兩欄顯示」；另一個為「如果螢幕寬度為 600px 以下時，兩欄彼此堆疊顯示」。

```
63 ▼ @media (max-width:800px){
64 ▼     .column {
65           flex:50%;
66           max-width:50%;
67       }
68   }
69
70 ▼ @media (max-width: 600px){
71 ▼     .column {
72           flex:100%;
73           max-width:100%;
74       }
75   }
```

如果螢幕寬度為800px以下，就改為兩欄

如果螢幕寬度為600px以下，兩欄彼此堆疊

05 設定好後，回到即時檢視模式中，可以在視覺媒體查詢列上切換不同螢幕寬度來檢視設計結果。

按一下中斷點，即可以600px檢視頁面，而文件會自動貼齊中斷點，當螢幕寬度為600px以下，兩欄會彼此堆疊，也就是以一欄方式呈現

也可以拖曳此鈕到所要的中斷點，預覽設計結果

按一下800px中斷點，即可以800px檢視頁面，原先的四欄會改為兩欄

06 設定好後，按下 **F12** 鍵，預覽設定結果。

▲ 最後結果請參考 ex09-04\ex09-04-rwd.html

要設定媒體查詢時，也可以在 **CSS 設計工具**面板中進行，只要在 **@媒體**窗格中按下**＋**按鈕，即可建立媒體查詢。

● ● ● ● 自我評量

● 選擇題

( ) 1. 下列關於盒子模型(Box Model)的說明，何者不正確？ (A)盒子模型由內而外分別是內容(content)、內邊距(padding)、邊框(border)、外邊距(margin) (B) padding是內容與外框的留白距離，介於content與border之間的部分 (C) margin的距離，包含在width與height範圍內 (D)框線(border)會影響當初所設定的盒子模型大小寬度與高度。

( ) 2. 下列哪個屬性可以設定元素顯示的方式？ (A) box-sizing (B) display (C) z-index (D) position。

( ) 3. 下列關於各屬性的說明，何者不正確？ (A) clear屬性可以將區塊設定為浮動 (B) visibility屬性可以設定元素要顯示或隱藏 (C) z-index屬性可以控制物件的堆疊順序 (D) position屬性可以用來設定網頁元件要在網頁的哪個位置呈現。

( ) 4. 「position:absolute」語法表示？ (A)元素會被放在瀏覽器內的固定位置，當網頁捲動時，物件位置不會改變 (B)物件會由上到下依序顯示 (C)元素會被放在瀏覽器內的某個位置，當使用者將網頁往下拉時，元素也會跟著改變位置 (D)黏貼定位。

( ) 5. 下列關於彈性版面的說明，何者不正確？ (A)要製作彈性版面時，要先在display屬性中宣告為flex或inline-flex (B) flex-direction屬性可以設定容器想要堆疊子元素的方向 (C) flex-wrap屬性可設定子元素是否應該換行 (D) justify-content屬性可以設定子元素的垂直對齊方式。

( ) 6. 下列哪個屬性可以設定子元素的垂直對齊方式？ (A) justify-content (B) align-items (C) align-content (D) flex-grow。

( ) 7. 下列關於Grid網格系統的說明，何者不正確？ (A) Grid要有父元素及子元素 (B)要使用網格布局網頁時，要先在display屬性中宣告為grid或inline-grid (C) grid-area屬性可以用來設定子元素之間的空隙寬度 (D)可以用fr單位來設定父元素對應子元素的大小。

( ) 8. 使用grid-template-columns屬性時，可以使用下列哪個單位來依比例設定父元素對應子元素的大小？ (A) px (B) % (C) em (D) fr。

( ) 9. 下列哪個屬性可以設定子元素之間的空隙寬度？ (A) gap (B) row (C) column (D) area。

( ) 10. 下列關於媒體查詢的敘述，何者不正確？ (A)加入媒體查詢時可以指定媒體的類型 (B)使用「orientation」可以指定螢幕長寬比例 (C)「@media screen and (max-width:768px)」語法表示「如果螢幕寬度為768px以下，就套用CSS設定」 (D)「@media screen and (min-width: 400px) and (max-width: 768px)」語法表示「如果螢幕寬度為400px以上且768px以下，就套用CSS設定」。

● 實作題

1. 請使用網路上的 Grid 生成器，生成出自己想要的網格布局，並製作成網頁。

⇨ 使用「Layoutit!」生成了以下的網格布局 (https://grid.layoutit.com)。

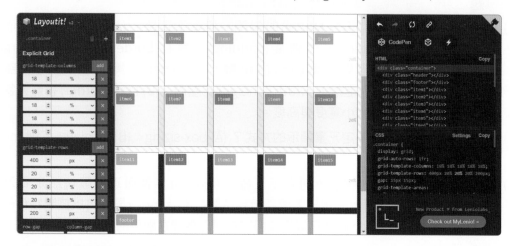

⇨ 製作成網頁

使用範本製作網頁

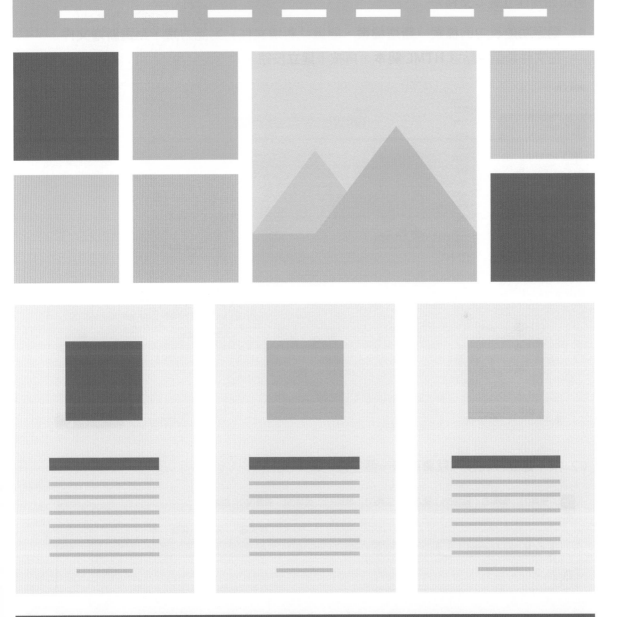

10-1 製作範本

Dreamweaver提供了範本功能，使用者可以使用範本製作相同版面的網頁，這節就來看看該如何製作範本。

10-1-1 建立範本文件

製作範本時，可以直接建立一份新的範本文件，再進行範本的設計，這裡就來看看該如何建立範本文件。

01 點選功能表中的**檔案→新增檔案**，開啟「新增文件」對話方塊，點選**新增文件**，在文件類型中點選 **HTML 範本**，再按下**建立**按鈕。

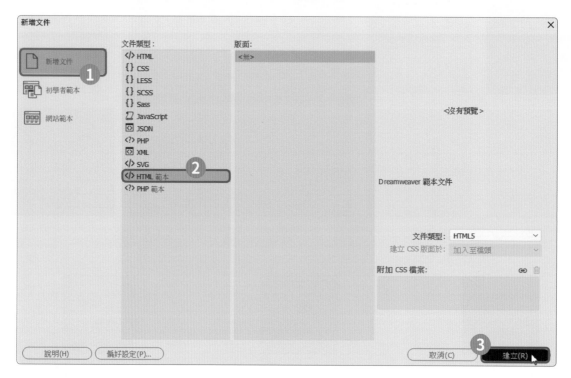

02 按下**建立**按鈕後，就會新增一個空白的範本文件。

03 在範本檔案中會加入辨識範本的註解，此註解是 Dreamweaver 辨識此為範本檔案的註解，若刪除就無法正確辨識。

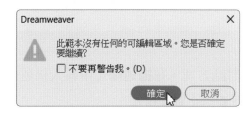

```
<<範本>> Untitled-1 ×
 1   <!doctype html>
 2 ▼ <html>
 3 ▼ <head>
 4   <meta charset="utf-8">
 5   <!-- TemplateBeginEditable name="doctitle" -->
 6   <title>無標題文件</title>
 7   <!-- TemplateEndEditable -->
 8   <!-- TemplateBeginEditable name="head" -->
 9   <!-- TemplateEndEditable -->
10   </head>
```

04　建立好範本檔案後，點選功能表中的**檔案→另存新檔**，會出現「此範本沒有任何的可編輯區域。您是否確定要繼續？」的訊息，這是因為該範本文件中，還沒有設定可編輯區域，這裡請直接按下**確定**按鈕。

05　開啟「另存新檔」對話方塊後，Dreamweaver 會自動在目前所在的網站位置建立一個「Templates」資料夾，並將檔案存放於此資料夾內，建立後勿將範本檔案移出該資料夾，或將任何非範本檔案放在資料夾中，也不能移動資料夾位置，否則將會造成範本中的路徑錯誤，接著輸入檔案名稱 (範本預設的副檔名為「.dwt」)，按下**存檔**按鈕，完成儲存的動作。

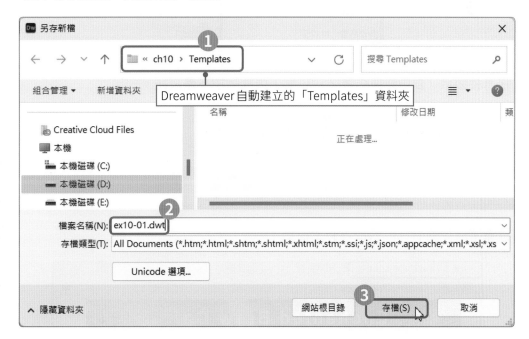

10-1-2 使用現有的文件建立範本

　　建立範本時，也可以將現有的網頁文件轉換為範本，並設定可編輯區域及選擇性區域等。這裡請開啟 **ex10-02\ex10-02-t.html** 檔案進行練習。

01 開啟網頁文件，進入設計檢視模式，點選功能表中的**插入→範本→製作範本**，或是在「插入」面板的「範本」類別中，點選**製作範本**選項。

02 開啟「另存成範本」對話方塊，在**描述**欄位中輸入描述內容；在**另存新檔**欄位中輸入檔案名稱，設定好後按下**儲存**按鈕。

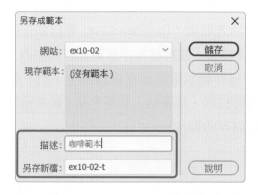

03 接著會顯示「要更新連結嗎？」訊息，這裡請按下**是**按鈕。

04 就會將原先的 HTML 轉換為範本檔案。

05 接著先將檔案儲存，儲存時 Dreamweaver 會自動建立「Templates」資料夾，並將檔案存放於此資料夾內。

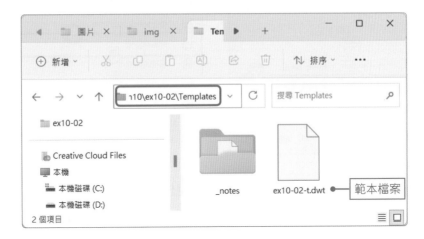

10-1-3　設定可編輯區域

可編輯區域是將網頁文件中的某部分設定為可編輯區域，而其他未設定的則為不可編輯的區域，一個範本檔案可設定多個可編輯區域。在 **ex10-02\Templates\ex10-02-t.dwt** 範例中，要將放置內容的某一個 section 標籤設定為可編輯區域。

01 開啟範本文件，進入設計檢視模式中，於「DOM」面板，選取 **section** 標籤。

02 點選功能表中的**插入→範本→可編輯區域** (Ctrl+Alt+V)，或是在「插入」面板的「範本」類別中，點選**可編輯區域**選項。

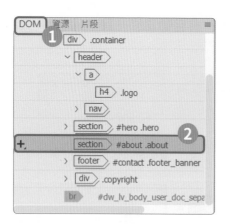
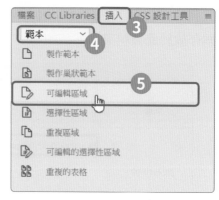

03 開啟「新增可編輯區域」對話方塊，在名稱欄位中輸入名稱 (不可使用特殊字元)，
輸入好後按下**確定**按鈕。

04 完成設定後，在文件中會以綠色框線標記可編輯區域，在左上角還會顯示可編輯
區域的名稱。最後點選功能表中的**檔案→儲存檔案** (Ctrl+S)，將範本儲存起來。

設定好可編輯區域後，若要移除，可以點選功能表中的**工具→範本→移除範本標記**，或是在綠色標記上按下滑鼠右鍵，於選單中點選**範本→移除範本標記**，便可移除標記。

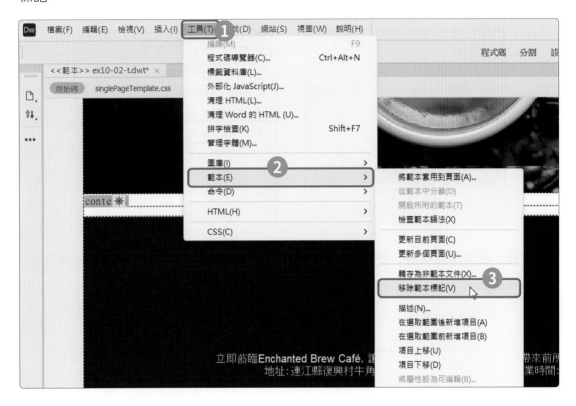

10-1-4 選擇性區域

選擇性區域是使用範本檔案建立頁面後，可以設定要顯示或隱藏此區域。這裡請繼續使用 **ex10-02\Templates\ex10-02-t.dwt** 範例，將 p 標籤設定為選擇性區域。

01 開啟範本文件，進入設計檢視模式中，於「DOM」面板，選取 **p** 標籤。

02 點選功能表中的**插入→範本→選擇性區域**，或是在「插入」面板的「範本」類別中，點選**選擇性區域**選項。

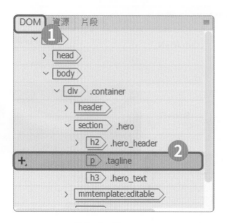 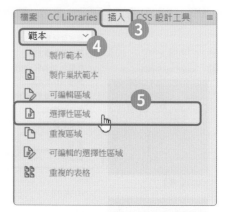

03 開啟「新選擇性區域」對話方塊，在名稱欄位中輸入名稱 (不可使用特殊字元)，將**預設顯示**勾選，再按下**確定**按鈕。

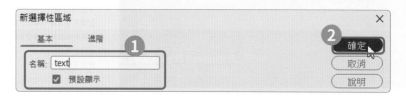

04 完成設定後，在 p 標籤上就會顯示「if text」字樣，表示這裡是選擇性區域。最後點選功能表中的**檔案→儲存檔案** (Ctrl+S)，將範本儲存起來。

10-1-5 可編輯的選擇性區域

選擇性區域可以控制要顯示或隱藏的內容，而若要設定顯示或隱藏該區域，並且可以編輯區域內容時，則可以使用「可編輯的選擇性區域」。這裡請繼續使用 **ex10-02\Templates\ex10-02-t.dwt** 範例，將 h3 標籤設定為可編輯的選擇性區域。

01 開啟範本文件，進入設計檢視模式中，於「DOM」面板，選取 **h3** 標籤。

02 點選功能表中的**插入→範本→可編輯的選擇性區域**，或是在「插入」面板的「範本」類別中，點選**可編輯的選擇性區域**選項。

03 開啟「新選擇性區域」對話方塊，在名稱欄位中輸入名稱（不可使用特殊字元），將**預設顯示**勾選，再按下**確定**按鈕。

04 完成設定後，在 h3 標籤上就會顯示「if title」及「EditRegion4」字樣。最後點選功能表中的**檔案→儲存檔案** (Ctrl+S)，將範本儲存起來。

10-2 使用範本製作網頁

範本建立完成後，即可開始使用範本製作網頁，這裡請繼續使用ex10-02\Templates\ex10-02-t.dwt範例，學習如何使用範本製作網頁。

10-2-1 在可編輯區域中加入內容

在範本中建立了可編輯區域後，就只能在此區域進行編輯的動作，這裡要使用ex10-02-t.dwt範本檔案建立一個新的頁面，並在可編輯區域中加入內容。

01 點選功能表中的**檔案→開新檔案** (Ctrl+N)，開啟「新增文件」對話方塊，點選**網站範本**，在網站選項中選擇網站，在網站的範本中選擇要使用的範本檔案，將**當範本改變後更新頁面**勾選，都設定好後，按下**建立**按鈕。

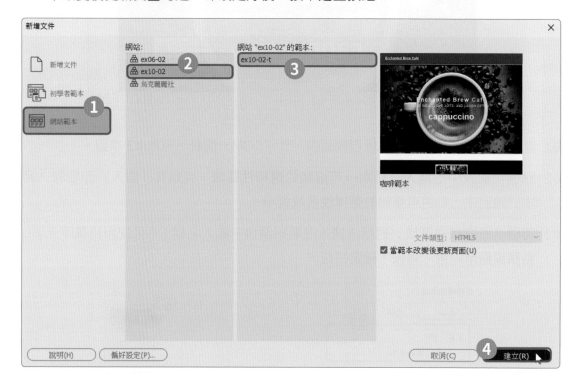

02 此時便會建立一個跟範本一模一樣的 HTML 檔案，接著先點選功能表中的**檔案→另存新檔** (Ctrl+Shift+S)，將檔案儲存起來。

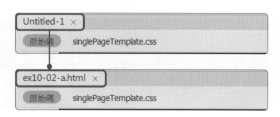

03 接著就可以開始在可編輯區域中建置內容，進入即時檢視模式中，會發現若選取可編輯區域之外的元素時，該元素會呈灰色狀態，且無法進行任何操作，而可編輯區域會以橘色外框標記。

04 首先在 section 中加入 h1 標籤，進入「插入」面板中的「HTML」類別，點選**標題：H1**，會顯示**之前、之後、換行、巢狀化**等四個按鈕，這裡請點選**巢狀化**，標籤就會插入到被選取標籤的下方，並顯示「這是版面 H1 標籤的內容」，刪除該文字後，輸入要呈現的內容即可。

05 在 h1 標籤下新增一個 p 標籤，並輸入文字，文字可使用虛文產生器來建立，文字輸入好後，再將該標籤加上「.text_column」類別。

06 再新增一個 p 標籤，同樣加上「.text_column」類別，並在 p 標籤中插入一張圖片 (cafe2_s.png)，將圖片加上「.cards」類別。

07 再新增一個 p 標籤，並輸入文字，將該標籤加上「.text_column」類別。

08 到這裡網頁內容就製作完成囉！將檔案儲存後，按下 **F12** 鍵，預覽設計結果。

在可編輯區域中加入的內容

10-2-2 將選擇性區域隱藏

範例中的 p 標籤是選擇性區域,這裡要將該區域隱藏起來。

01 點選功能表中的**編輯→範本屬性**,開啟「範本屬性」對話方塊,點選要設定的選擇性區域名稱,將**顯示 text** 勾選取消,設定好後按下**確定**按鈕。

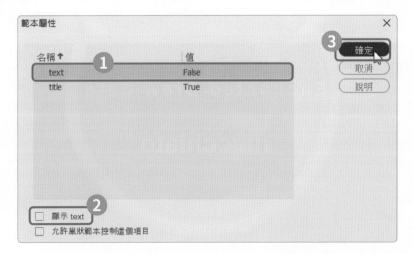

02 選擇性區域就會被隱藏。

10-2-3　修改可編輯的選擇性區域中的內容

　　範例中的h3標籤是可編輯的選擇性區域，表示可以將其隱藏起來，或是修改其中的內容。若要修改內容時，可進入設計檢視模式中，直接重新輸入內容即可。

　　最後，以相同方式建立其他網頁，並設定是否隱藏或修改選擇性區域。最後的結果可以參考 **ex10-02-ok** 資料夾內的檔案，我們使用範本製作了三個網頁。

10-2-4 修改範本

使用範本的好處就是，當修改共同部分時，只要修改範本，其他由該範本建立的所有頁面都會套用修改的部分。在範例中要加入網頁之間的連結，就可以直接開啟範本來進行，修改完後，其他的網頁就會自動更新。

```
22    <!-- Main Container -->
23 ▼ <div class="container">
24      <!-- Navigation -->
25 ▼   <header> <a href="../index.html">
26        <h4 class="logo">Enchanted Brew Café</h4>
27        </a>
28 ▼     <nav>
29 ▼       <ul>
30            <li><a href="../index.html">HOME</a></li>
31            <li><a href="../ex10-02-a.html">ABOUT</a></li>
32            <li> <a href="../ex10-02-c.html">CONTACT</a></li>
33          </ul>
34        </nav>
35      </header>
```

修改完範本請將範本儲存，就會開啟「更新範本檔案」對話方塊，會顯示有使用到此範本的文件，這裡只要按下**更新**按鈕，會開啟「更新頁面」對話方塊，列出更新過的檔案，直接按下**關閉**按鈕即可。

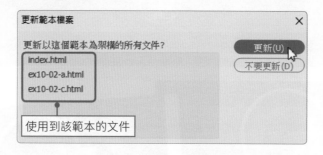

使用範本時，也可以直接修改CSS內容，而修改CSS就不會出現「更新範本檔案」對話方塊喔！這裡可以試著修改看看，例如更換背景圖片，語法修改好後將檔案儲存起來，網頁文件的背景圖片就會被更換了。

```
82 ▼ .hero {
83       background-image: url(../images/header1.jpg);
84       background-position: center;
85       background-size: cover;
86       padding-top: 150px;
87       padding-bottom: 150px;
88   }
```

10-2-5　讓文件從範本中分離

　　若想要變更範本文件中的鎖定區域，可以將文件從範本中分離，當文件分離出來後，整份文件就會變成可編輯的狀態，且所有範本程式碼都會被移除。進入設計檢視模式中，點選功能表中的**工具→範本→從範本中分離**，文件就會從範本中分離。

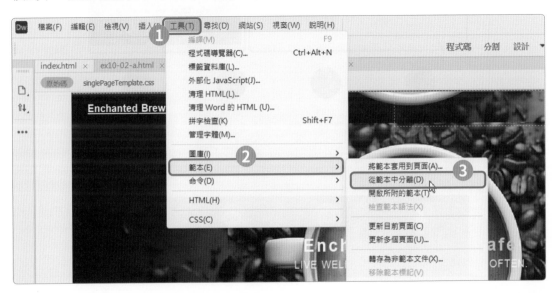

●●● 自我評量

● 選擇題

( ) 1. 下列何者為 Dreamweaver 的範本副檔名？ (A) .dwt (B) .htm (C) .css (D) .dot。

( ) 2. 下列關於 Dreamweaver 的範本說明，何者<u>不正確</u>？ (A) 儲存後的範本檔案會自動放至「Templates」資料夾中 (B) 儲存的範本檔案可以移動到別的資料夾 (C) 修改範本檔案會影響到使用該範本建立的檔案 (D) 一個範本可以允許多個可編輯區域。

( ) 3. 在 Dreamweaver 中，若要將範本中的某一標籤設定為「可編輯區域」，可以使用下列哪組快速鍵來設定？ (A) Ctrl+Alt+A (B) Ctrl+Alt+C (C) Ctrl+Alt+Z (D) Ctrl+Alt+V。

( ) 4. 在 Dreamweaver 中，若要將範本中的某一標籤設定為可以隱藏也可以修改時，可以使用下列哪個選項來設定？ (A) 可編輯區域 (B) 選擇性區域 (C) 可編輯的選擇性區域 (D) 重複區域。

( ) 5. 在 Dreamweaver 中，若要在範本中加入「可編輯區域」時，要進入下列哪個檢視模式中進行？ (A) 設計檢視模式 (B) 即時檢視模式 (C) 程式碼檢視模式 (D) 以上皆可。

● 實作題

1. 請開啟「ex10-a\ex10-a.html」檔案，將檔案轉換為範本檔，並將「article」及「aside」設為可編輯區域。

HTML+CSS
網頁設計範例

Dreamweaver CC

11-1 單欄式網頁設計範例

設計單欄式網頁時,可以使用影像或影片等媒體作為主視覺,進入網站後就會看到主視覺,再於主視覺下加入相關的資訊,即可設計出單欄式網頁。

11-1-1 範例說明

範例規劃了頁首、內容及頁尾等三大部分,並使用媒體查詢功能,讓網頁能自動縮放排列方式。**範例檔案:ex11-01\index.html及ex11-01\css\style.css。**

導覽列
將導覽列設定為flex,並在文字前方加入Font Awesome所提供的icon

頁首
使用圖片製作頁首背景,並加入LOGO圖,標題文字使用了雲端字體

內容區塊
將內容區塊分為三個section區塊,並設定為flex,製作出三欄的版面

按鈕
使用transition屬性製作的動態按鈕

表單
使用form屬性製作表單

嵌入Google地圖
使用iframe屬性在網頁中嵌入Google地圖,iframe屬性的使用可參考7-3-5節

頁尾
使用Font Awesome所提供的icon,加入社群媒體連結

HTML的基本架構及載入相關檔案

　　一個網站會包含很多檔案，建立網站時，先建立一個專用的資料夾來存放相關檔案，本範例的資料夾為「**ex11-01**」，資料夾裡包含了「css」資料夾，存放style.css檔案；「img」資料夾則存放了相關的圖片檔，HTML檔案命名為「index.html」。

　　資料夾設定好後，即可開始建立HTML的基本架構，設定網頁標題，並加入要載入的相關檔案，此範例載入了CSS檔案、雲端字體檔案連結及Font Awesome提供的CSS檔案。

```
<head>
   <link rel="stylesheet" href="css/style.css">
   <link rel="preconnect" href="https://fonts.googleapis.com">
   <link rel="preconnect" href="https://fonts.gstatic.com" crossorigin>
   <link href="https://fonts.googleapis.com/css2?family=Sofia&display=swap"
      rel="stylesheet">
   <link rel="stylesheet" href="https://cdnjs.cloudflare.com/ajax/libs/
      font-awesome/6.4.2/css/all.min.css">
</head>
```

撰寫網站共通的CSS描述

　　開始撰寫相關的CSS語法時，可以先在CSS檔案中撰寫網站共通的CSS描述，例如：將寬高設定作用在邊框外緣的範圍內、網站要使用的字體、超連結取消底線等。

```
* {
   box-sizing: border-box;        /*將寬高設定作用在邊框外緣的範圍內*/
}
body {
   font-family: "Noto Sans CJK TC", "Microsoft JhengHei", PingFang,
   STHeiti, sans-serif, serif;
   margin: 0;
}
a {
   text-decoration: none;        /*移除超連結底線*/
}
```

11-1-2　導覽列選單說明

　　此範例將導覽列設定為flex，並在文字前加入Font Awesome所提供的icon，這樣選單就不會那麼單調。

● 導覽列HTML語法

```
<nav>
    <a href="#"><i class="fa-solid fa-house-user fa-fw"></i>Home</a>
    <a href="#"><i class="fa-solid fa-utensils fa-fw"></i>About</a>
    <a href="#"><i class="fa-solid fa-bag-shopping fa-fw"></i>Product</a>
    <a href="#"><i class="fa-solid fa-map-location-dot fa-fw"></i>Contact</a>
</nav>
```

● 導覽列CSS語法

```
/*導覽列設定*/
nav {
    display: flex;
    background-color: white;
}
nav a {              /*導覽列超連結設定*/
    color: #050505;
    padding: 10px;
    text-align: center;
}
nav a:hover {        /*導覽列滑鼠移過超連結設定*/
    color: #fa762f;
}
```

　　網路上有許多免費的Icon Font可以使用，如：Font Awesome、Fontello、Icomoon、WE LOVE ICON FONTS等，我們使用了Font Awesome所提供的icon。要使用時，先在HTML載入CSS檔案，也可以下載該檔案，放在自己的資料夾中。Font Awesome有許多的版本，可依需求下載要使用的版本。

▲ Font Awesome下載頁面(https://fontawesome.com/download)

在HTML載入CSS檔案後，接下來只要進入該網站的icon頁面中，搜尋想要的圖示，點選該圖示，就會開啟圖示的選項頁。Font Awesome有分免費及付費版本，在圖示上若看到Pro則表示為付費版本。

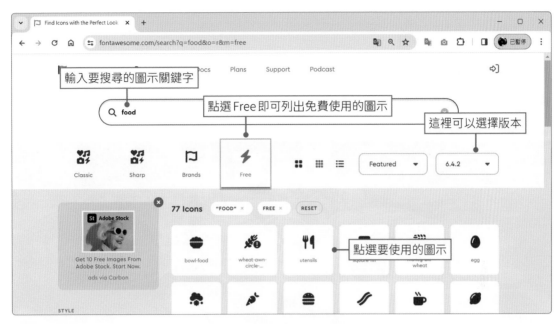

▲ icon 頁面 (https://fontawesome.com/icons)

點選圖示後，會開啟該圖示的頁面，頁面中便可選擇要使用的圖示類型、動畫效果、色彩、旋轉角度及大小，選擇好後即可複製語法。

複製好語法後，進入HTML中，將該語法加到要擺放的元素即可。

```
<a href="#"><i class="fa-solid fa-house-user"></i>Home</a>
```

icon與文字之間若要有點距離，可以加上「**fa-fw**」，若要放大icon，可以加入「**fa-2x**」，表示要放大兩倍。

```
<a href="#"><i class="fa-solid fa-house-user fa-fw fa-2x"></i>Home</a>
```

11-1-3 頁首說明

頁首主要包含了圖片、標題文字及LOGO圖片等物件，標題文字使用了雲端字體，LOGO圖片則置於圖片的上層。

● 頁首HTML語法

```
<header>
    <nav>略</nav>
    <h1>Orange Bird Street Market</h1>
    <img class="logo" src="img/logo.png" alt="logo">
</header>
```

● 頁首CSS語法

```
/*頁首*/
header {
    background: no-repeat, center top fixed; /*不重複排列、靠上置中、固定位置*/
    background-image: url("bg01.jpg");
    background-size: cover; /*不變形，寬高等比例，在必要時局部裁切*/
    height: 500px;
    text-align: center;
}
h1 {
    font-size: 3rem;
    padding: 8px;
    text-align: center;
```

```
   color: white;
   font-family: 'Sofia', cursive;          /*雲端字體*/
}
/*LOGO設定*/
.logo {
   position: relative; /*相對配置*/
}
```

雲端字體(Web Fonts)

隨著雲端越來越普及，許多字體的使用也出現在雲端，而我們只要透過 **link**、**@import** 的方式就可以嵌入網路字型，設定後，會將字型自動從伺服器端下載，在電腦中沒有該字型的情況下，也能正常看到該字型的顯示效果。語法如下：

```
<link rel="stylesheet" href="雲端字體超連結">
<style>
   @import url('雲端字體超連結');
</style>
```

Google Fonts 提供了雲端字體，讓使用者可以透過連結的方式使用在網頁上。進入 Google Fonts 網站 (https://www.google.com/fonts) 後，找到要使用的字型，按下 按鈕，在右側會開啟窗格，窗格中提供了 <link> 及 @import 的程式碼，還有 CSS 的設定程式碼，將這些程式碼複製到文件中即可。

除了使用 <link>、@import 方式外，還可以使用 **@font-face**。@font-face 可以讓我們使用電腦中的字體檔 (例如：woff、ttf 檔案)，或和網路上的字體檔互相搭配使用，讓網頁的設計更具有彈性。

下列語法是 @font-face 的基本用法，先自行定義一個字體名稱，當 p 套用了這個字體，會優先使用本地端的 Arial 字體檔，如果沒有該字體檔，則會使用第二組 font2. woff，如果又沒有，則會使用第三組 font3.ttf。

```
<style>
  @font-face {
    font-family: myFirstFont;
    src: local("Arial"), url(font2.woff), url(font3.ttf);
  }
  h1 {
    font-family: myFirstFont, serif;
  }
</style>
```

11-1-4　內容區塊說明

範例將內容區塊分為三個 section 區塊，並設定為 flex，製作出三欄的版面。

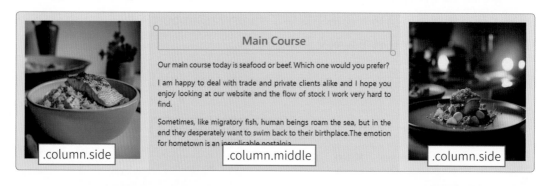

.column.side　.column.middle　.column.side

.column.middle　.column.side　.column.side

● 內容區塊 HTML 語法

```html
<section class="row">
   <div class="column side">
      <img src="img/pic01.jpg" width="100%">
   </div>
   <div class="column middle">
      <h2>Main Course</h2>
      <p>略</p>
   </div>
   <div class="column side">
      <img src="img/pic02.jpg" width="100%">
   </div>
</section>
<section class="row">
   <div class="column middle">
      <img src="img/pic03.jpg" width="100%">
   </div>
   <div class="column side">
      <h2>魔力甜點</h2>
      <p>略</p>
      <h3>$280~$580</h3>
      <h5><a class="button" href="#">更多訊息</a></h5>
   </div>
   <div class="column side">
      <img src="img/pic04.jpg" width="100%">
   </div>
</section>
```

● 內容區塊 CSS 語法

```css
/*flexbox 設定*/
.row {
   display: flex;
   flex-wrap: wrap;
   justify-content: center;
   align-items: stretch;
}
/*建立彼此相鄰的 3 個欄*/
.column {
   padding: 10px;
}
```

```
/*小欄*/
.column.side {
    flex: 1;
    background-color: #f2efef;
    padding: 20px;
    margin-bottom: 10px;
    overflow: hidden;
}
/*中欄*/
.column.middle {
    flex: 2;
    background-color: #e8e8e8;
    padding: 20px;
    margin-bottom: 10px;
    overflow: hidden;
}
/*RWD設定*/
@media (max-width: 600px) {
    .row {
            -webkit-flex-direction: column;
            flex-direction: column;
        }
}
```

11-1-5　按鈕說明

網頁中的按鈕，使用了transition屬性製作出具有動態效果的按鈕。

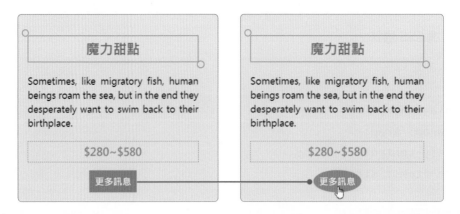

● 按鈕HTML語法

```
<h5><a class="button" href="#">更多訊息</a></h5>
```

● 按鈕 CSS 語法

```
.button {
    font-size: 1rem;
    text-align: center;
    background: #3bae8f;
    color: #fff;
    padding: 8px 10px;
    transition: border-radius .5s ease-in;
}
.button:hover {
    background: orangered;
    border-radius: 50%;
}
```

11-1-6　表單說明

表單使用 form 元素製作，再透過 CSS 設定相關的樣式。

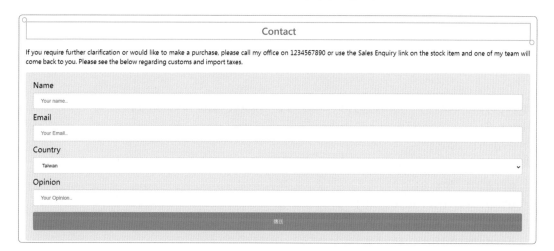

● 表單 HTML 語法

```
<div class="box">
    <form action="/action_page.php">
        <label for="fname">Name</label>
        <input type="text" id="fname" name="name" placeholder="Your name..">
        <label for="mail">Email</label>
        <input type="email" id="mail" name="mail" placeholder="Your Email..">
        <label for="country">Country</label>
        <select id="country" name="country">
            <option value="taiwan">Taiwan</option>
```

```
            <option value="australia">Australia</option>
            <option value="japan">Japan</option>
            <option value="usa">USA</option>
        </select>
        <label for="text">Opinion</label>
        <input type="text" id="text" name="text" placeholder="Your Opinion..">
        <input type="submit" value="傳送">
    </form>
</div>
```

● 表單 CSS 語法

　　預設的 <input> 元素，大部分的按鍵或文字框都比較單調，此時可以透過 CSS 樣式來美化這些元素。設定時，要**使用「[ ]」中括號包覆設定**，若多個元素要使用相同設定時，可以**使用「,」逗號隔開**。

```
.box {
    border-radius: 5px;
    background-color: #f2f2f2;
    padding: 20px;
}
form {
    font-size: 1.2rem;
}
input[type=text], input[type=email], input[type=search],
select {
    width: 100%;
    padding: 12px 20px;
    margin: 8px 0;
    display: inline-block;
    border: 1px solid #ccc;
    border-radius: 4px;
}
input[type=submit] {
    width: 100%;
    background-color: #df7909;
    color: white;
    padding: 14px 20px;
    margin: 8px 0;
    border: none;
    border-radius: 4px;
    cursor: pointer;
}
```

```
input[type=submit]:hover {
    background-color: #45a049;
}
```

💬 知識補充：**Google表單**

在HTML中可以使用<form>元素來製作表單，但要讓表單資料儲存到資料庫，就必須搭配PHP等程式語言，若要省略這種步驟，其實可以使用Google提供的表單服務，直接製作表單，再使用<iframe>元素將Google表單嵌入到網頁中即可。

11-1-7 頁尾說明

頁尾使用Font Awesome所提供的icon，加入社群媒體圖示，並進行連結設定。

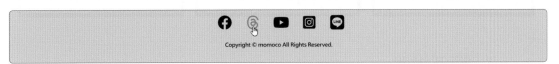

Copyright © momoco All Rights Reserved.

● 頁尾 HTML 語法

```
<footer>
    <a href="#"><i class="fa-brands fa-facebook fa-fw fa-2x"></i></a>
    <a href="#"><i class="fa-brands fa-threads fa-fw fa-2x"></i></a>
    <a href="#"><i class="fa-brands fa-youtube fa-fw fa-2x"></i></a>
    <a href="#"><i class="fa-brands fa-instagram-square fa-fw fa-2x"></i></a>
    <a href="#"><i class="fa-brands fa-line fa-fw fa-2x"></i></i>
    <h6>Copyright © momoco All Rights Reserved.</h6>
</footer>
```

● 頁尾 CSS 語法

```
footer {
    padding: 10px;
    text-align: center;
    background-color: gainsboro;
}
footer a {
    color: #050505;
    padding: 10px;
    text-align: center;
    text-decoration: none;
}
footer a:hover {
    color: #858685;
}
```

11-2　多欄式網頁設計範例

在網頁設計中，所謂的欄就是往橫向並排的直行，將版面垂直成許多個欄進行編排，常見的多欄式網頁有兩欄或三欄，兩欄的寬度比例大多是「2:1」或「3:1」，也有網站會將兩欄平均分配。

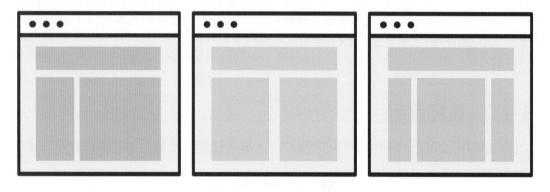

11-2-1　範例說明

範例使用了 Grid 網格系統，規劃了三欄式的網頁，頁面有頁首、導覽列、內容及頁尾等四大部分。**範例檔案：ex11-02\index.html 及 ex11-02\css\style.css。**

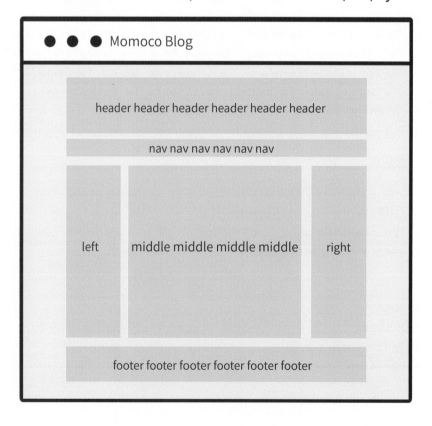

範例中使用了很多border屬性來設計各種框線，讓標題文字能更加明顯，如h1、h2、h3等。除此之外，還在標題前加入了「Font Awesome 6 Free」字體所提供的各種圖示，增加活潑性；導覽列使用了ul及li元素製作三層選單；右側欄則使用了iframe元素，加入Facebook與YouTube的連結。結果畫面如下：

11-2-2 Grid網格說明

　　範例中的Grid使用了template area屬性來分配item，定義出6×3的空間。範例所使用的各種屬性及語法，大致上在前面的章節都有提及過，若忘了怎麼使用時，可隨時翻閱相關內容。

● CSS語法

```
/*grid容器設定*/
.grid-container {
   display: grid;
   grid-template-areas:
      'header header header header header header' /*header要占據6欄*/
      'nav nav nav nav nav nav' /*nav要占據6欄*/
      /*left占1欄，middle占4欄，right占1欄*/
      'left middle middle middle middle right'
      'footer footer footer footer footer footer'; /*footer要占據6欄*/
   grid-gap: 10px 10px; /*間隔設定*/
}
header {
   grid-area: header;
   略
}
nav {
   grid-area: nav;
   略
}
.left, .middle, .right {
   padding: 10px;
   margin: 10px;
}
.left { /*grid左邊的欄*/
   grid-area: left;
   background-color: #F3F9F9;
   border-left: solid 20px #A2D9CE;
   border-radius: 10px;
}
.left img {
   border-radius: 50%;
   border: 6px solid rgb(218, 56, 86, 0.3);
   display: block;
```

```css
    margin: auto;
}
.middle { /*grid中間的欄*/
    grid-area: middle;
    background-color: #F3F9F9;
    border-radius: 10px;
}
.middle img {
    height: 80%;
    width: 100%;
    object-fit: cover; /*填滿元素的寬度及高度(維持原比例),超出的會裁剪掉*/
}
.right { /*grid右邊的欄*/
    grid-area: right;
    background-color: #F3F9F9;
    border-top: solid 20px #A2D9CE;
    border-bottom: solid 20px #A2D9CE;
    border-radius: 10px;
}
footer {
    grid-area: footer;
    background-color: #AED4D4;
    padding: 10px;
    text-align: center;
    border-radius: 10px;
}
```

● HTML 語法

```html
<main class="grid-container">
    <header>
        <i class="fa-solid fa-users-viewfinder fa-fw"></i>Momoco BLOG
        <h1>Travel, Camping, Food</h1>
    </header>
    <nav>
        略
    </nav>
    <aside class="left">
        <h3>文章分類</h3>
        略
    </aside>
```

```
<section class="middle">
   <h2>跟我一起卡蹓馬祖</h2>
   略
</section>
<aside class="right">
   <h3>Facebook</h3>
   <iframe 略></iframe>
</aside>
<footer>
   略
</footer>
</main>
```

11-2-3 導覽列三層選單製作說明

導覽列使用了ul及li元素製作下拉式三層選單,不過,li元素只能由上到下顯示內容,所以還要再配合display屬性來將選單改成橫向顯示。

製作選單時,先在HTML建立選單結構,語法如下所示,紫色為第一層選單內容;藍色為第二層選單內容;橘色為第三層選單內容。

```
<nav>
   <ul class="menu">
      <!--第一層-->
      <li><a href="#"><i class="fa-solid fa-location-dot fa-fw"></i>愛旅遊</a>
         <ul> <!--第二層-->
            <li><a href="#">北部景點</a></li>
            <li><a href="#">中部景點</a></li>
            <li><a href="#">南部景點</a></li>
            <li><a href="#">東部景點</a></li>
         </ul>
```

```
        </li>
        <!--第一層-->
        <li><a href="#"><i class="fa-solid fa-campground fa-fw">愛露營</a>
            <ul> <!--第二層-->
                <li><a href="#">北部露營區</a></li>
                <li><a href="#">中部露營區</a></li>
                <li><a href="#">南部露營區</a></li>
                <li><a href="#">東部露營區</a>
                    <ul> <!--第三層-->
                        <li><a href="#">靠山露營區</a></li>
                        <li><a href="#">靠海露營區</a></li>
                        <li><a href="#">網美露營區</a></li>
                    </ul>
                </li>
            </ul>
        </li>
        <!--第一層-->
        <li><a href="#"><i class="fa-solid fa-utensils fa-fw"></i>愛美食</a>
            <ul> <!--第二層-->
                <li><a href="#">北部美食</a></li>
                <li><a href="#">中部美食</a></li>
                <li><a href="#">南部美食</a></li>
                <li><a href="#">東部美食</a></li>
            </ul>
        </li>
        <!--第一層-->
        <li><a href="#"><i class="fa-solid fa-hotel fa-fw">愛住宿</a></li>
        <li><a href="#"><i class="fa-solid fa-heart fa-fw">愛手作</a></li>
        <li><a href="#"><i class="fa-solid fa-clover fa-fw">愛植物</a></li>
    </ul>
</nav>
```

HTML 選單結構製作好後，使用CSS設定選單的樣式，語法如下：

```
/*導覽列*/
nav {
    grid-area: nav;
    text-align: center;
    font-size: 14px;
    border-bottom: solid 10px #A2D9CE;
```

```css
    border-radius: 10px;
}
/*導覽列三層選單設定*/
ul {   /*取消ul預設的內縮及項目符號樣式*/
    margin: 0;
    padding: 0;
    list-style-type: none;
}
.menu {
    display: inline-block;
}
.menu li {
    position: relative;
    white-space: nowrap;
    border-right: #8AC0C0 1px solid;
}
.menu > li:last-child {
    border-right: none;
}
.menu > li {
    float: left; /*選單第一層由左到右顯示*/
}
.menu a {  /*選單樣式設定*/
    display: block;
    padding: 0 30px;
    background-color: #fff;
    color: #333333;
    text-decoration: none;
    line-height: 40px;
}
.menu a:hover {  /*滑鼠移入按鈕變色*/
    background-color: #8AC0C0;
    color: #ffffff;
}
.menu li:hover > a {  /*滑鼠移入第二層選單，第一層按鈕保持變色*/
    background-color: #8AC0C0;
    color: #ffffff;
}
```

```css
.menu ul {
    border: #8AC0C0 1px solid;
    position: absolute;
    z-index: 99;
    left: -1px;
    top: 100%;
    min-width: 150px;
}
.menu ul li {
    border-bottom: #8AC0C0 1px solid;
}
.menu ul li:last-child {
    border-bottom: none;
}
.menu ul ul { /*第三層以後的選單出現位置與第二層不同*/
    z-index: 999;
    top: 0;
    left: 90%;
}
.menu ul { /*隱藏次選單*/
    left: -99999px; /*設定成最大的負數，將元素放到可視範圍外*/
    opacity: 0; /*完全透明*/
    -webkit-transition: opacity 0.6s;
    transition: opacity 0.6s;
}
.menu li:hover > ul { /*滑鼠移入展開選單*/
    opacity: 1;
    -webkit-transition: opacity 0.6s;
    transition: opacity 0.6s;
    left: -1px;
    border-right: 5px;
}
.menu li:hover > ul ul { /*滑鼠移入時，次選單之後的選單依然隱藏*/
    left: -99999px;
}
.menu ul li:hover > ul { /*第二層之後的選單位置*/
    left: 90%;
}
```

11-2-4　object-fit(區塊填滿)屬性

範例中的圖片使用了 **object-fit** 屬性，將圖片的寬度及高度維持原比例，超出的則裁剪掉，這樣圖片就不會變形了。

● CSS 語法

```
.middle img {
    height: 80%;
    width: 100%;
    object-fit: cover;  /*填滿元素的寬度及高度 ( 維持原比例 )，超出的會裁剪掉 */
}
```

object-fit 可以**設定圖片填滿方式**，用法與 background-size 類似。當強制設定影像大小時，可能會導致影像變形，要解決這樣的問題，就可以使用 object-fit 屬性，下表所列為 object-fit 屬性可以使用的值。

值	說明
fill	預設值，會強制變形至 CSS 所定義的元素寬及高，不管原始檔的比例。
contain	會增加或減少影像的寬度及高度(維持原比例)，直到放得進所定義的元素寬高。
cover	會填滿元素的寬度及高度(維持原比例)，會自動裁剪影像。
none	不做任何大小及比例調整。
scale-down	將會選擇設為 none 或 container 兩者間較小的那個物件。

▲ 範例檔案：object-fit\object-fit.html

　　使用 object-fit 屬性時，通常會搭配 **object-position** 屬性一起使用，該屬性可以**設定物件的 x 與 y 位置**。語法如下：

```
object-position: 50% 50%;        /* 第一個值為 x 坐標的值，第二個值為 y 坐標的值 */
object-position: right top;
object-position: left bottom;
object-position: 250px 125px;
```

11-3 動畫效果設計範例

使用CSS所提供的屬性即可將元素加上動畫效果,讓網頁更為動態,增加一些可看性,在動畫效果設計範例中,我們將為某些元素加上動畫及互動效果。

11-3-1 範例說明

在動畫效果設計範例中,使用了 animation、transform 及 transition 屬性,製作出動畫及互動效果。**範例檔案:ex11-03\index.html 及 ex11-03\css\style.css**。

11-3-2 animation動畫效果說明

範例中的頁首使用了animation屬性，讓頁首從左上角翻轉下來，當瀏覽者進入網站時，就會執行此項動畫，而頁首中的圓形圖片則會360度旋轉。

一般想在網頁中製作動畫，要使用JavaScript或jQuery才做得到，不過，現在CSS3也可以簡單快速地製作出動畫效果了，只要使用animation屬性即可做到。

animation屬性可以讓元素從一個狀態轉換到另一個狀態，藉此來產生動畫效果，而轉換過程，要使用**@keyframes(關鍵影格)**來達成，@keyframes可以設定各個狀態間轉換的時間點，以及做了多少變化。

animation可使用的屬性如下表所列。

名稱	說明
animation-name	定義動畫名稱，要與keyframes名稱對應。
animation-duration	動畫執行1次所需的時間(s秒、ms毫秒)，可使用的值有： ● normal (正常播放) ● reverse (反向播放) ● alternate (正向播放，再反向播放) ● alternate-reverse (反向播放，再正向播放)
animation-timing-function	動畫效果轉換的速率，如ease、ease-in、ease-in-out等，預設為none。
animation-delay	延遲多久才播放動畫。
animation-iteration-count	播放次數，可設定數字或設定為infinite無限。
animation-direction	播放方向與順序，預設normal。
animation-fill-mode	指定動畫播放完畢的狀態，可使用的值有： ● none (回到最初未播放狀態) ● forwards (停在最後一個狀態) ● backwards (停在第一個狀態) ● both (停留在 animation-direction 最後一個狀態)
animation-play-state	指定動畫播放(running)或暫停(paused)，預設為running。

使用 animation 屬性時，至少要包含 **animation-name** 與 **animation-duration** 兩個屬性，再於 @keyframes 加上要控制屬性變化的設定，可使用 **from…to**、**%** 等方式定義每個階段的影格變化，而在 { … } 中定義元素在該影格所套用的樣式，語法如下：

```
@keyframes 動畫名稱 {         /*animation-name*/
    keyframes-selector {      /*關鍵影格選擇器，可以使用 from…to 及 %百分比 */
        css-styles;           /*CSS樣式*/
    }
}
```

若想要在每個不同時點設定不同屬性，可以使用 0% ~ 100% 分別設定屬性，若只是想要一個簡單、連續的動畫，則使用 from…to 設定即可，元素裡多個 animation 屬性時，**要用逗號隔開**。例如：下列語法為將綠色方塊，使用兩秒的時間，從左邊向右移動 500px，且無限播放。

```
div {
    background: green;
    animation: move 2s infinite;
}
@keyframes move {
    from {
        left: 0;
    }
    to {
        left: 500px;
    }
}
```

animation 的屬性非常多，撰寫時，也可以將所有的屬性整合在一起，撰寫順序與其預設值如下：

- animation-name: none
- animation-duration: 0s
- animation-timing-function: ease
- animation-delay: 0s
- animation-iteration-count: 1
- animation-direction: normal
- animation-fill-mode: none
- animation-play-state: running

　　animation 屬性因為有 @keyframes 可以設定，所以可以達成更多更複雜的動畫，而 transition 屬性無法有時間上個別設定的功能，比較類似上述 from…to 的效果，因此動畫效果會比較單一，而該使用哪種方法來撰寫動畫，就要視需求而定了，例如：希望載入頁面後直接開始動畫，就用 animation；若轉場動畫牽涉到變形，可以用 transform；沒牽涉到變形，只有樣式改變，則可以用 transition；若希望動畫重複執行，就只能用 animation。

● 頁首的 HTML 語法

```
<header>
   <div class="box1"></div>
   <div class="container">
      <div class="headerText">
         <h1>Momoco Image Gallery</h1>
         <p>略</p>
      </div>
   </div>
</header>
```

● 頁首的 CSS 語法

```
header { /*多重背景設定*/
   width: 100%;
   height: 85vh;
   background: linear-gradient(115deg, #fac213 50%, transparent 50%)
      center center / 100% 100%, /*漸層，background-position/漸層寬高*/
      url("bk.jpg") right center / auto 100%;
      /*背景連結，background-position/圖片寬高*/
   animation: example1;          /*動畫名稱，與keyframes名稱對應*/
   animation-duration: 4s;       /*動畫持續時間*/
   animation-iteration-count: 1; /*動畫次數*/
}
@keyframes example1 {
   from { /*第一個關鍵影格，也就是開始的狀態*/
      transform: rotate(-30deg) translateY(-100%);
      opacity: 0;
   }
   to { /*最後一個關鍵影格，結束的狀態*/
      transform: rotate(0deg) translateY(0%);
      opacity: 1;
   }
}
```

```
.box1 {
    left: 200px;
    top: 20px;
    background: url("photo.jpg") right center / auto 100%;
    border: 5px white solid;
    border-radius: 50%;
    height: 150px;
    width: 150px;
    position: absolute;
    animation-name: example2;
    animation-duration: 4s;
    animation-iteration-count: infinite;
    transform-origin: 50% 50%;
}
@keyframes example2 {
    0% {   /*第一個關鍵影格，也就是開始的狀態*/
        transform: rotate(0deg);
    }
    50% {   /*中間影格*/
        transform: rotate(360deg);
    }
    100% {   /*最後一個關鍵影格，結束的狀態*/
        transform: rotate(360deg);
    }
}
```

11-3-3 圖片互動效果說明

　　在動畫效果設計範例中，圖片的部分，使用了 transform 及 transition 屬性，製作出互動效果，當滑鼠游標移至圖片上時，就會出現漸層背景及文字說明，滑鼠移出時則會回到原來的圖片。

● 圖片的 HTML 語法

```
<div class="box">
    <img src="img/pic01.jpg">
        <div class="overlay">
            <div class="text">Go ahead, make my day.</div>
        </div>
</div>
```

● 圖片的 CSS 語法

```
.column img {
    margin-top: 8px;
    display: block;
    overflow: hidden;
    width: 100%;
    height: auto;
}
.box {
    position: relative;
    width: 100%;
}
.overlay {
    position: absolute;
    bottom: 100%; /*從上往下*/
    left: 0;
    right: 0;
    background-image: linear-gradient(to top, rgb(250, 112, 154, 0.8) 0%,
        rgb(254, 225, 64, 0.8) 100%);
    overflow: hidden;
    width: 100%;
    height: 0;
    transform: scale(0.5) rotateY(360deg); /*以參考點為中心縮放0.5倍，旋轉360度*/
    transition: all 1.2s;
}
.box:hover .overlay {
    bottom: 0;
    height: 100%;
    transform: scale(1) rotateY(0deg); /*以參考點為中心縮放1倍，旋轉0度*/
}
```

```
.text {
    font-family: 'Petit Formal Script', cursive;
    font-weight: 900;
    white-space: nowrap;
    color: #1f1f1f;
    font-size: 1.2rem;
    border-bottom: 5px solid white;
    position: absolute;
    overflow: hidden;
    top: 50%;
    left: 50%;
    transform: translate(-50%, -50%); /*往右移-50%，往下移-50%*/
}
```

11-3-4 測試響應式網頁

　　網頁製作好後，在 Dreamweaver 中可以在視覺媒體查詢列上切換不同螢幕寬度來檢視響應式網頁的設計結果，或按下狀態列上的**變更即時預覽大小**選單鈕，選擇要預覽的網頁大小。

　　除此之外，還可以使用 Google 瀏覽器來預覽網頁在各裝置中的呈現結果，Google 瀏覽器提供了**開發者工具**(Chrome Dev Tools)，只要按下 **F12** 鍵，即可進入開發者頁面，這裡能夠所見即所得的修改網頁，還可以協助建立響應式頁面及行動裝置模擬測試，非常方便。

進入行動裝置模擬測試頁面後，即可
選擇要模擬的裝置及頁面尺寸等

按下此鈕可以進入行動裝置模擬測試頁面

在 Elements 分頁裡，會將網頁的
整個結構呈現出來，也就是該頁面
的 HTML 程式碼

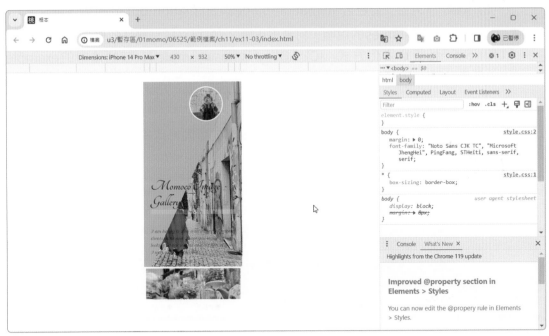

●●● 自我評量

● 選擇題

( ) 1. 下列關於 Font Awesome 所提供的 icon 說明，何者<u>不正確</u>？ (A) 可以將 icon 下載為 SVG 檔案　(B) icon 與文字之間若要有點距離，可以加上「fa-fw」語法　(C) 加入「fa-2x」語法，表示要放大兩倍　(D) icon 只有一種類型可以選擇。

( ) 2. 下列關於在 CSS 中設定 <input> 元素屬性時的說明，何者<u>不正確</u>？ (A) 要使用「( )」包覆設定　(B) 多個元素要使用相同設定時，可以用「,」逗號隔開　(C) 可以透過 CSS 的 border 屬性來設計外框　(D)「input[type="submit"]」此語法表示只針對 input 裡的 submit 按鈕做設定。

( ) 3. 下列關於 object-fit 屬性的說明，何者<u>不正確</u>？ (A) 可以設定圖片填滿方式　(B) 預設值為 cover　(C) 若不做任何大小及比例調整可以設定成 none　(D) 若要自動裁剪影像可以設定成 cover。

( ) 4. 下列關於 animation 屬性的說明，何者<u>不正確</u>？ (A) 可以設定動畫效果　(B) 需搭配 @keyframes(關鍵影格)使用　(C) 元素裡有多個 animation 屬性時，要用「分號」隔開　(D) 至少要包含 animation-name 與 animation-duration 兩個屬性。

( ) 5. 下列關於 @keyframes 的說明，何者<u>不正確</u>？ (A) 可以控制屬性的變化　(B) 可以使用 from…to 設定變化方式　(C)「@keyframes example {」該語法中的 example 為元素名稱　(D) 可以使用 0% ~ 100% 分別設定變化方式。

● 實作題

1. 請開啟「ex11-02\index.html」檔案，試著將三欄式版面修改為二欄式，並為 h1 標題加入動畫效果。

Bootstrap基本概念

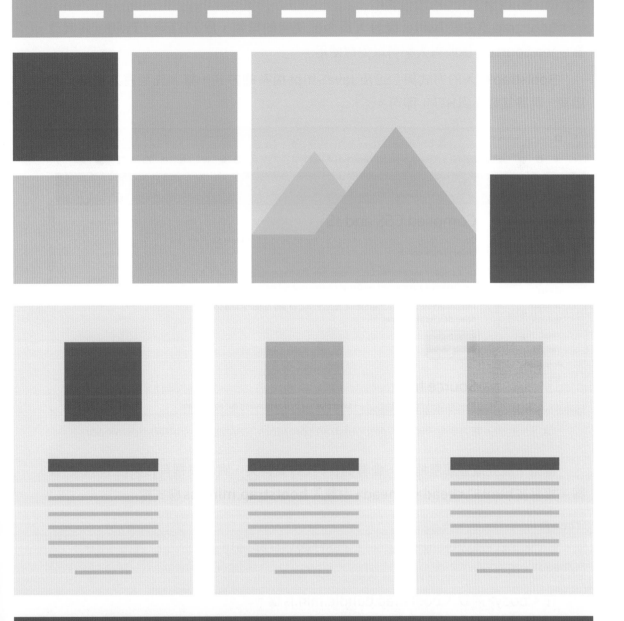

Dreamweaver CC

12-1 Bootstrap的使用

Bootstrap是一個基於HTML、CSS及JavaScript的前端框架,許多人用它來開發RWD網站,只需要配置適當的HTML架構,再加上許多事先定義樣式及組件,像是按鈕、導覽列及互動視窗等,就能完成許多複雜的功能與樣式,減少網頁開發者撰寫程式碼的時間,是相當方便的工具。

12-1-1 載入Bootstrap

Bootstrap原先是Twitter開發人員內部使用的框架,於2011年,Twitter將其改為Open Source,讓所有人都可以免費使用。

Bootstrap載入的方式與CSS及JavaScript檔案的方式一樣,先至官方網站下載檔案,再將其載入到HTML即可。

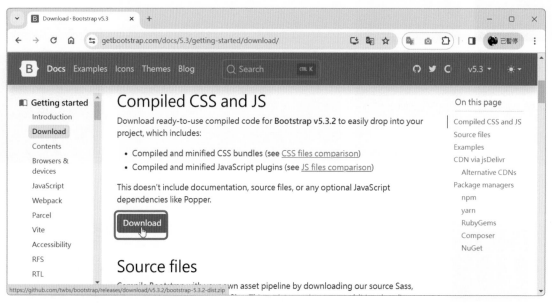

▲ Bootstrap官方網站(https://getbootstrap.com/docs/5.3/getting-started/download/)

檔案下載完成並解壓縮後,會看到js與css資料夾,資料夾裡有js與css相關的檔案,接著在html的**<head> </head>**中載入**bootstrap.min.css**樣式檔。

```
<head>
    <link rel="stylesheet" href="css/bootstrap.min.css">
</head>
```

在</body>前載入 bootstrap.bundle.min.js檔。

```
<script src="js/bootstrap.bundle.min.js"></script>
</body>
```

除了下載檔案外，還可以使用**CDN**來載入，在<head>加入程式碼，或是到官網複製寫好的HTML標籤內容。請注意瀏覽器是由上而下載入檔案，後面載入的會覆蓋掉前面載入的，所以若發生衝突時，要以自己撰寫的CSS為主的話，自己撰寫的檔案要放在Bootstrap後。

```
<link href="https://cdn.jsdelivr.net/npm/bootstrap@5.3.2/dist/css/
bootstrap.min.css" rel="stylesheet" integrity="sha384-T3c6CoIi6uLrA9TneN
Eoa7RxnatzjcDSCmG1MXxSR1GAsXEV/Dwwykc2MPK8M2HN" crossorigin="anonymous">
```

在</body>前載入js檔。

```
<script src="https://cdn.jsdelivr.net/npm/bootstrap@5.3.2/dist/js/
bootstrap.bundle.min.js" integrity="sha384-C6RzsynM9kWDrMNeT87bh95OGNyZP
hcTNXj1NW7RuBCsyN/o0jlpcV8Qyq46cDfL" crossorigin="anonymous"></script>
```

12-1-2　新增Bootstrap架構的文件

在Dreamweaver中要使用Bootstrap建立網頁文件時，只要點選功能表中的**檔案→開新檔案**(Ctrl+N)，開啟「新增文件」對話方塊，在文件類型中點選**</>HTML**，在架構中點選**BOOTSTRAP**分頁，在Bootstrap CSS中點選**新建**，將**包含預先建立的版面**勾選取消，都設定好後按下**建立**按鈕。

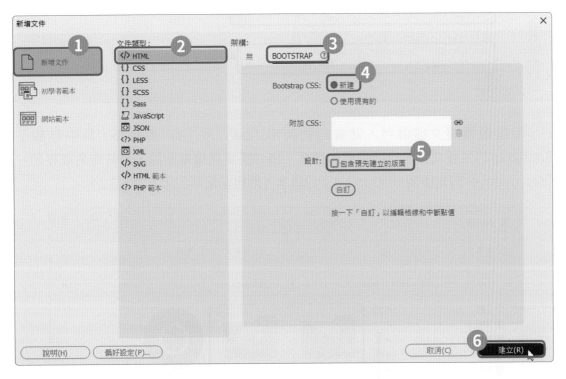

Dreamweaver 會自動載入 Bootstrap 相關的檔案,並設定好媒體查詢的條件,表示該文件使用了 Bootstrap 架構。

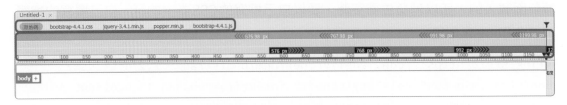

而在 HTML 程式碼中也會自動產生相關的載入語法。

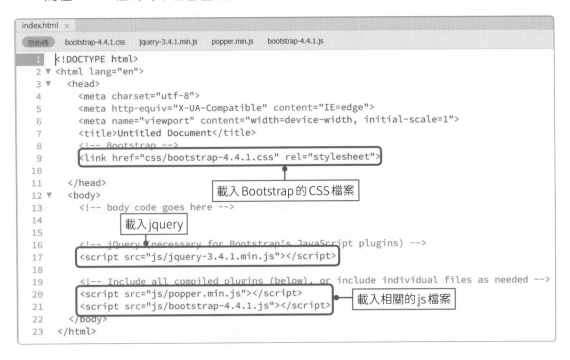

沒問題後將文件儲存,就會自動新增「css」及「js」資料夾,其中存放了 Bootstrap 的主程式與執行所需要的檔案,請勿將這些檔案刪除、重新命名或移動。Dreamweaver 只支援 Bootstrap 4.4.1 的版本,而目前最新的版本為 5.3.2。

12-1-3　Bootstrap文件的使用

　　Bootstrap官方網站提供了非常完整的資料，在載入 Bootstrap 之後，接下來就可以在需要的時候，到官方文件上去尋找現成的元素，再把文件上的HTML複製到專案中，再進行修改。

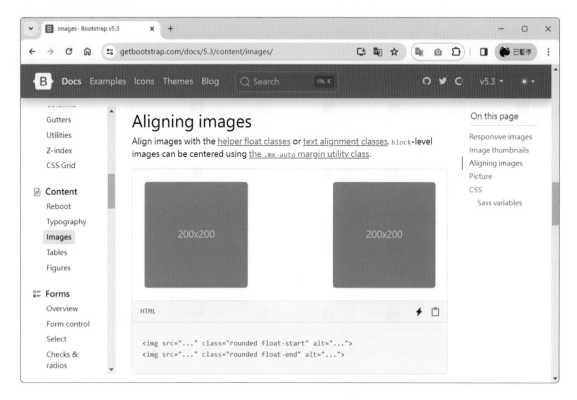

　　進入官網的 **Docs** 頁面後，這裡的文件包羅萬象，可以先快速瀏覽以下幾個選項：

● Content（內容）：介紹HTML的預設樣式，如字體大小、圖片、表格的處理等。例如：可以在 Images，找到圖片的樣式。Bootstrap 已經預先寫好了 CSS class，只要把class加到<img>元素即可。

● Components（元件）：是 Bootstrap 的核心，把網頁常用的組件(如導覽列、下拉選單、警告訊息、按鈕)都事先做好，使用者可以直接複製貼上。

● Layout（排版）：提供了各種RWD排版方式，如斷點、容器、Grid 等。

● forms（表單）：提供了表單元素樣式。

12-1-4 Bootstrap Icon

Bootstrap Icon提供了免費且開源的圖示,該圖示庫有2,000多個,圖示皆為SVG格式,要使用時,可以至官方網站下載字體樣式檔案(https://github.com/twbs/icons/releases/tag/v1.9.1),或是使用CDN方式載入。

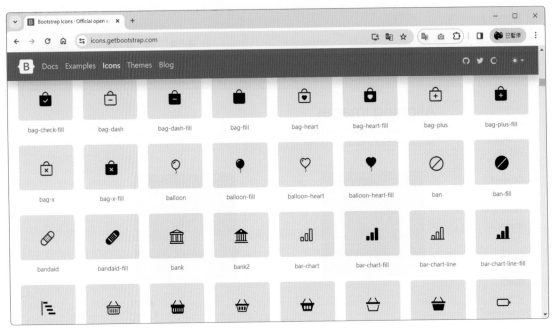

▲ Bootstrap Icon官方網站(https://icons.getbootstrap.com)

CDN載入

使用CDN載入時,只要將程式碼加入在<head>中即可,或使用@import方式載入CDN。

```
<link rel="stylesheet" href="https://cdn.jsdelivr.net/npm/bootstrap-
    icons@1.11.1/font/bootstrap-icons.css">
@import url("https://cdn.jsdelivr.net/npm/bootstrap-icons@1.11.1/font/
    bootstrap-icons.css");
```

Bootstrap Icon的使用

要在網頁中加入Bootstrap icon時,除了可以直接下載icon的SVG檔外,還可以使用以下方式(範例檔案:**ex12-02.html**):

● **直接嵌入**:在官網找到喜歡的圖示後,進入該圖示頁面,複製HTML語法,再將語法貼到網頁中,就會立即顯示該圖示。若要調整圖示的大小,只要修改width及height的值即可。

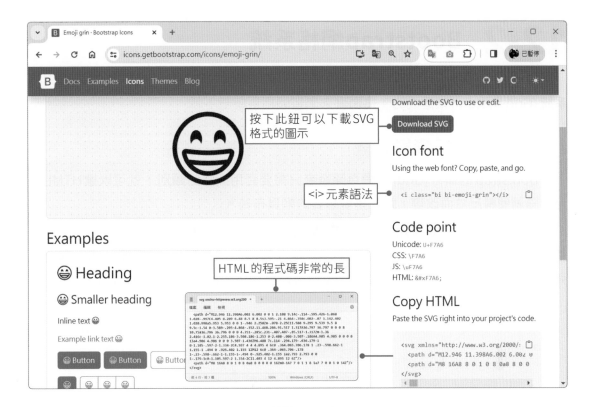

● 使用<i>元素：在HTML中加入<i class="bi bi-class-name"></i>語法，其中class-name為圖示的名稱，例如：要加入heart圖示，語法為**<i class="bi bi-heart"></i>**，若要更改圖示大小及色彩時，可以使用font-size及color屬性。

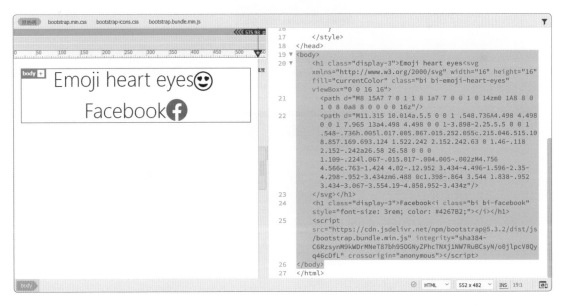

12-2 Bootstrap網格系統

Bootstrap最大的特點就是行動版優先、擁有響應式設計,而這主要是透過**網格系統**(Grid System)來達成的。這節就來學習網格系統吧!

12-2-1 網頁結構與設計

Bootstrap的網格(Grid)讓網頁開發者只需要套用網格的**類別**,就可以讓HTML的元素隨著螢幕尺寸而改變,就能呈現想要的網頁布局。

Bootstrap的**網格採用flexbox來規劃**,要使用Bootstrap製作HTML網頁時,基本的結構是先建立**容器**(container),才能在容器內加入**列**(row)與**欄**(col)。容器、列、欄都是由div標籤插入,而這些div標籤都有Bootstrap預設的類別屬性。

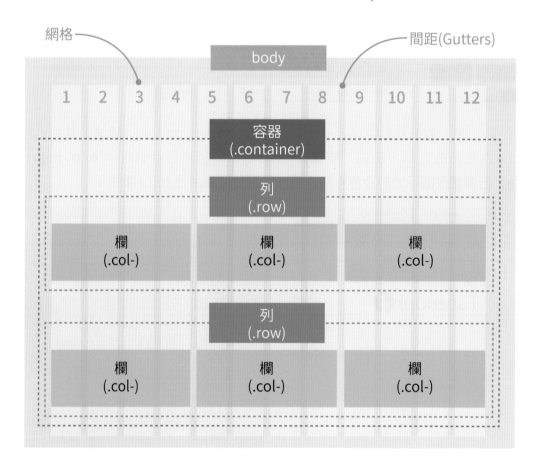

12-2-2 容器

容器(containers)是Bootstrap中最基本的布局外框元素,使用網格系統時一定要搭配使用。Bootstrap定義了三種容器類別,說明如下:

.container

.container **為固定寬度**，就是每一個斷點都會有不同的固定寬度，且會預設左右的內距。語法如下：

```
<div class="container">
  <!-- Content here -->
</div>
```

.container-fluid

.container-fluid **為流動式版面**，可以橫跨可視區域的整個寬度，就是每個斷點下都沒有設定寬度，會呈現滿版的布局。語法如下：

```
<div class="container-fluid">
  <!-- Content here -->
</div>
```

.container-{breakpoint}

.container-{breakpoint} 為在斷點前會保持在 100% 寬度，直到達到指定斷點為止。例如：.container-sm 在達到 sm 斷點之前的寬度都是 100%，之後依 md、lg、xl 及 xxl 來設定。各 container 的斷點及對應的 max-width，可參考下表。

	xs <576px	sm ≥ 576px	md ≥ 768px	lg ≥ 992px	xl ≥ 1200px	XXl ≥ 1400px
.container	100%	540px	720px	960px	1140px	1320px
.container-sm	100%	540px	720px	960px	1140px	1320px
.container-md	100%	100%	720px	960px	1140px	1320px
.container-lg	100%	100%	100%	960px	1140px	1320px
.container-xl	100%	100%	100%	100%	1140px	1320px
.container-xxl	100%	100%	100%	100%	100%	1320px
.container-fluid	100%	100%	100%	100%	100%	100%

12-2-3 列與欄

在容器內加入**列** (row) 與**欄** (col) 時，row 裡可以包含很多 row，而 **col 最大可以擴增至 12 個**，也就是說它會讓網頁寬度平均分割為 12 等分，若一個 row 超過 12 個 col，則會斷行放置多出來的 col。

網格最外層為.row，內層為.col，基本語法如下：

```
<div class="container">
    <div class="row">
        <div class="col">
            Col
        </div>
        <div class="col">
            Col
        </div>
        <div class="col">
            Col
        </div>
    </div>
</div>
```

col	col	col

設定網格時，可以使用.col 類別設定欄位的寬度，不過要記住，總數就是12，例如：8+4、6+6、3+3+3+3、4+4+4 等。若col 沒有指定數字，則12個欄位會優先指定給有數字的.col，再將剩餘的 column 平均給未指定數字的.col。

下列語法，定義第一個 row 有四個區塊，這四個區塊會平均分配容器的寬度，第二個 row 有二個區塊，第一個區塊占8/12，第二個區塊占4/12。

```
<div class="container">
    <div class="row">
        <div class="col">col</div>
        <div class="col">col</div>
        <div class="col">col</div>
        <div class="col">col</div>
    </div>
    <div class="row">
        <div class="col-8">col-8</div>
        <div class="col-4">col-4</div>
    </div>
</div>
```

col	col	col	col

col-8	col-4

12-2-4　斷點

　　建構網格時除了可以使用col及col-*外，還可以使用**col-{breakpoint}**及**col-{breakpoint}-*斷點(Breakpoints)**方式來設定，且兩種可混合使用。

　　斷點是用於控制版面如何在不同的裝置，或viewport大小進行響應式的變化。Bootstrap是利用CSS的媒體查詢依裝置的各個寬度來套用對應的CSS樣式以達到不同的排版效果，而這些媒體查詢設定的寬度就是Breakpoints。Bootstrap有六個預設的斷點，如下表所列。

斷點	裝置	寬度尺寸	類別名稱
X-Small (None)	手機(直式)	<576px	col-*
Small (sm)	手機(橫式)	≧576px	col-sm-*
Medium (md)	平板	≧768px	col-md-*
Large (lg)	桌機	≧992px	col-lg-*
Extra large (xl)	桌機(大螢幕)	≧1200px	col-xl-*
Extra extra large (xxl)	桌機(更大螢幕)	≧1400px	col-xxl-*

　　下列語法將斷點設定在sm (576px)和md (768px)，col預設為以12顯示(螢幕尺寸<576px)；當螢幕尺寸為sm以上時(≧576px且<768px)，col以6來顯示；當螢幕尺寸為md以上時(≧768px)，col以3來顯示。

```
<div class="container">
    <div class="col-12 col-sm-6 col-md-3"></div>
    <div class="col-12 col-sm-6 col-md-3"></div>
    <div class="col-12 col-sm-6 col-md-3"></div>
</div>
```

12-2-5　間距

　　當使用網格來編排頁面時，**.col-*區塊的左右兩邊皆會產生padding (padding: 0 0.75rem)**，而當兩個 .col-* 區塊碰在一起時，就形成了**間距**(Gutter)，但最外圍的左右兩邊因為Bootstrap在 .row的預設下，外部兩邊分別加上了負值的margin (margin: 0 -0.75rem)，所以將 .col-* 的最外側這兩邊的padding給補足了。

　　要設定間距時，可以使用**g*-***，其中前者的 *，標示x軸或y軸的水平或垂直空間，也可以省略表示「垂直及水平」，後者的 * 標示0~5的數值表示距離，數值越大間距越大，**.g-0表示取消間距**。

　　只要將g*-*加入 .row中，其內部的 .col-* 不需要再另外加入，語法如下：

```
<div class="container">
    <div class="row g-2">
        <div class="col">Column</div>
        <div class="col">Column</div>
    </div>
</div>
```

12-2-6 垂直與水平對齊/換行/排序

垂直與水平對齊

在 Bootstrap 中，可以使用 **.align-item-*** 來改變元素的**垂直對齊方式**，使用 **.justify-content-*** 則可以設定**水平對齊方式**。語法如下：

```
<div class="row align-items-start">        <!--垂直靠上對齊-->
<div class="row align-items-center">       <!--垂直置中對齊-->
<div class="row align-items-end">          <!--垂直靠下對齊-->
<div class="row justify-content-start">    <!--水平靠左對齊-->
<div class="row justify-content-center">   <!--水平靠中對齊-->
<div class="row justify-content-end">      <!--水平靠右對齊-->
<div class="row justify-content-around">   <!--水平均分對齊，兩側留間格-->
<div class="row justify-content-between">  <!--水平均分對齊，兩側為子項目-->
<div class="row justify-content-evenly">   <!--水平均分對齊，所有間格一致寬-->
```

換行

在 Bootstrap 中，**只要超過 12 個 col，就會自動進行換行**，也可以使用 **.w-100** 類別，做出換行效果。

```
<div class="container">
    <div class="row">
        <div class="col">col</div>
        <div class="col">col</div>
        <div class="w-100"></div>
        <div class="col">col</div>
        <div class="col">col</div>
    </div>
</div>
```

未設定 .w-100

col	col	col	col

設定 .w-100

col	col
col	col

排序

在 Bootstrap 中，可以使用 **.order-*** 來控制 col 的順序，提供了 order-0~order-5 及 order-first (order: -1)、order-last (order: 6)，若沒有設定 order 值時，預設值是 0，值愈小會被排列在愈前面。下列語法的排序結果為 col1→col3→col2。

```
<div class="container">
   <div class="row">
      <div class="col">col1</div>
      <div class="col order-5">col2</div>
      <div class="col order-1">col3</div>
   </div>
</div>
```

12-2-7　col位移與獨立col

col位移

在Bootstrap中，提供了**.offset-*** 及 **offset-{breakpoint}-*** 方式設定col位移，.offset-* 主要就是設定margin-left。下列語法，設定區塊占用4個col且向右位移4個col。

```
<div class="row">
   <div class="col-md-4">1</div>
   <div class="col-md-4 offest-md-4">2</div>
</div>
<div class="row">
   <div class="col-md-3 offset-md-3">3</div>
   <div class="col-md-3 offset-md-3">4</div>
</div>
```

1		2
	3		4

獨立col

col是採用flex:0 0 auto，並以width指定比例做為空間計算，所以在一般的結構下也可以使用.row來指定區塊的寬度，在使用浮動元素時，建議外層使用.clearfix來包覆，避免發生錯位。下列語法為使用col-md-6類別製作出文繞圖。

```
<div class="clearfix">
<img src="..." class="col-md-6 float-md-end mb-3 ms-md-3" alt="...">
   <p>...</p>
   <p>...</p>
</div>
```

aaaaaaaaaaaaaaa
aaaaaaaaaaaaa
aaaaaaaaaaaaaaa
aaaaaaaaaaaaaaa

圖

12-2-8 建構Bootstrap網頁版面

　　了解Bootstrap的基本結構後，接著來看看在Dreamweaver中該如何建構Bootstrap網頁版面。這裡請開啟 **ex12-03\ex12-03.html** 檔案進行練習，該檔案已使用了Bootstrap架構，在文件中要分別建立容器、列及欄。

01 首先要在網頁文件中插入一個 100% 寬度的容器，用來製作頁首。點選 body 元素，進入「插入」面板中的「Bootstrap 組件」類別，找到 **Container-fluid** 並點選，就會加入 .container-fluid。

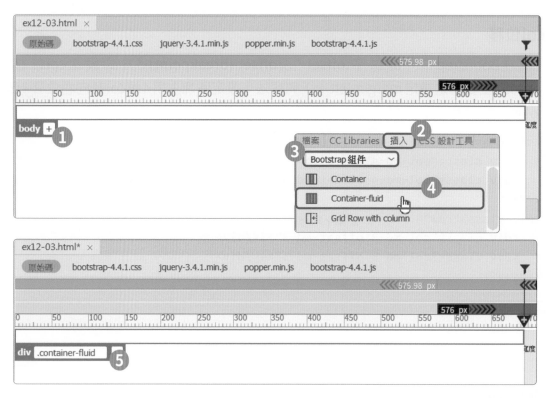

02 接著要在容器裡加入列與欄，點選剛建立的 .container-fluid，進入「插入」面板中的「Bootstrap 組件」類別，找到 **Grid Row with column** 並點選，開啟「以欄插入列」對話方塊，點選**巢狀化**，會將 row 插入到容器中，並在**要新增的欄數**欄位中輸入 **1**，設定好後按下**確定**按鈕。

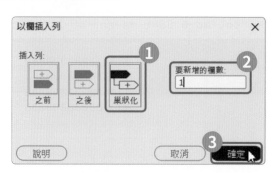

03 插入完成後，點選 row 元素，就會看到 .col-sm-12 欄區塊，到這裡頁首的基本結構就完成了，從狀態列可以看出網頁的結構。

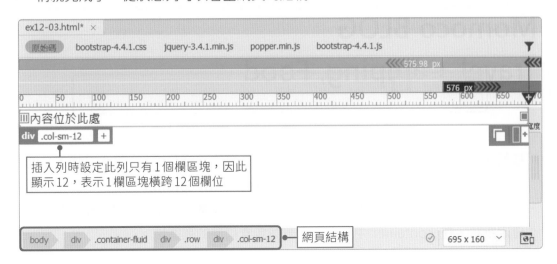

04 接著就可以在 .col-sm-12 區塊中建立頁首內容了。

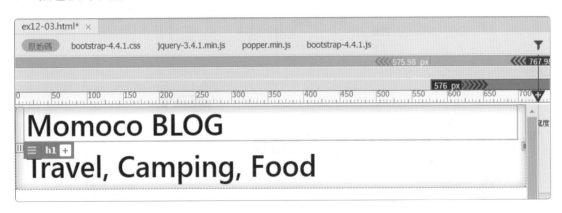

05 頁首製作好後，接著要插入一個固定寬度的容器來放置內容。從狀態列選取 .container-fluid，進入「插入」面板中的「Bootstrap 組件」類別，找到 **Container** 並點選，位置選擇**之後**。

06 在 .container-fluid 之後就會加入 .container 容器。

07 接著在容器中要加入一列、兩欄來放置內容。選取 .container，進入「插入」面板中的「Bootstrap 組件」類別，找到 **Grid Row with column** 並點選，開啟「以欄插入列」對話方塊，點選**巢狀化**，並在**要新增的欄數**欄位中輸入 **2**，設定好後按下**確定**按鈕，在 .container 中就會加入一個包含兩欄的列區塊。

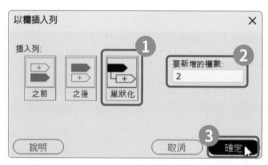

08 在左欄內按一下，會看到目前套用的類別是 .col-sm-6，表示占 6 個欄位，這裡請將滑鼠游標移到**位移欄**按鈕上，按著滑鼠左鍵不放並拖曳，將欄位調整到 .col-sm-8，或是直接修改類別。

09　將左邊的欄位調整到 8 後，右邊的欄位會往下移，因為右欄占了 6 個欄位，相加後超過了 12，因此下移到下一列了，這裡直接將右欄調整為 4 欄即可。

10　接著就可以在區塊中建立內容。

11　若要再新增 row 或複製 row 時，先選取建立好的 row，再按下右上角的新增按鈕即可新增或複製 row。

12-3 Bootstrap類別

Bootstrap最大的優勢就是提供了許多經常會使用到的類別，讓網頁開發者減少許多撰寫CSS樣式的時間。在 **ex12-04.html** 範例中，我們將元素都套用了類別，你可以開啟該檔案進行類別設定練習。

12-3-1 間距類別

間距類別可以讓元素之間有間距，若沒有在元素中加入間距類別，那所有的區塊就會黏在一起，如下圖所示。

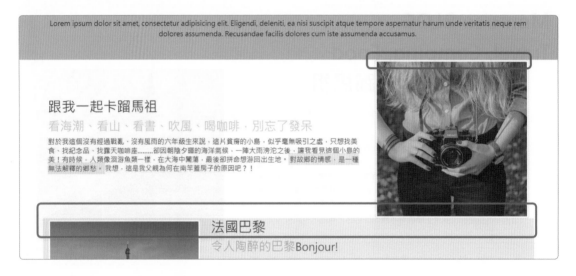

間距類別的格式為**屬性 方向 - 中斷點 - 大小**，例如：mt-sm-4，代表當螢幕尺寸 ≧576px 時，設定頂部 (top) 的外距 (margin) 大小為4。

屬性	說明	屬性	說明
m	設定 margin	p	設定 padding
方向	說明	方向	說明
t	top	b	bottom
s	start	e	end
x	left 及 right	y	top 及 bottom
空白	top、bottom、left、right		
中斷點	說明	中斷點	說明
無	< 576px 時就開始套用該類別	sm	≧576px 時就開始套用該類別
md	≧768px 時就開始套用該類別	lg	≧992px 時就開始套用該類別
lx	≧1200px 時就開始套用該類別	xxl	≧1400px 時就開始套用該類別

大小	說明	大小	說明
0	設定 margin 或 padding 為 0	4	設定 margin 或 padding 為 1.5rem
1	設定 margin 或 padding 為 0.25rem	5	設定 margin 或 padding 為 3rem
2	設定 margin 或 padding 為 0.5rem	auto	設定 margin 為 auto
3	設定 margin 或 padding 為 1rem		

12-3-2　顏色與透明度類別

Bootstrap 的顏色類別屬性語法為 **元件 - 顏色**，若要設定文字的顏色，使用 **text-顏色**；若要設定背景顏色，使用 **bg- 顏色**，文字跟背景也可以合併使用，語法為 **text-bg- 顏色**，顏色的部分有 **primary**（藍色）、**success**（綠色）、**info**（藍綠色）、**warning**（黃色）、**danger**（紅色）、**secondary**（灰色）、**dark**（黑色）、**light**（淺灰色）可以使用。若將顏色加上 **subtle**，則會將顏色以淺色調呈現，語法為 **元件 - 顏色 -subtle**。

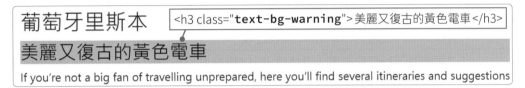

漸層背景色

使用背景色彩時，還可以加上 **.bg-gradient** 類別，背景色彩就會以線性漸變方式呈現。

透明度

使用 **text-opacity-{amount}** 類別可以為文字顏色加上透明度，背景顏色則要使用 **bg-opacity-{amount}** 類別，不過要注意，**使用透明度前，一定要有顏色類別**。

12-3-3 文字類別

Bootstrap 與文字相關的類別還不少,下表列出較常使用的類別。

類別	說明
.h1~6	h1 的 font-size 為 2.5rem,h2 為 2rem,之後每降一個層級就減去 0.25rem。
.small	原尺寸縮小 80%。
.text-muted	文字色彩變淺。
.display-1~6	超大文字,1 為最大。
.lead	前導文字,將文字加大加粗 (font-size: 1.25rem 及 font-weight: 300)。
.mark	標記文字,黃底標記效果。
.text-start .text-center .text-end	文字對齊,start 靠左對齊;center 置中對齊;end 靠右對齊。
.fs-1~.fs-6	文字大小,共有六種大小,.fs-1 為最大,.fs-6 為最小。
.fw-*	字體粗細及斜體,可使用 .fw-bold (粗體)、.fw-semibold (半粗體)、.fw-normal (正常)、.fw-italic (斜體) 等。
.lh-*	控制段落行間的高度,可使用 .lh-1 (行高 1)、.lh-sm (行高 1.25)、.lh-base (行高 1.5)、.lh-lg (行高 2)。

12-3-4 圖片類別

Bootstrap 提供 **.img-fluid 類別,可以將圖片設定為響應式模式,會套用 max-width:100%;** 及 **height:auto;** 兩個屬性,讓圖片隨著父元素的寬度自動縮放,而最大寬度為圖片的原尺寸。

▲ 當父元素的寬度變寬時,圖片會跟著放大;當父元素的寬度縮小時,圖片會跟著縮小

　　若要幫圖片加上框線，可以使用 **.img-thumbanil** 類別，它會在圖片四周加上 1px 的白色框線。要讓圖片呈現圓角時，可以使用 **.rounded** 類別，它會將圖片的四個角設為 **border-radius:0.25rem**。

　　使用 **.float-start** 及 **.float-end** 類別可以設定圖片靠左及靠右對齊，若要讓圖片置中對齊可以使用 **.mx-auto** 及 **.d-block** 兩個類別。

12-3-5　表格類別

　　Bootstrap 提供了表格類別，設定表格外觀及效果，常用的類別如下表所列。

類別	說明
.table	會自動套用 Bootstrap 提供的表格樣式，像是寬度、框線、背景色彩等。
.table-striped	奇數列及偶數列自動產生交替色彩。
.table-striped-columns	奇數欄及偶數然自動產生交替色彩。
.table-bordered	四邊框線為 border:1px solid #dee2e6，可使用 border-{color} 設定色彩。
.table-borderless	清除框線。
.table- 顏色	加入網底色彩，可以使用在 <table>、<tr>、<td> 及 <th> 等元素，如 table-warning，表示加入黃色網底。
.table-hover	滑鼠游標移至表格列時會顯示變色效果。
.table-active	指定某欄或某列的色彩，以突顯該欄或列。
.table-sm	讓表格的儲存格緊縮。
.table align-middle	讓儲存格內的內容垂直置中對齊。
.table-responsive	響應式表格，還可以加上 sm、md、lg、xl、xxl 等斷點。

```
<div class="table-responsive">
  <table class="table table-striped table-hover table-bordered table
    align-middle">
    <thead>
      <tr class="table-dark text-center">
        <th></th><th></th><th></th>
      </thead>
      <tbody>
        <tr class="table-warning"></tr>
        <tr class="table-danger"></tr>
        <tr class="table-info">
      </tbody>
```

文章分類	文章標題	文章日期	備註
旅遊	跟我一起卡蹓馬祖	6月10日	有詳細的住宿資訊
食記	跟我一起吃遍馬祖美食	8月8日	愛吃的你一定要看
露營	有天然冷氣的高山營地	10月10日	露營裝備介紹

12-3-6 框線類別

Bootstrap提供了框線類別可以幫元素加上框線、色彩、寬度、圓角等，如下表所列。

類別	說明
.border	顯示框線，若要隱藏則使用.border-0。
.border-top	顯示上方框線，若要隱藏則使用.border-top-0。
.border-end	顯示右方框線，若要隱藏則使用.border-end-0。
.border-bottom	顯示下方框線，若要隱藏則使用.border-bottom-0。
.border-start	顯示左方框線，若要隱藏則使用.border-start-0。
.border-顏色	設定框線顏色，如border-warning，表示框線為黃色。
.border-1~5	設定框線寬度，數值越大寬度越寬，級距差為 1px。
.border-opacity-*	設定框線透明度。
.rounded	設定圓角，可使用rounded-top、rounded-end、rounded-bottom、rounded-start等單獨設定四邊的圓角，使用rounded-circle設定為圓形、rounded-pill設定為橢圓形，加上數值則可以設定圓角的尺寸，例如：.rounded-2，數值0~5，0為沒有圓角。

class="border border-3 border-opacity-50 border-info border-start-0 rounded-end"

| 旅遊 | 跟我一起卡蹓馬祖 | 6月10日 | 有詳細的住宿資訊 |

12-3-7　浮動、位置、display類別

使用浮動類別可以設定元素的浮動對齊方式，而使用位置類別可以改變元素的position屬性，display類別可以用來切換元素是否要顯示。

浮動類別	說明	浮動類別	說明
.float-start	靠左浮動	.float-end	靠右浮動
.float-none	不浮動	.clearfix	清除浮動
位置類別	**說明**		
position-{value}	提供static、relative、absolute、fixed、sticky等五種常用模式。還提供top、bottom、start、end等定位參數，可以搭配translate製作偏移。		
display 類別	**說明**		
.d-{value}	可使用的值有none、inline、inline-block、block、grid、table、table-cell、table-row、flex、inline-flex。		
.d-{breakpoint}-{value}	用於響應式中斷sm、md、lg、xl、xxl，例如：class="d-none d-lg-block"語法，為當螢幕尺寸於lg時隱藏元素。		

class="position-absolute top-10 start-50 translate-middle pb-5"

12-3-8　大小類別

Bootstrap提供了 **.w-*** 與 **.h-*** 類別設定元素占父元素寬度與高度的百分比，設定值有25、50、75、100及auto（預設值），還可以使用相對於viewport（瀏覽器目前網頁的範圍）設定寬度與高度。

```
<div class="w-25">Width 25%</div>
<div class="h-75">Height 75%</div>
<div class="vw-100">Width 100vw</div>
<div class="vh-100">Height 100vh</div>
```

12-3-9 表單類別

在 Bootstrap 中加入 <form> 元素後，會預先套用基本的樣式，於 <input>、<textarea> 及 <select> 加入 **.form-control** 類別後，欄位寬度會被設定為 100%，加入 **.form-control-lg** 或 **.form-control-sm** 可以設置高度。每個元素可搭配 <label> 元素加上說明標籤，再加入 **.form-label** 類別 (提供 margin-bottom 間隔)，會有更好的視覺效果。

在 **ex12-05.html** 範例中，我們將一些表單常用的元素都套用了類別，你可以開啟該檔案進行表單類別設定練習。

input輸入元素

使用 <input> 元素要宣告正確的 type 類型屬性，Bootstrap 才會套用正確的樣式，所以不太需要再加入什麼類別。

輸入群組

輸入群組是以區塊元素為容器，加上 **.input-group** 類別後，再於容器中加入 <input> 元素，即可在欄位中加入文字或其他元素。

而附加內容顯示的文字要加入 **.input-group-text** 類別，這裡要注意的是 <label> 須在輸入群組之外。使用 **.input-group-sm** 類別可以將輸入群組設定為小型尺寸，**.input-group-lg** 類別則為大型尺寸。

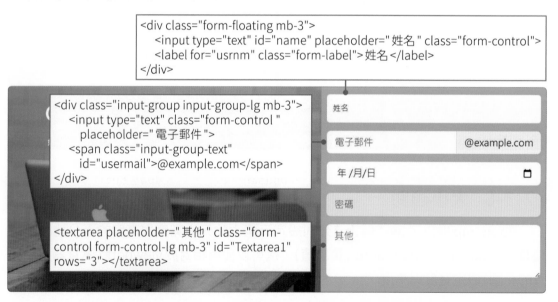

在輸入欄位中附加核取方塊、單選鈕、按鈕、下拉式選單

在輸入群組中還可以直接附加核取方塊、單選鈕、按鈕及下拉式選單，且可以附加多個。

```
<!--附加核取方塊-->
<div class="input-group mb-3">
    <div class="input-group-text">
        <input type="checkbox" class="form-check-input">
    </div>
    <input type="text" class="form-control" placeholder="附加核取方塊">
</div>
<!--附加單選鈕-->
<div class="input-group mb-3">
    <div class="input-group-text">
        <input type="radio" class="form-check-input">
    </div>
    <input type="text" class="form-control" placeholder="附加單選鈕">
</div>
<!--附加按鈕-->
<div class="input-group mb-3">
    <input type="text" class="form-control" placeholder="輸入要搜尋的關鍵字">
    <button class="btn btn-danger" type="button" id="button1">搜尋</button>
</div>
<!--附加下拉式選單-->
<div class="input-group mb-3">
    <button class="btn btn-danger dropdown-toggle " type="button"
        id="button1" data-bs-toggle="dropdown">搜尋</button>
    <ul class="dropdown-menu">
        <li><a class="dropdown-item" href="#">美食</a></li>
        <li><a class="dropdown-item" href="#">旅遊</a></li>
        <li><a class="dropdown-item" href="#">露營</a></li>
    </ul>
    <input type="text" class="form-control" placeholder="輸入要搜尋的關鍵字">
</div>
```

select元素

　　<select> 元素可以使用 **.form-select** 來綁定選單的外觀，一樣可以設定元素的尺寸，使用 **.form-select-lg** 及 **.form-select-sm** 即可，預設下選單為單選，若要複選則需加入 **multiple** 屬性。

```
<label for="food" class="form-label">選擇你喜歡的食物</label>
   <select id="food" class="form-select form-select-lg mb-3">
      <option value="food1">苦瓜</option>
      <option value="food2">茄子</option>
      略
   </select>
```

radio與checkbox元素

　　<radio> 及 <checkbox> 元素都是使用 **.form-check** 來綁定外觀，而 <input> 及 <label> 元素可以使用 **.form-check-input** 及 **.form-check-label** 類別。若要將元素放置同一行時，可以加上 **.form-check-inline** 類別。

```
<!--單選鈕-->
<div class="form-check form-check-inline">
   <label for="love" class="form-check-label">我愛你</label>
   <input class="form-check-input" type="radio" name="choice" id="love"
      value="愛" checked>
</div>
<div class="form-check form-check-inline">
   <label for="nolove" class="form-check-label">我不愛你</label>
   <input class="form-check-input" type="radio" name="choice"
      id="nolove" value="不愛">
</div>
<!--核取方塊-->
<div class="form-check form-check-inline">
   <label for="black" class="form-check-label">黑色</label>
   <input class="form-check-input" type="checkbox" value="black" checked>
</div>
略
```

switch元素

　　<switch> 為切換開關元素，是核取方塊的變化，使用時只要再加上 **.form-switch** 類別即可。

```
<div class="form-check form-switch form-check-inline">
   <label for="black" class="form-check-label">黑色</label>
   <input class="form-check-input" type="checkbox" value="black" checked>
</div>
```

range元素

　　<range> 元素可以呈現滑桿，讓使用者直接使用滑桿輸入資料，使用時只要再加上 **.form-range** 類別即可。若要設定範圍最大最小值時，可以使用 min 及 max 屬性，step 屬性則可以設定範圍每次調整的間隔值。

```
<label for="range1" class="form-label">目前進度</label>
<input type="range" class="form-range" min="0" max="5" step="0.5"
   id="range1">
```

浮動標籤

　　將輸入元素加入 **.form-floating** 浮動標籤類別，可以讓標籤文字浮動到欄位的頂部，當使用者在點選欄位時，標籤文字就會縮小並自動往欄位上方移動。

禁用狀態

　　在表單元素中加入 **disabled** 屬性時，表示該元件禁止使用，此時元件的外觀及欄位的文字會呈現灰色狀態。

button、submit、reset元素

<button>、<submit>、<reset>等元素可以使用.btn來綁定外觀，再使用.btn-顏色或.btn-outline-顏色類別設定基本樣式。

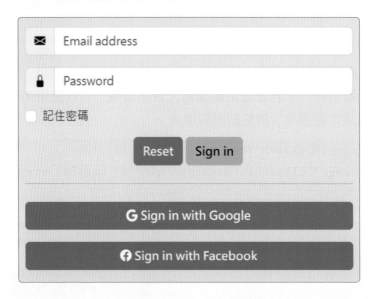

```
<div class="text-center">
   <input class="btn btn-success fw-bold" type="reset" value="Reset">
   <input class="btn btn-warning fw-bold" type="submit" value="Sign in">
</div>
<hr class="my-4">
<div class="d-grid">
   <button class="btn btn-danger fw-bold mb-3" type="submit"><i
      class="bi bi-google"></i> Sign in with Google</button>
   <button class="btn btn-primary fw-bold mb-3" type="submit"><i
      class="bi bi-facebook"></i> Sign in with Facebook</button>
</div>
```

●●● 自我評量

● 選擇題

( )1. 下列關於Bootstrap的網格說明，何者<u>不正確</u>？(A)斷點(Breakpoints)是用於控制版面如何在不同的裝置，或viewport大小進行響應式的變化　(B)容器(Container)是Bootstrap中最基本的布局外框元素，但使用網格系統時不一定要搭配使用　(C) container-fluid類別為流動式版面　(D)網格最外層為row，內層為col。

( )2. 下列關於Bootstrap的網格說明，何者<u>不正確</u>？(A)可以使用.order-*來控制col的順序　(B)可以使用offset-*及offset-{breakpoint}-*方式設定col位移　(C)設定網格時，可以使用col類別設定欄位的寬度，欄數沒有限制　(D)建構網格時除了可以使用col及col-*外，還可以使用col-{breakpoint}及col-{breakpoint}-*斷點方式來設定，且兩種可混合使用。

( )3. 下列關於Bootstrap的類別說明，何者<u>不正確</u>？(A)加入p-3類別，表示要設定margin為1rem　(B)加入text-danger類別，表示要設定文字色彩　(C)使用img-fluid類別，可以將圖片設定為響應式模式　(D)加入fw-bold類別，表示要將文字設為粗體。

( )4. 「mt-sm-4」類別中的「sm」表示？(A)方向　(B)中斷點　(C)大小　(D)框線。

( )5. 使用Bootstrap的類別時，若要設定背景顏色的透明度時，可以使用下列哪個類別？(A) bg-gradient　(B) bg-primary　(C) bg-info　(D) bg-opacity。

( )6. 下列關於Bootstrap的表格及框線類別說明，何者<u>不正確</u>？(A)加入table-striped類別，表示要設定奇數列及偶數列自動產生交替色彩　(B)加入table-sm類別，表示要讓表格的儲存格緊縮　(C)加入border-top-0類別，表示要隱藏上框線　(D)加入border-1~5類別，表示要設定框線寬度，數值越大寬度越小。

( )7. 下列關於Bootstrap的表單類別說明，何者<u>不正確</u>？(A) <radio>及<checkbox>元素都是使用.form-label來綁定外觀　(B)加入form-control類別後，欄位寬度會被設定為100%　(C) <select>元素可以使用form-select來綁定選單的外觀　(D)在表單元素中加入disabled屬性時，表示該元件禁止使用。

( )8. 若要在表單中加入切換開關，可以使用下列哪個元素？(A) radio　(B) range　(C) input　(D) switch。

( )9. 若要在表單中加入滑桿，可以使用下列哪個元素？(A) radio　(B) range　(C) input　(D) switch。

( )10. 使用Bootstrap的類別時，若要將表單中的輸入元素標籤文字浮動到欄位的頂部時，可以使用下列哪個類別？(A) form-range　(B) form-label　(C) form-floating　(D) form-control。

● 實作題

1. 請開啟「ex12-a.html」檔案,使用 Bootstrap 製作一個相片牆網頁。

2. 請開啟「ex12-b\ex12-b.html」檔案,使用 Bootstrap 建立表單。

使用Bootstrap組件設計網頁

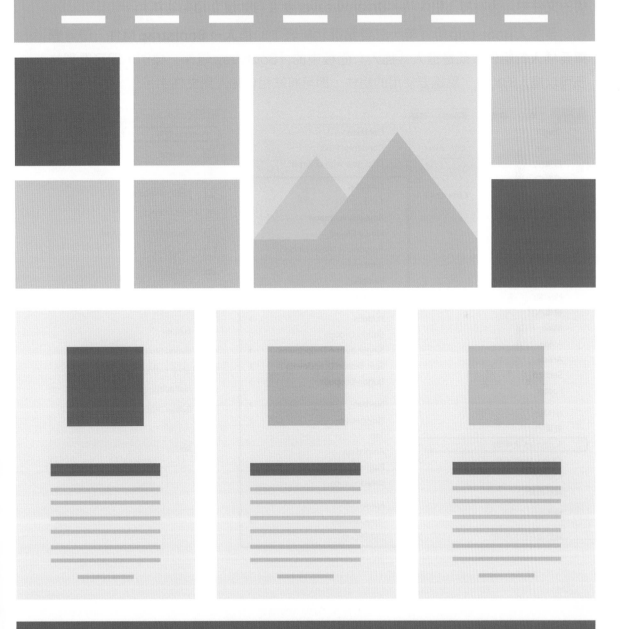

Dreamweaver CC

13-1 關於Bootstrap組件

　　Bootstrap提供了許多已建置完成的組件，我們只要插入到網頁文件即可快速地完成按鈕、圖片輪播、選單等製作。Dreamweaver CC 2021內建的是Bootstrap 4.4.1，因此所提供的組件與最新版本的5.3.2有所不同，若要使用新版本所提供的組件，可以至官方網站參考使用說明。

　　使用Bootstrap組件時，不需要再另外插入容器，可以直接使用到非Bootstrap架構的文件中，因為加入組件時，Dreamweaver便會自動建立相關的檔案。

　　要加入Bootstrap組件時，只要點選功能表中的**插入→Bootstrap組件**，即可選擇要插入的組件。或是進入「插入」面板中的「Bootstrap組件」類別，即可看到許多可以插入的組件，點選要使用的組件，即可將該組件插入到文件中。

13-2　Carousel組件

Carousel (輪播)組件常用於圖片輪播,而使用該組件時,還會使用到CSS 3D轉場與JavaScript控制替換。

13-2-1　使用Carousel組件製作圖片輪播

使用Carousel組件可以製作出圖片輪播的效果,只要準備好所需的圖片即可。這裡請開啟 **ex13-01\ex13-01.html** 範例檔案,我們要在 <header> 元素中加入 Carousel 組件。

01 開啟網頁文件,切換至即時檢視模式中,點選 <header> 元素,進入「插入」面板中的「Bootstrap 組件」類別,點選 **Carousel** 組件,位置選擇**巢狀化**,即可在 <header> 元素中加入 Carousel 組件。

02 該組件會建立一個容器，並加上 id（該值須是唯一），再加入 **.carousel** 及 **.slide** 類別（轉場效果），而放置輪播內容的容器，則會加入 **.carousel-inner** 類別，在此容器之下可放入多個項目，並將項目加入 **.carousel-item** 類別（預設下只會加入三個項目），每個項目裡可以放置圖片或文字等內容，且要將 **.active** 類別加入到其中一個 **.carousel-item** 上，如此才能正常輪播。Carousel 組件的基本結構語法如下：

```html
<div id="carouselExample" class="carousel slide" data-bs-ride="carousel">
  <div class="carousel-inner">
    <div class="carousel-item active">
      <img src="..." class="d-block mx-auto" alt="...">
    </div>
    <div class="carousel-item">
      <img src="..." class="d-block mx-auto" alt="...">
    </div>
  <div class="carousel-item">
    <img src="..." class="d-block mx-auto" alt="...">
    </div>
  </div>
</div>
```

03 Carousel 組件已建立好基本結構，我們只要更換圖片及說明文字，即可完成圖片輪播的製作。首先設定要輪播的圖片，按下第一張圖片的 編輯 HTML 屬性 按鈕，開啟選單，按下 按鈕，選擇要使用的圖片，選擇好後按下 **確定** 按鈕。

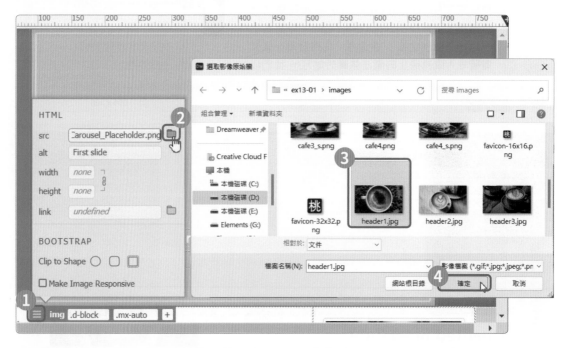

04 設定好要顯示的第一張圖片後,再幫圖片加上 **.w-100** 類別,讓圖片的寬度與父元素同寬,到這裡就完成了第一張圖片的設定。

05 接著按著 **Ctrl** 鍵不放,再按下右邊的輪播控制按鈕,切換到第二張圖片。

先按著 Ctrl 鍵不放,再按下輪播切換按鈕

06 按下 img 元素的 **編輯 HTML 屬性** 按鈕,開啟選單,按下 按鈕,選擇要使用的圖片,選擇好後按下 **確定** 按鈕,再幫圖片加上 **.w-100** 類別,完成第二張圖片的設定。

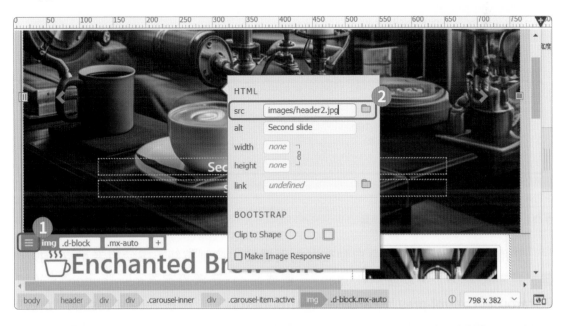

07 切換到第三張圖片，按下 img 元素的▤**編輯 HTML 屬性**按鈕，開啟選單，按下▢ 按鈕，選擇要使用的圖片，選擇好後按下**確定**按鈕，再幫圖片加上 **.w-100** 類別，完成第三張圖片的設定。

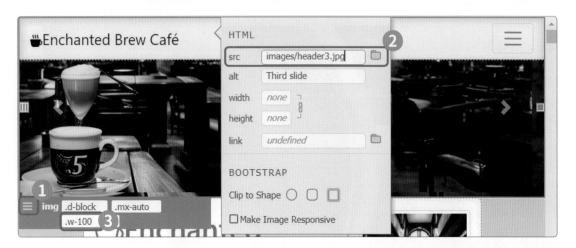

08 在預設下只會有三張圖片輪播，若要再加入圖片，可以進入程式碼檢視模式中，複製語法，再修改程式碼即可。

```html
<div class="carousel-inner" role="listbox">
  <div class="carousel-item active"> <img class="d-block mx-auto w-100"
src="images/header1.jpg" alt="First slide">
    <div class="carousel-caption">
      <h5>First slide Heading</h5>
      <p>First slide Caption</p>
    </div>
  </div>
  <div class="carousel-item"> <img class="d-block mx-auto w-100" src="images/header2.jpg"
alt="Second slide">
    <div class="carousel-caption">
      <h5>Second slide Heading</h5>
      <p>Second slide Caption</p>
    </div>
  </div>
  <div class="carousel-item"> <img class="d-block mx-auto w-100" src="images/header3.jpg"
alt="Third slide">
    <div class="carousel-caption">
      <h5>Third slide Heading</h5>
      <p>Third slide Caption</p>
    </div>
  </div>
</div>
```

13-2-2 輪播控制按鈕

使用Carousel組件時，會自動在左右兩邊加入控制按鈕，讓使用者可以切換。建立控制按鈕時，可以使用<button>元素或將<a>元素設定為role="button"，並加入**.carousel-control-prev**及**.carousel-control-next**類別，再加入**data-bsslide="prev"**及**data-bs-slide="next"**屬性，即可進行觸發行為，加入**.carousel-control-prev-icon**及**.carousel-control-next-icon**類別，便會顯示控制按鈕圖示。

```
<a class="carousel-control-prev" href="#carouselExampleIndicators1"
role="button" data-slide="prev"> <span class="carousel-control-prev-
icon" aria-hidden="true"></span> <span class="sr-only">Previous</span>
</a> <a class="carousel-control-next" href="#carouselExampleIndicators1"
role="button" data-slide="next"> <span class="carousel-control-next-
icon" aria-hidden="true"></span> <span class="sr-only">Next</span> </a>
```

除了左右兩邊的控制按鈕外，還會自動加入導覽圖示(**.carousel-indicators**類別)，而**data-slide-to=***屬性是告知導覽到第幾項目，最小值為0，data-bs-target屬性裡的id必須與父容器相同。

```
<ol class="carousel-indicators">
  <li data-target="#carouselExampleIndicators1" data-slide-to="0" class="active"></li>
  <li data-target="#carouselExampleIndicators1" data-slide-to="1"></li>
  <li data-target="#carouselExampleIndicators1" data-slide-to="2"></li>
</ol>
```

13-2-3　標題與說明文字

使用Carousel組件時，會自動為每張圖片加入標題(<h5>)與說明文字(<p>)，若不想使用時，直接選取該元素再按下**Delete**鍵刪除即可。若要使用，直接點選該元素，再將預設的文字修改為要呈現的內容即可。

這些文字加入了**.carousel-caption**類別，讓文字呈現在img的上層。若文字不想呈現在行動裝置上時，可以加入**.d-none**及**.d-md-block**類別，這樣當使用行動裝置瀏覽時，就不會出現標題與說明文字。

```
<div class="carousel-caption d-none d-md-block">
  <h5>Enchanted Brew Café</h5>
  <p>cappuccino</p>
</div>
```

13-2-4 轉場效果

　　預設下會將 Carousel 組件加入 **.slide** 類別，讓輪播的圖片有轉場效果，而該效果為從右滑動，每5秒變換一次，及滑鼠懸停時會暫停轉場動作。若要更改為淡入淡出的轉場效果，只要在父容器加入 **.carousel-fade** 類別即可。若要更改各項目的轉場時間，則可以加入 **data-bs-interval="1000"** 屬性(單位為毫秒)。

▲ 最後結果請參考 ex13-01\ex13-01-ok.html

13-3 Navbar/Navs&Tabs/Pagination組件

Navbar (導覽列)、Navs (導覽) & Tabs (標籤) 及 Pagination (分頁導覽) 等組件常使用在網站選單，這節就來看看如何使用。

13-3-1 Navbar

Navbar(導覽列) 可以將 nav 結構設計成選單，還能加入圖片或表單等元素。這裡請繼續使用 **ex13-01\ex13-01.html** 範例檔案，我們要使用 Navbar 組件製作導覽列，並將導覽列固定在上方，在導覽列左邊加入了 LOGO 與文字，在最右邊加入了搜尋表單元素，當瀏覽器的寬度 ≥ 768px 時，會以水平方式顯示；當瀏覽器的寬度 <768px 時，會將網站名稱以外的項目收合到導覽按鈕中，展開導覽按鈕就會以垂直方式顯示導覽列選單。

01 開啟網頁文件，切換至即時檢視模式中，點選 <header> 元素，進入「插入」面板中的「Bootstrap 組件」類別，按下 **Navbar** 組件選單鈕，於選單中點選 **Navbar fixed to top**，位置選擇**巢狀化**，即可加入 Navbar 組件。

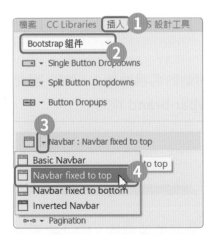

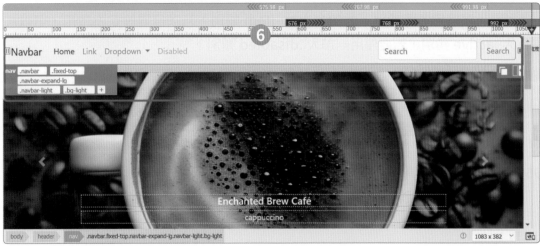

02 Navbar 組件已包含了文字、選單及搜尋表單元素。nav 主容器加入了 **.navbar** 類別，而 **.fixed-top** 類別則是將導覽列固定顯示在網頁的上方，不管如何捲動視窗，導覽列仍會位於網頁的上方；**.navbar-expand-lg** 類別是讓導覽列以響應式呈現，選單會依斷點來決定要水平呈現還是垂直呈現，這裡我們將 **.navbar-expand-lg** 類別修改為 **.navbar-expand-md**。

💬 **知識補充**

若要將導覽列固定顯示在網頁的上方或下方時，可以加入 **.fixed-top**、**sticky-top** 及 **.fixed-bottom**、**sticky-bottom** 類別。**fixed** 為固定定位，不管如何捲動視窗，物件就是不會移動；**sticky** 為黏貼定位，預設定位在父層空間，當視窗捲動到該物件位置時，物件會跟著移動，但僅限於「在父層空間內」移動。

03 接著將導覽列中的 Navbar 文字修改為網站的名稱並加入 LOGO 圖 (cup-hot-fill.svg)，網站名稱及 LOGO 圖，使用了 **.navbar-brand** 類別。

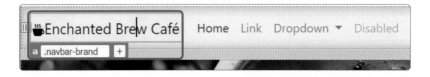

04 接著修改選單文字及連結設定，並將多餘的選單刪除。Navbar 是使用 <ul> 及 <li> 元素設定導覽項目，並加上 **.nav-item** 類別，若項目要設定為啟用，可以加入 **.active** 類別，若要停用則加入 **.disabled** 類別。

05 若選單下還有選項時，可以加入 **.dropdown** 類別，再將按鈕或連結包含進去，成為下拉式選單，按鈕加入 **.dropdown-toggle** 類別及 **data-bs-toggle="dropdown"** 屬性。

06 設定下拉式選單中的選項時,只要加上 **.dropdown-menu** 及 **.dropdown-item** 類別即可;若要設定下拉式清單中的標題,在標題元素加入 **.dropdown-header** 類別;若要設定分隔線,可以加入 **.dropdown-divider** 類別。Navbar fixed to top 組件已幫我們預設了下拉式選單,所以只要進入程式碼檢視模式中,修改選單文字及增加選單項目的語法即可。

```html
<li class="nav-item dropdown"> <a class="nav-link dropdown-toggle" href="#"
id="navbarDropdown1" role="button" data-toggle="dropdown" aria-haspopup="true" aria-
expanded="false"> Product  </a>
  <div class="dropdown-menu" aria-labelledby="navbarDropdown1">
      <p class="dropdown-header" >Café</p>
      <a class="dropdown-item" href="#">expresso</a>
      <a class="dropdown-item" href="#">cappuccino</a>
      <div class="dropdown-divider"></div>
        <a class="dropdown-item" href="#">macchiato</a>
      </div>
</li>
```

07 到這裡導覽選單就製作完成囉!按下 **F12** 鍵,預覽設定結果。

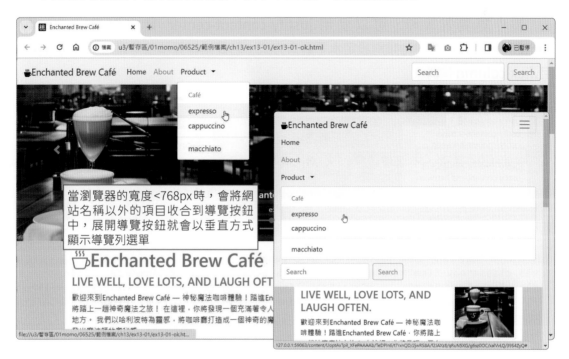

當瀏覽器的寬度<768px時,會將網站名稱以外的項目收合到導覽按鈕中,展開導覽按鈕就會以垂直方式顯示導覽列選單

13-3-2 Nav & Tabs

Nav (導覽)組件搭配Tabs (標籤)組件可以製作出水平導覽選單,在 **Navigation** 組件中提供了四種不同的選單類型,**Nav Tabs** 可以製作出標籤式的文字選單;**Nav Tabs With Dropdown** 則是再加入了下拉式選單;**Nav Pills** 可以製作出按鈕式的選單;**Nav Pills with Dropdown** 則是再加入下拉式選單。

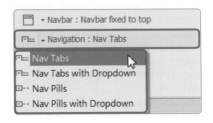

導覽選單也是使用<ul>及<li>元素設定導覽項目,標籤式的導覽項目要在<ul>元素中加上 **.nav** 及 **.nav-tabs** 類別,而按鈕式的導覽項目要在<ul>元素加上 **.nav** 及 **.nav-pills** 類別,在<li>元素加上 **.nav-item** 類別。這裡請繼續使用 **ex13-01\ex13-01.html** 範例檔案,試著在頁尾加入 Nav Tabs。

製作導覽選單時,可以使用 **.justify-content-center** (置中對齊)及 **.justify-content-end** (靠右對齊)類別設定水平對齊方式,若要讓導覽項目垂直顯示,則可以使用 **.flex-column** 類別。

```
<ul class="nav nav-tabs justify-content-center">
  <li class="nav-item"> <a class="nav-link active" href="#">Home</a> </li>
  <li class="nav-item"> <a class="nav-link text-white" href="#">About</a> </li>
  <li class="nav-item"> <a class="nav-link text-white" href="#">Product</a> </li>
</ul>
```

設定好後按下 **F12** 鍵，預覽設定結果。

若 將 <ul class="nav nav-tabs justify-content-center"> 語 法 中 的 nav-tabs 改 為 **nav-pills**，那麼導覽項目會以按鈕方式呈現。

▲ 最後結果請參考 ex13-01\ex13-01-ok.html

13-3-3 Pagination

Pagination (分頁導覽)組件常用在多篇文章項目的分頁導覽，使用者只要點擊分頁，就可以切換到不同的頁面。這裡請繼續使用 **ex13-01\ex13-01.html** 範例檔案，我們要使用 Pagination 組件製作分頁導覽，並將組件設為大尺寸且置中對齊，在左右兩邊加入切換控制圖示。

01 開啟網頁文件，切換至即時檢視模式中，點選 <p> 元素，進入「插入」面板中的「Bootstrap 組件」類別，按下 **Pagination** 組件選單鈕，於選單中點選 **Basic Pagination**，位置選擇**之後**，即可加入 Pagination 組件。

02 Pagination 組件已包含了分頁選項及切換控制按鈕,並在主容器加入 **.pagination** 類別,選項則加上了 **.page-item**,若將選項加上 **.active** 類別,則表示為目前 啟用的頁數,而左右兩邊的切換控制按鈕則加上了 **.page-link** 類別,還可以加 入 **.pagination-{lg|sm}** 類別,設定分頁的尺寸。

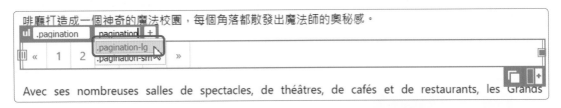

03 再加上 **.justify-content-center** 類別,即可讓組件置中對齊。

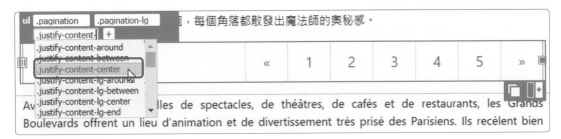

04 都設定好後,按下 **F12** 鍵,預覽設定結果。

▲ 最後結果請參考 ex13-01\ex13-01-ok.html 範例檔案

13-4 Buttons組件

Bootstrap提供了許多與Buttons (按鈕) 相關的組件，如單一按鈕、按鈕群組等。

13-4-1 加入Buttons組件

在Bootstrap中 將 <button> 元 素 搭 配 **.btn** 類 別， 再 使 用 **.btn-顏色** 或 **.btn-outline-顏色** 類別設定基本樣式，即可快速地完成按鈕外觀設定。除此之外，還可以直接使用 Buttons 組件中預設好的組件直接加入到網頁文件中。這裡請繼續使用 **ex13-01\ex13-01.html** 範例檔案，加入 Buttons 組件。

01 開啟網頁文件，切換至即時檢視模式中，點選 <p> 元素，進入「插入」面板中的「Bootstrap 組件」類別，按下 **Buttons** 組件選單鈕，選單中有許多預設好的 Button，這裡直接點選要使用的組件即可，點選後，位置選擇**之後**。

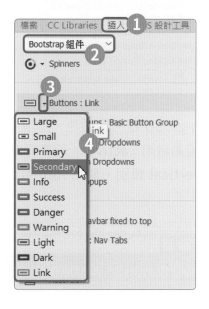

02 該按鈕已設定好類別及顏色，若要設定按鈕的大小時，可以使用 **.btn-sm** 及 **.btn-lg** 類別來設定。

03 設定好後，即可將按鈕上的文字修改為要呈現的文字並設定要連結的檔案。

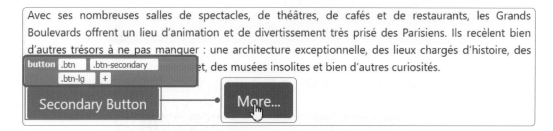

13-4-2 加入Button Group組件

　　將多個按鈕透過一個父容器組合起來，再加入 **.btn-group** 類別，就可以讓所有按鈕放置在同一列成為**按鈕群組** (Button Group)。這裡請繼續使用 **ex13-01\ex13-01. html** 範例檔案，加入 Button Group 組件。

01 開啟網頁文件，切換至即時檢視模式中，點選 <p> 元素，進入「插入」面板中的「Bootstrap 組件」類別，按下 **Button Group** 組件選單鈕，選單中有許多預設好的 Button Group，點選 **Basic Button Group**，位置選擇**之後**。

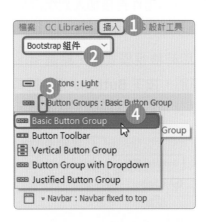

02 群組按鈕已設定好 **.btn-group** 類別及顏色，而其中有一個按鈕會被設為停用 (**.disabled**)；另一個被設為啟用 (**.active**)。若要將按鈕群組設定為垂直顯示時，可以使用 **.btn-group-vertical** 類別。使用 **.btn-group-sm** 及 **.btn-group-lg** 類別可以設定按鈕的大小。

03 群組裡的按鈕還可以個別設定不同樣式，若要取消停用，只要將 .disabled 類別刪除即可。

04 設定好後，即可將按鈕上的文字修改為要呈現的文字並設定要連結的檔案。

13-4-3 Dropdowns

建立按鈕時，可以在按鈕中加入**Dropdowns**(下拉式選單)，當按下按鈕後，就會顯示清單內容。要建立有下拉式選單的按鈕時，在Button Group組件中可以使用「**Button Group with Dropdown**」，或是使用「**Single Button Dropdowns**、**Split Button Dropdowns**、**Button Dropups**」等組件。

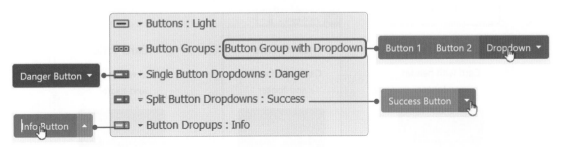

在父容器中會加入**.dropdown**類別，再將按鈕或連結包含進去，成為下拉式選單，按鈕則加入**.dropdown-toggle**類別及**data-bs-toggle="dropdown"**屬性。預設下，下拉式選單的展開方向是向下展開，若要指定方向可以使用**.dropup**(向上展開)、**.dropend**(向右展開)及**.dropstart**(向左展開)類別來設定。

13-5 Card組件

Card(卡片)是一個靈活且可擴展的內容容器，可以包含頁首、頁尾、主體，還可以放置圖片、標題及文字內容，能與其他組件或類別組合使用。

13-5-1 加入Card組件

Card組件提供了四種不同類型的組合，在Card中可以有頁首、標題文字、內容、圖片、按鈕、頁尾等。這裡請繼續使用**ex13-01\ex13-01.html**範例檔案，加入一個包含頁首及頁尾的Card組件。

01 開啟網頁文件，切換至即時檢視模式中，點選 <h1> 元素，進入「插入」面板中的「Bootstrap 組件」類別，按下 **Cards** 組件的選單鈕，點選 **Card with Header and Footer**，位置選擇**之後**，即可加入組件。

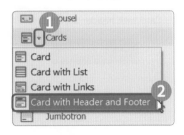

02 Card with Header and Footer 組件已設定好 **.card** 類別，而頁首使用了 **.card-header** 類別；主體內容使用了 **.card-body** 類別；標題文字使用了 **.card-title** 類別；文字使用了 **.card-text** 類別；頁尾使用了 **.card-footer** 類別。

03 基本的 Card 結構語法如下：

```
<div class="card">
    <div class="card-header">略</div>
        <div class="card-body">
            <h5 class="card-title">略</h5>
            <p class="card-text">略</p>
            <a href="#" class="btn btn-primary">Read</a>
        </div>
    <div class="card-footer">略</div>
</div>
```

04 若要調整 Card 的欄寬時，只要將滑鼠游標移至**調整欄大小**的按鈕上，並拖曳滑鼠即可調整。

05 接著修改 Card 裡的內容。要設定 Card 的文字及色彩時,只要使用 **.text-bg-** **顏色** 類別即可,使用 **.border-** **顏色**類別,可以設定邊框色彩。

13-5-2 在Card中加入圖片

若要在Card中加入圖片,可以直接使用Card組件,只要進入「插入」面板中的「Bootstrap組件」類別,按下 **Cards** 組件的選單鈕,點選 **Card**,即可加入帶有圖片的Card組件。

在預設下圖片是在 Card 的上方 (**.card-img-top**),若要將圖片改為放置於下方時,只要使用 **.card-img-bottom** 類別即可。製作card時,還可以將圖片設定為card的背景,在圖片上就可以疊加其他元素,只要加入 **.card-img-overlay** 類別即可。

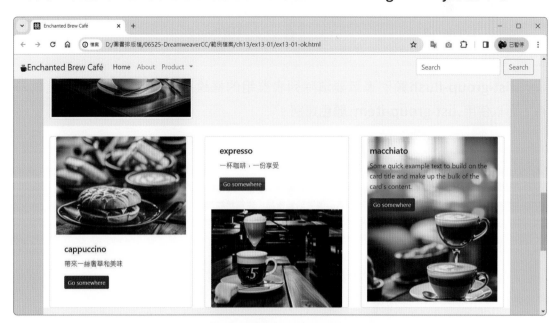

▲ 最後結果請參考 ex13-01\ex13-01-ok.html

Dreamweaver CC

13-5-3　在Card中加入List Group

　　在 Card 中還可以加入 **List Group** (列表群組)，可以製作出垂直或水平之連續排列的清單群組。只要進入「插入」面板中的「Bootstrap組件」類別，按下 **Cards** 組件的選單鈕，點選 **Card with List**，即可加入帶有列表群組的 Card 組件。

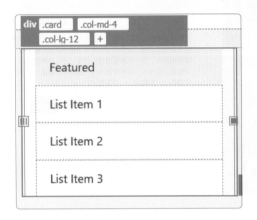

　　List Group 父元素使用 **.list-group** 類別，子元素使用 **.list-group-item** 類別。子元素支援 **.active** 與 **.disabled** 效果，使用 a 當子元素時，可以加入 **.list-group-item-action** 類別，就會有 hover 特效。

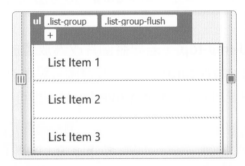 

　　.list-group-flush 類別表示要清除列表群組的框線及圓角，要將列表加上色彩時，可以使用 **.list-group-item-顏色** 類別。

在 13-1~13-5 節中我們學習了不少的組件，而這些組件的設計結果可以參考 **ex13-01\ex13-01-ok.html** 範例檔案，結果畫面如下圖所示。

13-6 Tooltip/Modal/Offcanvas/Accordion/Toasts組件

這節將介紹 Tooltip (工具提示)、Modal (互動視窗)、Offcanvas (重疊側邊欄)、Accordion (手風琴) 及 Toasts (吐司方塊) 等組件。不過,這些組件在 Dreamweaver 中都未提供或版本過舊,所以要使用時可以進入程式碼檢視模式中建立相關的程式碼。在 **ex13-02\ex13-02.html** 範例中,我們將上述的組件都製作好了,你可以開啟該檔案進行設定練習。

13-6-1 Tooltip

Tooltip (工具提示) 組件可以製作出提示框,當使用者將滑鼠游標移至按鈕或超連結上時,就會顯示工具提示。工具提示框需依靠第三方函式庫 popper.js 進行定位,必須在 bootstrap.js 之前引入 popper.min.js,或是使用已經包含 popper.js 的 bootstrap.bundle.min.js/bootstrap.bundle.js,這樣工具提示框才會正常運作。

要使用時加入 **data-bs-toggle="tooltip"** 屬性來啟用工具提示,使用 **data-bs-placement=""** 屬性可以設定工具提示的顯示位置,可使用的值有 **top**、**bottom**、**right**、**left**,元素中要有 **title** 屬性,用來設定工具提示的文字。

```
<a class="btn btn-danger btn-sm" data-bs-toggle="tooltip"
   data-bs-placement="top" title="進入Facebook" role="button"
   href="https://www.facebook.com/Go.go.Matsu/">馬祖愛趴GO</a>
```

```
<script>
   const tooltipTriggerList = document.querySelectorAll('[data-bs-
      toggle="tooltip"]')
   const tooltipList = [...tooltipTriggerList].map(tooltipTriggerEl =>
      new bootstrap.Tooltip(tooltipTriggerEl))
</script>
```

使用者將滑鼠游標移至按鈕後,在上方會出現提示框,並加入 JavaScript 程式碼將工具提示加以初始化。

13-6-2　Modal

　　Modal（互動視窗）組件可以透過觸發時動態呼叫另一組隱藏的浮動內容視窗，主要結構為觸發按鈕與內容元素。按鈕須加入 **data-bs-toggle="modal"** 屬性，再加入 **data-bs-target=#id** 屬性，設定目標對象。內容元素主要分為以下三層：

● 第一層 **.modal**：為視窗主體，要設定 **id**，還可以加入 **.fade** 類別，讓視窗有淡入效果。

● 第二層 **.modal-dialog**：為 modal 視窗外觀，可加入 **.modal-dialog-centered** 屬性，讓視窗垂直置中顯示。

● 第三層 **.modal-content**：為視窗內容區，可以有 **.modal-header**、**.modal-body** 及 **.modal-footer** 類別，設定視窗頁首、內容及頁尾。

```
<!-- Button trigger modal -->
<button type="button" class="btn btn-warning btn-sm" data-bs-toggle=
   "modal" data-bs-target="#exampleModal">關於牛角聚落</button>
<!-- Modal -->
<div class="modal fade" id="exampleModal">
   <div class="modal-dialog modal-dialog-centered">
      <div class="modal-content">
         <div class="modal-header">
            <h5 class="modal-title" id="exampleModalLabel">關於牛角聚落</h5>
            <button type="button" class="btn-close" data-bs-dismiss=
               "modal" aria-label="Close"></button>
         </div>
         <div class="modal-body">
            <p>略</p>
         </div>
         <div class="modal-footer">
            <button type="button" class="btn btn-secondary"
               data-bs-dismiss="modal">離開</button>
         </div>
      </div>
   </div>
</div>
```

使用者點選按鈕後，便會出現一個垂直置中的視窗。

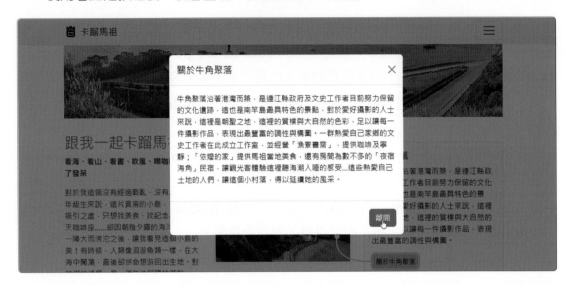

13-6-3 Offcanvas

Offcanvas (重疊側邊欄)組件可以建立一個重疊的側邊欄，原理與 Modals 組件有些相同，使用時，可以設定從上、下、左、右顯示側邊欄，還可以使用響應式斷點設定顯示。

在主容器加入 **.offcanvas** 類別，即可設定為重疊側邊欄組件，而加入 **.offcanvas-start** (左側)、**.offcanvas-top** (上方)、**.offcanvas-end** (右方)及 **.offcanvas-bottom** (下方)類別，可以設定要顯示的位置。

內容區與 Modals 組件一樣，可以有 **.offcanvas-header**、**.offcanvas-body** 及 **.offcanvas-footer** 等類別，設定側邊欄內容的頁首、內容及頁尾。

```
<nav class="navbar bg-body-secondary fixed-top">
  <div class="container">
    <a class="navbar-brand" href="#">
    <img src="img/backpack3-fill.svg" alt="Logo" width="30" height="24"
      class="d-inline-block align-text-top"> 卡蹓馬祖 </a>
    <button class="navbar-toggler" type="button" data-bs-toggle=
      "offcanvas" data-bs-target="#offcanvasNavbar"
      aria-controls="offcanvasNavbar" aria-label="Toggle navigation">
      <span class="navbar-toggler-icon"></span></button>
    <div class="offcanvas offcanvas-start" tabindex="-1"
      id="offcanvasNavbar" aria-labelledby="offcanvasNavbarLabel">
      <div class="offcanvas-header">
        <h5 class="offcanvas-title" id="offcanvasNavbarLabel">
          <i class="bi bi-camera"></i> 卡蹓馬祖 </h5>
        <button type="button" class="btn-close"
          data-bs-dismiss="offcanvas" aria-label="Close"></button>
      </div>
```

```
    <div class="offcanvas-body">
        <p class="text-center">略</p>
        <img src="img/button1.jpg" class="rounded-circle mx-auto d-block">
        <div class="list-group list-group-flush pt-3">
            <a href="#" class="list-group-item list-group-item-action
                list-group-item-danger">馬祖美食</a>
            <a href="#" class="list-group-item list-group-item-action
                list-group-item-success">馬祖旅遊</a>
            <a href="#" class="list-group-item list-group-item-action
                list-group-item-info">馬祖住宿</a>
            <a href="#" class="list-group-item list-group-item-action
                list-group-item-secondary">馬祖購物</a>
        </div>
    </div>
    </div>
    </div>
</nav>
```

　　使用者按下導覽列上的選單鈕後，在左側就會開啟側邊欄，在網頁中再點擊滑鼠，側邊欄就會自動隱藏，側邊欄裡有標題、文字、圖片及列表群組等。

13-6-4 Accordion

　　Accordion (手風琴)組件可以製作出垂直摺疊效果,製作時,先在父容器加入 **.accordion** 類別,而清單項目使用 **.accordion-item** 類別;項目標題使用 **.accordion-header**;要隱藏的區塊元素加入 **.accordion-collapse** 類別;要顯示的內容則加入 **.accordion-body** 類別;而 **data-bs-parent** 屬性是確保在顯示某一項目時,指定父元素下的所有元素都是收合的。

　　區塊內的互動子元素,可以使用 button,只要加入 **.accordion-button** 類別,並指定 **data-bs-toggle="collapse"** 屬性即可。

```
<div class="accordion" id="accordionExample">
   <div class="accordion-item">
      <h2 class="accordion-header">
      <button class="accordion-button" type="button"
         data-bs-toggle="collapse" data-bs-target="#collapseOne"
         aria-expanded="true" aria-controls="collapseOne">
      新臺馬輪交通資訊</button></h2>
      <div id="collapseOne" class="accordion-collapse collapse show"
         data-bs-parent="#accordionExample">
            <div class="accordion-body">略</div>
      </div>
   </div>
   <div class="accordion-item">
      <h2 class="accordion-header">
         <button class="accordion-button collapsed" type="button"
            data-bs-toggle="collapse" data-bs-target="#collapseTwo"
            aria-expanded="false" aria-controls="collapseTwo">
         站推薦</button></h2>
      <div id="collapseTwo" class="accordion-collapse collapse"
         data-bs-parent="#accordionExample">
         <div class="accordion-body">
            <div class="list-group">略</div>
         </div>
      </div>
   </div>
   <div class="accordion-item">略</div>
</div>
```

我們將第一個項目設為開啟狀態,當使用者點選其他項目的展開鈕時,第一個項目就會摺疊起來。

13-6-5 Toasts

Toasts (吐司方塊) 組件可以製作出推播方塊,來顯示網站要呈現的訊息。使用時,只要在主容器加入 **.toast** 類別即可,在預設下該組件是隱藏的,若要直接顯示在頁面上,要加入 **.show** 類別,或使用 JavaScript 或 jQuery 執行 toast() 物件。

建立 .toast 時,建議要包含 **.toast-header** (標題)、**.toast-body** (內容) 及 **.btn-close** (關閉按鈕) 類別,在預設下 **.toast-body** 為半透明。

若要呈現多個 .toast 時,可以先建立一個大容器,並加入 **.toast-container** 類別,來包覆所有的 .toast,這樣 .toast 就會自動堆疊排列,且每個方塊會自動加入 0.75rem 的間距,當然還可以使用 top、bottom、start、end 等類別設定方塊的位置。

```
<div class="toast-container position-fixed bottom-0 end-0 p-3">
   <div class="toast show" role="alert" aria-live="assertive"
       aria-atomic="true">
      <div class="toast-header text-danger">
         <i class="bi bi-bell"></i><strong class="me-auto">船班訊息</strong>
         <button type="button" class="btn-close" data-bs-dismiss="toast"
            aria-label="Close"></button>
      </div>
      <div class="toast-body">颱風來襲，今日船班停駛</div>
   </div>
   <div class="toast show" role="alert" aria-live="assertive"
      aria-atomic="true">
      <div class="toast-header text-bg-danger">
         <i class="bi bi-bell"></i><strong class="me-auto">航班訊息</strong>
         <button type="button" class="btn-close" data-bs-dismiss="toast"
            aria-label="Close"></button>
      </div>
      <div class="toast-body">颱風來襲...</div>
   </div>
</div>
```

範例中的 Toasts 被設定為直接顯示於網頁上。

若要讓用者按下按鈕或連結開啟訊息框時，就要使用 JavaScript 進行初始化。

```
const toastTrigger = document.getElementById('liveToastBtn')
const toastLiveExample = document.getElementById('liveToast')

if (toastTrigger) {
   const toastBootstrap = bootstrap.Toast.getOrCreateInstance(toastLiveExample)
   toastTrigger.addEventListener('click', () => {
      toastBootstrap.show()
   })
}
```

●●● 自我評量

● 選擇題

(　) 1. 下列關於 Bootstrap 的 Carousel 組件說明，何者<u>不正確</u>？ (A)放置輪播內容的容器，要加入 .carousel-item 類別　(B)輪播時若要有轉場效果可以加入 .slide 類別　(C)加入 .carousel-caption 類別可以設定字幕　(D)加入 .carousel-indicators 類別會顯示導覽圖示。

(　) 2. 下列關於 Bootstrap 的組件說明，何者<u>不正確</u>？ (A) Navs 組件搭配 Tabs 組件可以製作出水平導覽選單　(B)加入 .navbar 類別，即可成為導覽列組件　(C) 若要讓 Nav 導覽組件垂直顯示，可以使用 .flex-row 類別　(D) .pagination 類別，即可設定為分頁導覽元件。

(　) 3. 下列關於 Bootstrap 的 Button 組件說明，何者<u>不正確</u>？ (A) .btn 類別即可快速地完成按鈕外觀設定　(B)加入 .btn-close 類別，就會顯示關閉按鈕　(C) .btn-sm 及 .btn-lg 類別可以設定按鈕的大小　(D)要建立群組按鈕只要加入 .dropdown 類別即可。

(　) 4. 使用 Dropdown 組件時，若要指定選單的展開方向(向上展開)，可以使用下列哪個類別？ (A) .top　(B) .dropup　(C) .up　(D) .drop。

(　) 5. 下列關於 Bootstrap 的 Card 組件說明，何者<u>不正確</u>？ (A)加入 .card-img-top 類別可以將圖片設定在 card 的上方　(B)加入 .card-group 類別可以將多個 .card 組成一個群組　(C) 主體內容使用 .card 類別　(D)加入頁尾，可以使用 .card-footer 類別。

(　) 6. 下列哪個組件可以製作出提示框，當使用者將滑鼠游標移至按鈕或超連結上時，就會顯示工具提示？ (A) Modal　(B) Tooltip　(C) Offcanvas　(D) Toasts。

(　) 7. 下列哪個組件可以透過觸發時動態呼叫另一組隱藏的浮動內容視窗，主要結構為觸發按鈕與內容元素？ (A) Modal　(B) Tooltip　(C) Offcanvas　(D) Toasts。

(　) 8. 下列關於 Bootstrap 的 Offcanvas 組件說明，何者<u>不正確</u>？ (A)加入 .offcanvas-top 類別可以將顯示位置設為上方　(B)加入 .offcanvas-header 類別可以設定頁首　(C)主體內容使用 .offcanvas-body 類別　(D)加入頁尾，可以使用 .offcanvas-end 類別。

(　) 9. 下列關於 Bootstrap 的 Accordion 組件說明，何者<u>不正確</u>？ (A)用來顯示或隱藏元素　(B)可以製作出觸發摺疊效果　(C)清單項目使用 .accordion-item 類別　(D)項目標題使用 .accordion-header。

(　) 10. 下列關於 Bootstrap 的 Toasts 組件說明，何者<u>不正確</u>？ (A)在預設下該組件是隱藏的　(B)可以使用 .btn-close 類別加入關閉按鈕　(C)使用 .toast-header 類別可以設定標題　(D)加入 .hide 類別可以直接在頁面顯示該組件。

● 實作題

1. 請開啟「ex13-a.html」檔案，將建構好的架構修改為正式的網頁。

⇨ 參考範例

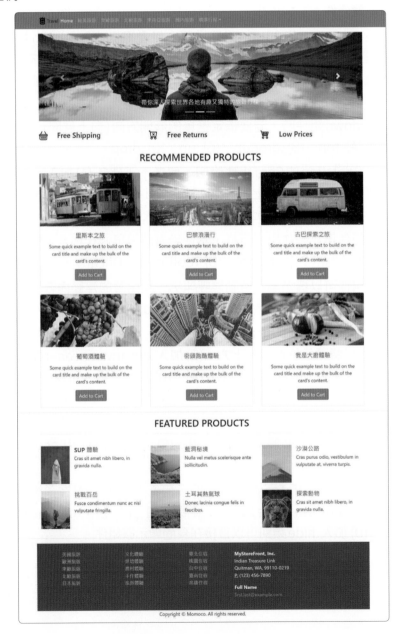

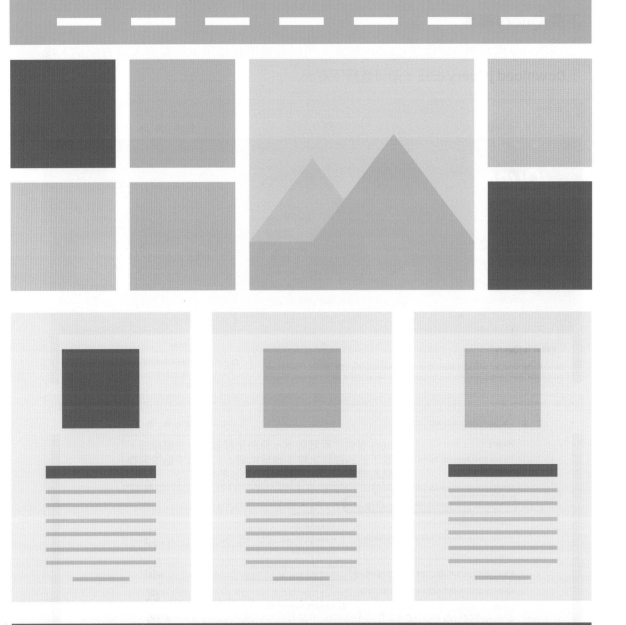

使用jQuery設計網頁

Dreamweaver CC

14-1 jQuery基本概念

jQuery簡化了JavaScript的語法，強化了JavaScript功能，還提供了外掛模組，如jQuery UI、jQuery Mobile等，讓開發者可以更輕鬆地完成網站內容的製作。

14-1-1 jQuery的使用

要使用jQuery時，有兩種方式，分別說明如下。

下載jQuery檔案

jQuery官方網站提供了jQuery檔案，可以直接下載使用，只要進入官方網站，按下 **Download jQuery** 按鈕，即可進行下載。

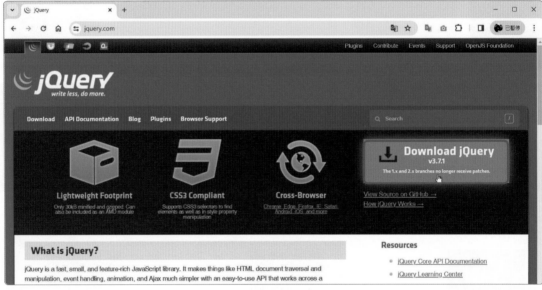

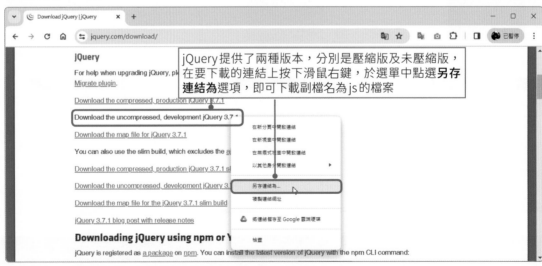

▲ jQuery官方網站 (https://jquery.com)

檔案下載完成後，將檔案放到與html檔案相同的資料夾內，並在html的 <head></head>中定義使用下載的js檔案。

```
<head>
    <script src="jquery-3.7.1.min.js"></script>
</head>
```

透過CDN載入jQuery

除了下載檔案外，還可以使用 Content Delivery Network (CDN)，引用網路上的 js檔案，不需要下載檔案。網路上有許多CDN可以使用，如jQuery.com、Google及 微軟等。

● jQuery.com

```
<head>
    <script src="https://code.jquery.com/jquery-3.7.1.min.js"></script>
</head>
```

● Google

```
<head>
    <script src="https://ajax.googleapis.com/ajax/libs/jquery/3.7.1/
        jquery.min.js"></script>
</head>
```

● 微軟

```
<head>
    <script src="https://ajax.aspnetcdn.com/ajax/jQuery/
        jquery-3.7.1.min.js"></script>
</head>
```

14-1-2　jQuery的語法

jQuery的語法設計使得許多操作變得更容易，如操作document、選擇DOM 元素、建立動畫效果、處理事件等。jQuery語法是以 **$()為開頭，也可以寫成 jQuery()**，若使用一些JavaScript外掛也剛好有$()時，就可以改寫成完整語法 jQuery()，這樣就不會相衝突，基本語法如下：

```
$(selector).action()     //$(對象).行為(參數/任務)
```

從上列語法可以看出jQuery的語法較為簡潔，例如：在JavaScript中使用 getElementById、getElementsByTagName、getElementsByClassName等取得一個 元素，而jQuery只要直接使用selector即可取得。

```
len obj1 = document.getElementById("mytimer");      //JavaScript的寫法
len obj2 = $("#mytimer");                            //jQuery的寫法
```

在jQuery中，還可以連續地使用函數，將它們串接起來，如下列語法所示：

```
$("#text").css("color", "blue");
$("#text").css("background-color", "red");
```

可以串接成：

```
$("#text").css("color", "blue").css("background-color", "red");
```

14-1-3 jQuery的選擇器

jQuery最重要的技術就是「選擇器」，使用選擇器即可取得HTML元素，接著就可以對它們做一些事。

基本選擇器

jQuery的基本選擇器，如下表所列。

選擇器	範例	說明
全體選擇器	$("*")	所有元素。
元素選擇器	$("p")	標籤為 \<p\> 的元素。
類別選擇器	$(".boxtext")	class 屬性值為 boxtext 的元素。
id 選擇器	$("#boxtext")	id 屬性值為 boxtext 的元素。
群組選擇器	$("#box,#boxtext")	以逗點分隔，符合其中之一即可。
子代選擇器	$("ul > li")	找到該 ul 位置之子層級的 li 元素。
後代選擇器	$(h1 #header)	找到 h1 元素，且 id=header。
兄弟或相鄰選擇器	$("div+p")	\<div\>區塊\</div\>\<p\>段落1\</p\>\<p\>段落2\</p\> 選到第一個 \<p\>
同層全體選擇器	$("div~p")	\<div\>區塊\</div\>\<p\>段落1\</p\>\<p\>段落2\</p\> 選到所有 \<p\>

看到這裡，有沒有發現標籤、id及類別選擇器的使用概念與CSS選擇器很像。例如：

```
$("#boxtext a");    //jQuery，取得id為boxtext的元素其內部的所有連結<a>
#boxtext a {        //CSS
    ...
}
```

篩選選擇器

　　jQuery的篩選選擇器可以幫助我們方便地篩選出需要的目標元素。篩選選擇器的用法與CSS中的偽元素相似，以「:」冒號開頭。

基本篩選器		
篩選器	篩選對象	範例
:not(selector)	除此以外的其他元素。	$("div:not("#box")")
:first	第一個元素。	$("p:first")
:last	最後一個元素。	$("p:last")
:odd	奇數元素。	$("p:odd")
:even	偶數元素。	$("p:even")
:eq(index)	索引值等於 <index> 的元素。	$("p:eq(5)")
:gt(index)	索引值大於 <index> 的所有元素。	$("p:gt(5)")
:lt(index)	索引值小於 <index> 的所有元素。	$("p:lt(5)")
:header	所有 <h1> ~ <h6> 的元素。	$(":header")
:focus	目前聚焦的元素。	$(":focus")

內容篩選器		
篩選器	篩選對象	範例
:contains(text)	文字內容包含text的元素。	$(":contains("Hi")")
:empty	空元素 (沒有孩子)。	$(":empty")
:parent	非空元素 (有孩子)。	$(":parent")
:has(<selector>)	內容包含某個元素。	$("div:has("li")")

可見篩選器		
篩選器	篩選對象	範例
:hidden	隱藏的元素。	$("h1:hidden")
:visible	可見的元素。	$("table:visible")

屬性篩選器		
篩選器	篩選對象	範例
[attribute]	有該屬性的元素。	$("[href]")
[attribute=value]	有該屬性值的元素。	$("[href="#"]")
[attribute!=value]	有該屬性但沒有該屬性值的元素。	$("[href!="#"]")

屬性篩選器		
篩選器	篩選對象	範例
[attribute^=value]	有該屬性且以該值開頭的元素。	$("[name^="user"]")
[attribute$=value]	有該屬性且以該值結尾的元素。	$("[href$=".png"]")
[attribute*=value]	有該屬性且屬性值包含此字串的元素。	$("[name*="wang"]")
[attribute|=value]	有該屬性值或以 - 字元連接並的元素。	$("[class|="box"]")
[attribute~=value]	在多個屬性值中存在該屬性值。	$("[class~="username"]")
[attribute1=value] [attribute2=value]	符合所有選擇器的元素。	$("[class="first"] [class="second"]")

Child 篩選器		
選擇器	篩選對象	範例
:first-child	只能選擇父元素的第一個子元素，等同於 nth-child (1)。	$("p:first-child")
:last-child	只能選擇父元素的最後一個子元素。	$("p:last-child")
:nth-child(n)	選擇父元素之下的第n個子元素。	$("li:nth-child(2)")
:first-of-type	元素的同種類元素之中第1個子元素。	$("p:first-of-type")
:last-of-type	元素的同種類元素之中最後1個子元素。	$("p:last-of-type")
:nth-of-type(n)	元素的同種類元素之中第n個子元素。	$("li:nth-of-type(2)")
:nth-last-child(n)	元素之下倒數第n個子元素。	$("li:last-of-type(2)")
:nth-last-of-type(n)	元素的同種類元素之中，倒數第n個子元素。	$("li:nth-last-of-type(2)")
:only-child	元素之下僅有1個的子元素。	$("p:only-child")
:only-of-type	元素的同種類元素之中，僅有1個的子元素。	$("p:only-of-type")

表單篩選器		
篩選器	篩選對象	範例
:input	所有 input 元素。	$(":input")
:text	所有 text input 元素。	$(":text")
:password	所有 password input 元素。	$(":password")
:radio	所有 radio button 元素。	$(":radio")
:checkbox	所有 checkbox 元素。	$(":checkbox")
:submit	所有 submit button 元素。	$(":submit")
:button	所有 button 元素。	$(":button")

表單篩選器		
篩選器	篩選對象	範例
:reset	所有 reset 元素。	$(":reset")
:image	所有 image 元素。	$(":image")
:file	所有 file 元素。	$(":file")
:checked	所有被選取的 radio button 或 checkbox 元素。	$(":checked")
:selected	所有下拉式選單裡被選擇的元素。	$(":selected")
:enabled	所有啟用元素。	$(":enabled")
:disabled	所有停用元素。	$(":disabled")

14-2 jQuery事件與效果

　　jQuery 的事件處理是互動效果中很重要的一環，有許多程式執行都要靠事件來觸發；而 jQuery 的效果 (Effects) 可以快速地加入一些特效，讓特定的元素以動態方式消失顯示，而不需要撰寫任何程式碼。這節就來看看該如何使用。

14-2-1 事件的類型

　　jQuery 常見的事件類型有載入事件、滑鼠事件、瀏覽器事件、鍵盤事件及表單事件等。

載入事件

事件	說明
.ready	DOM 載入完成後 (不等待其他資源載入) 觸發該事件。

滑鼠事件

事件	說明
.click()	設定元素被點擊時觸發該事件。
.dblclick()	設定元素被滑鼠雙擊時觸發該事件。
.hover()	設定元素移入、移出時觸發該事件。
.mouseover()	設定滑鼠停在元素上時觸發該事件。
.mouseout()	設定滑鼠移出元素上時觸發該事件。
.mouseenter()	設定滑鼠停在元素上時觸發該事件 (包含範圍內的子元素)。

事件	說明
.mouseleave()	設定滑鼠移出元素上時觸發該事件 (包含範圍內的子元素)。
.mousedown()	設定元素被按下時觸發該事件。
.mousemove()	設定滑鼠在元素上方移動時觸發該事件。
.mouseup()	設定滑鼠離開元素上方時觸發該事件。

瀏覽器事件

事件	說明
.resize()	設定瀏覽器視窗大小改變時觸發該事件。
.scroll()	設定瀏覽器視窗被捲動時觸發該事件。

鍵盤事件

事件	說明
.keydown()	按下鍵盤按鍵時觸發該事件。
.keypress()	鍵盤輸入時觸發該事件。
.keyup()	放開鍵盤按鍵時觸發該事件。

表單事件

事件	說明
.submit()	送出表單資料時觸發該事件。
.change()	當表單元素內容改變時觸發該事件。
.focus()	當表單元素取得焦點時觸發該事件。
.focusin()	當表單元素取得焦點時觸發該事件 (包含子元素)。
.blur()	當焦點離開表單元素時觸發該事件。
.focusout()	當焦點離開表單元素時觸發該事件 (包含子元素)。
.select()	表單元素的值被選取時觸發該事件。
.reset()	當重設表單時發發該事件。

14-2-2 事件處理

　　要觸發一個事件要有**指定選取對象、指派事件、傳遞一個函式**等三個步驟，白話文就是「是誰？在什麼時候？做了什麼事情？」。jQuery 事件觸發有以下方式。

使用事件名稱直接觸發

　　使用事件名稱直接觸發只有在DOM元素已經存在時才會有作用，在網頁讀取完畢時，若DOM元素還不存在，那就無法使用。下列語法為帶有參數的事件，綁定所有段落觸發click事件時，將文字顏色改為紅色：

```
$("p").click(function() {
    $(this).css("color", "red");
});
```

　　下列語法為不帶有參數的事件，觸發所有段落的click事件：

```
$("p").click();
```

使用on( )方法觸發

　　.on()方法是將某個選擇器元素一次全部載入相同的事件，語法如下：

```
.on(events [, selector ] [, data ], handler)
```

　　當選擇器省略時，事件處理函式稱為**直接綁定**，會發生在選定的元素上，也就是呼叫該事件的元素。如下列語法將table與td都載入click事件：

```
$("table td").on("click", function (e) {
    alert($(this).html())
})
```

　　當提供選擇器參數時，事件處理程序稱為**委派綁定**，事件不被綁定元素所使用，而只對綁定元素的後代選擇器使用，委派綁定的優點在於可以處理來自後代元素的事件，也就是程式後來產生的後代DOM元素。如下列語法將table下的td元素都載入click事件。

```
$("table").on("click", "td",function(e){
    alert( $(this).html() );
});
```

　　on()可以多個事件綁定一個事件處理函式，各事件類型以空格隔開，語法如下：

```
$("#btn").on("click mouseover", function(e){
    alert("你按了按鈕!");
});
```

　　on()的第三個參數，可以用來傳資料到事件處理函式，在回呼函數中可用e.data.屬性名稱取值，語法如下：

```
$("#btn").on("click", {"name":"Momoco"},function(e){
    alert( e.data.name + "按了按鈕!");  //顯示Momoco按了按鈕!
});
```

移除事件處理函式

要移除事件處理函式時，可以使用off ()，移除元素的所有事件，語法如下：

```
$("h1").off();                      //移除所有h1元素的事件處理
$("h1").off("click");               //移除所有h1元素的click事件處理
$("h1").off("click", "#demo");      //移除#demo的click事件委任
```

在 **ex14-01.html** 範例中，使用了 mouseover 及 mouseleave 事件，來改變文字色彩及內容。

```
<script src="https://code.jquery.com/jquery-3.7.1.min.js"></script>
<script>
    $(document).ready(function() {
        $("#bg-text").on({
            mouseover: function () {      //滑鼠移入
                $(this).css("color" , "yellow");
                $(this).text("Bonjour! Momoco");
            },
            mouseleave: function(){       //滑鼠移出
                $(this).css("color" , "#ffffff");
                $(this).text("MOMOCO Paris");
            }
        });
    });
</script>
```

▲ 滑鼠移入後改變文字色彩及文字內容

14-2-3 常用的效果

一般常用的 jQuery 效果如下表所列。

效果	說明
.show()	顯示隱藏的元素,語法如下: `$(selector).show([duration] [,complete])` duration 以毫秒 (ms) 為單位,預設為 400ms,也可以使用 slow(600ms)、normal、fast(200ms) 等三種字串設定速度。
.hide()	隱藏元素,語法如下: `$(selector).hide([duration] [,complete])`
.toggle()	切換顯示或隱藏元素,語法如下: `$(selector).toggle([duration] [,complete])`
.fadeIn()	以淡入的特效來顯示元素,語法如下: `$(selector).fadeIn([duration] [,complete])`
.fadeOut()	以淡出的特效來隱藏元素,語法如下: `$(selector).fadeOut([duration] [,complete])`
.fadeToggle()	以淡化方式切換顯示或隱藏元素,語法如下: `$(selector).fadeToggle([duration] [,easing] [,complete])`
.fadeTo()	動態漸變調整元素的透明度,語法如下: `$(selector).fadeTo(duration, opacity [,complete])` opacity 是不透明度值 0~1。
.slideUp()	元素向上滑出消失,語法如下: `$(selector).slideUp([duration] [,complete])`
.slideDown()	元素向下滑入顯示,語法如下: `$(selector).slideDown([duration] [,complete])`
.slideToggle()	以滑動方式切換顯示或隱藏元素,語法如下: `$(selector).slideToggle([duration ] [,complete])`
.delay()	延遲執行,語法如下: `$(selector).delay(duration [,queueName])`

14-2-4 加入效果

要在網頁文件中加入效果時,只要選取目標、設定選項及確認動作等三步驟,即可完成效果的設定。

要使用時先切換至設計檢視模式中，再點選功能表中的**視窗→行為**(Shift+F4)，開啟**行為**面板，按下**+**按鈕，於選單中點選**效果**，就會看到 Dreamweaver 提供的所有 jQuery 效果。

這裡請開啟 **ex14-02\ex14-02.html** 範例檔案，我們要製作當使用者按下**關閉訊息**按鈕時，會以向上滑動的方式隱藏整個訊息區域；當滑鼠游標移至圖片上時，圖片會呈現淡入淡出的效果。

01 進入設計檢視模式，選取「關閉訊息」文字，按下**行為**面板的 **+** 按鈕，於選單中點選**效果→ Slide**，開啟「Slide」對話方塊。

02 接著設定目標元素、作用期間、可見度及距離，設定好後按下**確定**按鈕。

選擇要隱藏的元素，該元素須設有id，才會出現在此選單中

設定效果的持續時間，以毫秒 (ms) 為單位，1000毫秒為1秒

hide 表示隱藏

選擇隱藏方向，up 表示往上移出

設定移出的距離

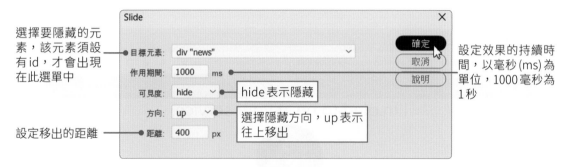

03 設定完成後，在**行為**面板中就會看到設定好的效果。

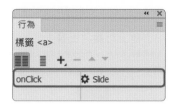

04 按下 **Ctrl+S** 快速鍵，將檔案儲存起來，儲存時，會開啟「複製相關檔案」對話方塊，這裡會顯示要儲存的程式檔案，沒問題後按下**確定**按鈕。存檔後就會自動新增「jQueryAssets」資料夾來存放相關的程式檔案。

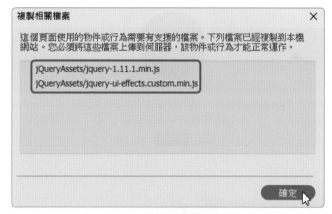

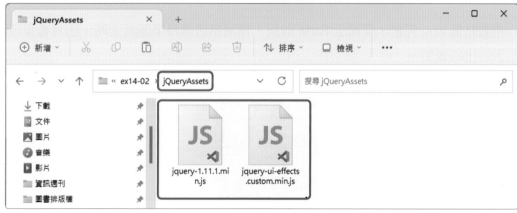

05 按下 **F12** 鍵，預覽設計結果。當按下「關閉訊息」按鈕後，訊息區域會往上移出並隱藏起來。

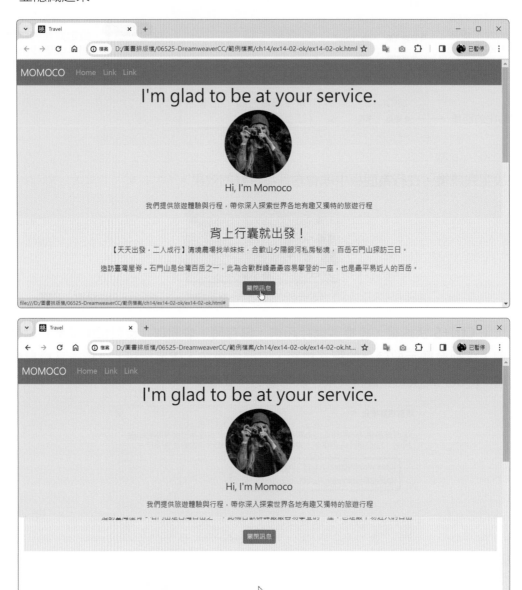

06 接著點選 img 元素，要加上 Fade 效果，當滑鼠游標移至圖片上時，圖片會呈現淡入淡出的效果。

07 按下**行為**面板的 + 按鈕，於選單中點選**效果→ Fade**，開啟「Fade」對話方塊。設定目標元素、作用期間及可見度，設定好後按下**確定**按鈕。

08 在**行為**面板中就會看到設定好的效果。接著要更改觸發方式，請按下事件選單鈕，於選單中點選 **onMouseOver** 事件，這樣只要當滑鼠在元素上方移動時就會觸發該事件。

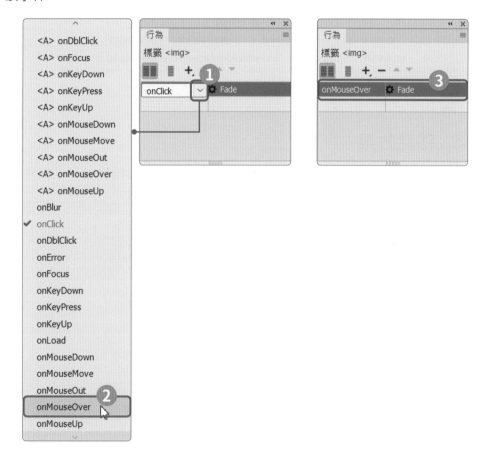

09 進入程式碼檢視模式中，在 img 元素中會看到 jQuery 相關的程式碼。

```
<img src="https://picsum.photos/id/823/150/150" class="mx-auto d-block
rounded-pill"
onMouseOver="MM_DW_effectFade($(this),'toggle','fade',2000)">
```

10 按下 **Ctrl+S** 快速鍵，將檔案儲存起來。按下 **F12** 鍵，預覽設計結果。當將滑鼠游標移至圖片上時，圖片就會呈現淡入淡出的效果。

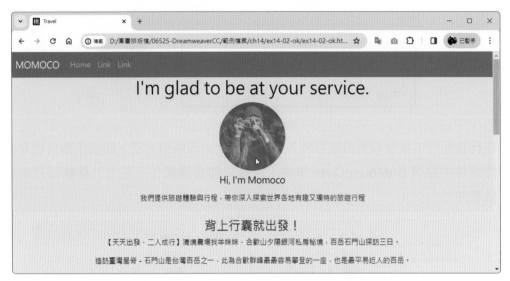

▲ 最後結果請參考 ex14-02-ok\ex14-02-ok.html

14-2-5 移除效果

要將設定好的效果移除時，只要在**行為**面板中點選要移除的效果，再按下－按鈕，即可移除該效果。

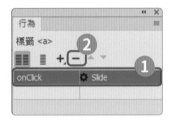

14-2-6 自訂動畫

使用 **.animate()** 函式可以自行定義動畫效果，設定樣式物件、持續時間、動畫速率、完成後的回呼函式，語法如下：

```
$(selector).animate(properties [,duration] [,easing] [,complete])
```

.animate()只支援「可數字化」的屬性，如：margin、padding、width、height、left 等。要指定相對值時，可以在數值前加上 **+= 來增加該值**，或是**用 -= 來減少該值，中間不能有空格**。另外，還有 hide、show、toggle 三字串屬性值可用於動畫中，設定物件隱藏、顯示或切換。

自訂動畫時,還可以同時自訂多個動畫效果,如下列語法為元素向右滑動的同時,放大元素高度。

```
$(this).animate({left: "=30px",height: "=40px"},2000)
```

上述語法中,向右滑動與高度變大是同時發生的,若想讓元素先向右滑動再變高,只需將程式碼拆分即可,這樣有執行先後順序的動畫效果,稱為「動畫佇列」。

```
$(this).animate({left: "=30px"},1000)
       .animate({height: "=40px"},1000)
```

在 **ex14-03.html** 範例中,使用 animate 函式製作了動畫效果,改變元素的寬度大小、透明度、文字大小、框線粗細等。

```
<script src="https://code.jquery.com/jquery-3.7.1.min.js"></script>
<script>
   $(document).ready(function(){
      $("#bg-text").animate({
         width: "75%",
         opacity: 1,
         marginLeft: "10%",
         fontSize: "4em",
         borderWidth: "10px"
      }, 2000 , function(){
         $(this).css("color","#CCFF00")
      });
   });
</script>
</head>
```

stop()

使用 .animate() 時，還可以搭配 stop() 方法，設定動畫在執行過程中，停止動畫的執行，如果動畫已執行完成，則無法停止。jQuery 中的淡入淡出、滑動、動畫效果，都是可以使用 stop() 方法。語法如下：

```
$(selector).stop([clearQueue] [,jumpToEnd])
```

clearQueue 及 jumpToEnd 引數都是布林值 (true 或 false)，預設為 false。clearQueue 為是否清空未執行完的動畫佇列；jumpToEnd 為是否直接將正在執行的動畫跳轉到最終結果。

14-3 jQuery UI組件

jQuery UI 是建立在 jQuery 函式庫的工具集，能快速地製作出互動操作介面，這節就來看看該如何使用吧。

14-3-1 關於jQuery UI

jQuery 提供了許多已建置完成的 UI 組件，我們只要插入到網頁文件即可快速地完成折疊面板、標籤式面板、日期選取器、按鈕群組等製作。Dreamweaver CC 2021 內建的是 jQuery UI 1.10.4 版本，因此所提供的組件與最新版本的 1.13.2 有所不同，若要使用新版本所提供的組件，可以至官方網站參考使用說明。

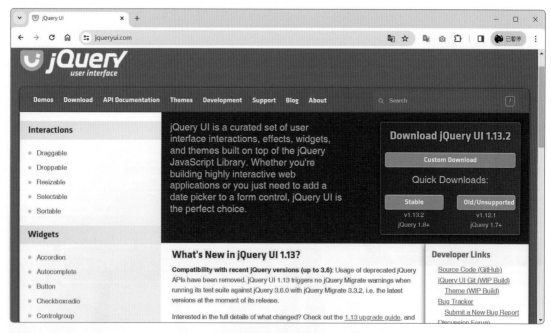

▲ jQuery UI官網 (https://jqueryui.com)

要加入jQuery UI組件時，只要點選功能表中的**插入→jQuery UI**，即可選擇要插入的組件。或是進入「插入」面板中的「jQuery UI」類別，即可看到許多可以插入的組件，點選要使用的組件，即可將該組件插入到文件中。在文件中加入jQuery UI組件時，Dreamweaver便會自動建立相關的檔案。

組件	說明
Accordion	折疊式面板
Tabs	標籤式面板
Datepicker	日期選擇器
Progressbar	進度列
Dialog	在頁面最上層顯示對話方塊
Autocomplete	自動完成輸入
Slider	滑桿
Button	按鈕
Buttonset	按鈕群組
Checkbox Buttons	複選按鈕
Radio Buttons	單選按鈕

14-3-2 Accordion組件

Accordion組件可以製作出折疊式面板，這裡請開啟 **ex14-04\ex14-04.html** 範例檔案，加入 Accordion 組件。

01 開啟網頁文件，切換至即時檢視模式中，點選 <div> 元素，進入「插入」面板中的「jQuery UI」類別，點選 **Accordion**，位置選擇**巢狀化**，即可加入組件。

02 加入組件後，會自動產生 jquery.ui.core.min.css、jquery.ui.theme.min.css、jquery.ui.accordion.min.css、jquery-1.11.1.min.js 及 jquery.ui-1.10.4.accordion.min.js 等檔案。

03 在 <div> 元素中會看到預設的三個區段。

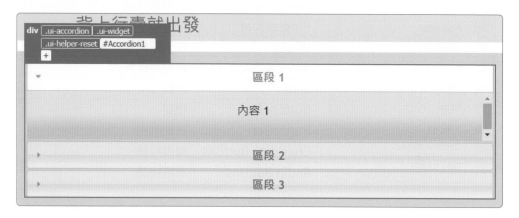

04 接著就可以修改區段標題及內容文字。直接選取要修改的文字，再輸入內容，或是直接進入程式碼檢視模式中修改文字。

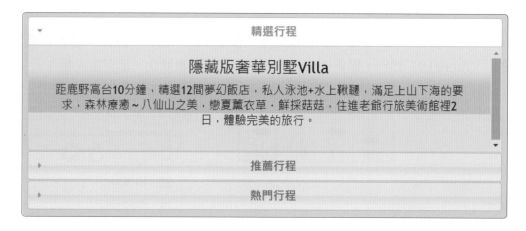

```
<div class="text-center col-md-8 col-12 p-3 bg-info-subtle">
  <div id="Accordion1">
    <h3><a href="#">精選行程</a></h3>
    <div>
        <h4>隱藏版奢華別墅Villa</h4>
        <p>距鹿野高台10分鐘，精選12間夢幻飯店，私人泳池+水上鞦韆，滿足上山下海的要求，森林療癒～八
        仙山之美，戀夏薰衣草.鮮採菇菇，住進老爺行旅美術館裡2日，體驗完美的旅行。</p>
    </div>
```

05　接著就可以到屬性面板中修改折疊式面板的設定。

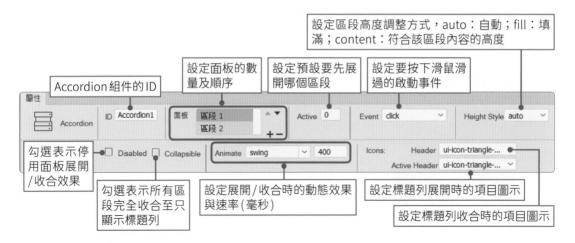

06　除了進行屬性設定外，還可以修改面板的外觀，但要修改時必須找出對應的 CSS
　　設定值。假設要刪除內容區塊的漸層底色圖片，先點選折疊式面板的內容區塊，
　　按下**滑鼠右鍵**，於選單中點選**程式碼導覽器** (Ctrl+Alt+N)，即可從中檢視相關的
　　CSS 設定。

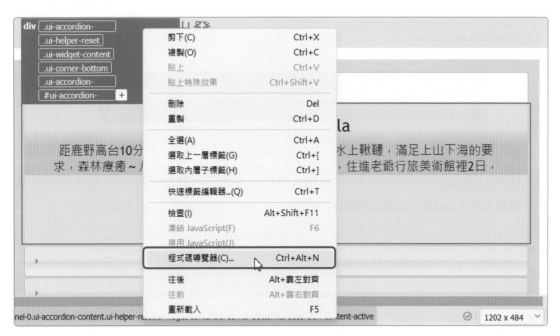

07 將滑鼠游標移至「.ui-widget-content」上，就會顯示該選取器所設定的內容，可以看出有 background 屬性，所以可以知道「.ui-widget-content」就是我們要修改的設定。

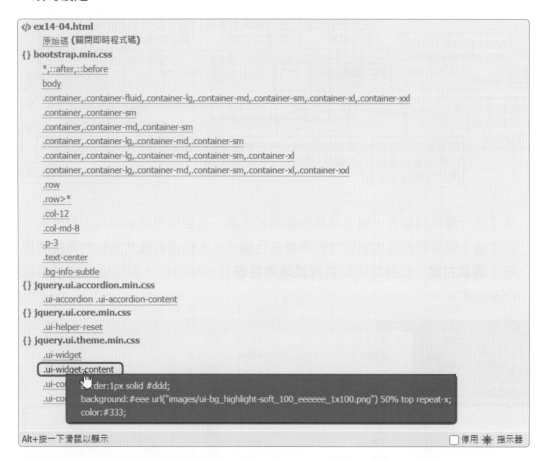

08 找到相關的 CSS 規則後，可進入程式碼檢視模式中，會自動跳至該 CSS 規則所在位置，即可直接修改程式碼內容。

```
.ui-widget{font-family:Trebuchet MS,Tahoma,Verdana,Arial,sans-serif;font-size:1.1em}.ui-widget .ui-
widget{font-size:1em}.ui-widget input,.ui-widget select,.ui-widget textarea,.ui-widget button{font-
family:Trebuchet MS,Tahoma,Verdana,Arial,sans-serif;font-size:1em}.ui-widget-content{border:1px solid
#ddd;background:#eee url("images/ui-bg_highlight-soft_100_eeeeee_1x100.png") 50% top repeat-
x;color:#333}.ui-widget-content a{color:#333}.ui-widget-header{border:1px solid
#e78f08;background:#f6a828 url("images/ui-bg_gloss-wave_35_f6a828_500x100.png") 50% 50% repeat-
x;color:#fff;font-weight:bold}.ui-widget-header a{color:#fff}.ui-state-default,.ui-widget-content .ui-
state-default,.ui-widget-header .ui-state-default{border:1px solid #ccc;background:#f6f6f6
url("images/ui-bg_glass_100_f6f6f6_1x400.png") 50% 50% repeat-x;font-weight:bold;color:#1c94c4}.ui-
state-default a,.ui-state-default a:link,.ui-state-default a:visited{color:#1c94c4;text-
decoration:none}.ui-state-hover,.ui-widget-content .ui-state-hover,.ui-widget-header .ui-state-
hover,.ui-state-focus,.ui-widget-content .ui-state-focus,.ui-widget-header .ui-state-focus{border:1px
solid #fbcb09;background:#fdf5ce url("images/ui-bg_glass_100_fdf5ce_1x400.png") 50% 50% repeat-x;font-
weight:bold;color:#c77405}.ui-state-hover a,.ui-state-hover a:hover,.ui-state-hover a:link,.ui-state-
hover a:visited,.ui-state-focus a,.ui-state-focus a:hover,.ui-state-focus a:link,.ui-state-focus
a:visited{color:#c77405;text-decoration:none}.ui-state-active,.ui-widget-content .ui-state-active,.ui-
widget-header .ui-state-active{border:1px solid #fbd850;background:#fff url("images/ui-
bg_glass_65_ffffff_1x400.png") 50% 50% repeat-x;font-weight:bold;color:#eb8f00}.ui-state-active a,.ui-
state-active a:link,.ui-state-active a:visited{color:#eb8f00;text-decoration:none}.ui-state-
highlight,.ui-widget-content .ui-state-highlight,.ui-widget-header .ui-state-highlight{border:1px solid
```

09 或是進入 **CSS 設計工具**面板中,點選要修改的選取器,進入屬性中的**背景**來修改。

10 都設定好後,按下 **F12** 鍵,預覽設計結果。

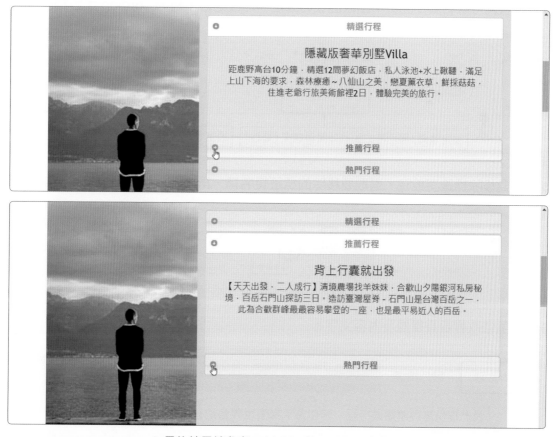

▲ 最後結果請參考 ex14-04-ok\ex14-04-ok.html

14-3-3 Tabs組件

　　Tabs組件可以製作出標籤式面板，而製作方式與Accordion大致相同。這裡請繼續使用 **ex14-04\ex14-04.html** 範例檔案，加入 Tabs 組件。

01 開啟網頁文件，切換至即時檢視模式中，點選 <div> 元素，進入「插入」面板中的「jQuery UI」類別，點選 **Tabs**，位置選擇**巢狀化**，即可加入組件。

02 加入組件後，一樣會自動產生相關的檔案。在 <div> 元素中就會產生預設的三個標籤頁。

03 接著就可以到屬性面板中修改面板的設定，而設定選項與 Accordion 大致相同。

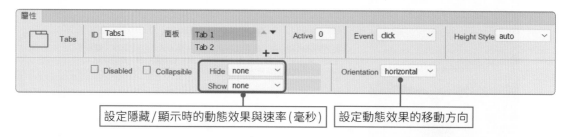

設定隱藏/顯示時的動態效果與速率(毫秒)　設定動態效果的移動方向

04 若要移除標籤面板時，選取要移除的標籤頁名稱，再按下**移除面板**按鈕。

05 接著修改標籤頁標題及內容文字。

06　與 Accordion 一樣，也可以修改面板的外觀，修改方式大致與 Accordion 相同。

07　都設定完成後，按下 **F12** 鍵，預覽設計結果。

▲ 最後結果請參考 ex14-04-ok\ex14-04-ok.html

●●●● 自我評量

● 選擇題

(　　) 1. 下列關於 jQuery 語法的說明,何者<u>不正確</u>? (A)以 $() 為開頭　(B)語法無法連續地使用函數　(C)開頭可以寫成 jQuery()　(D)基本語法為 $(selector).action()。

(　　) 2. 下列關於 jQuery 選擇器的說明,何者<u>不正確</u>? (A) $("*") 可以選取所有元素　(B) $("p") 表示選取 p 元素　(C) $("#boxtext") 表示類別屬性值為 boxtext 的元素　(D) $(".boxtext") 表示 class 屬性值為 boxtext 的元素。

(　　) 3. 下列關於 jQuery 篩選選擇器的說明,何者<u>不正確</u>? (A)以「$」冒號開頭　(B) hidden 篩選對象為隱藏的元素　(C) first-child 篩選對象為父元素的第一個子元素　(D) nth-last-child(n) 篩選對象為元素之下倒數第 n 個子元素。

(　　) 4. 下列關於 jQuery 的敘述,何者<u>不正確</u>? (A) on() 可以多個事件綁定一個事件處理函式,各事件類型以空格隔開　(B) .mouseout() 事件為滑鼠停在元素上時觸發該事件　(C) fadeToggle() 方法是以淡化方式切換顯示或隱藏元素　(D) slideDown() 方法是以元素向下滑入顯示。

(　　) 5. 下列關於 jQuery UI 的敘述,何者<u>不正確</u>? (A)提供了動態效果,不用撰寫太多的程式碼　(B)使用 Accordion 組件可以製作出折疊式面板　(C)使用 Tabs 組件可以製作出標籤式面板　(D)使用 jQuery UI 組件後便無法再修改程式碼。

● 實作題

1. 進入 jQuery UI 網站,將 Accordion 程式碼複製到新的 HTML 文件中,看看新版的 Accordion 與 Dreamweaver 所提供的 Accordion 有何不同。

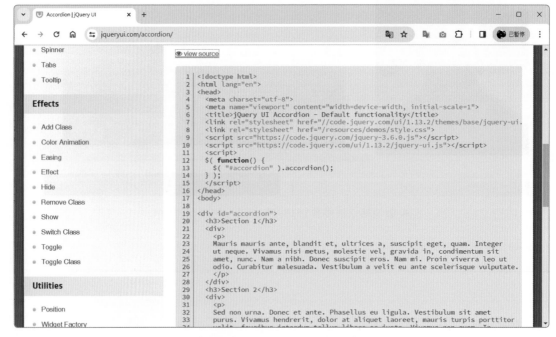

▲ https://jqueryui.com/accordion/

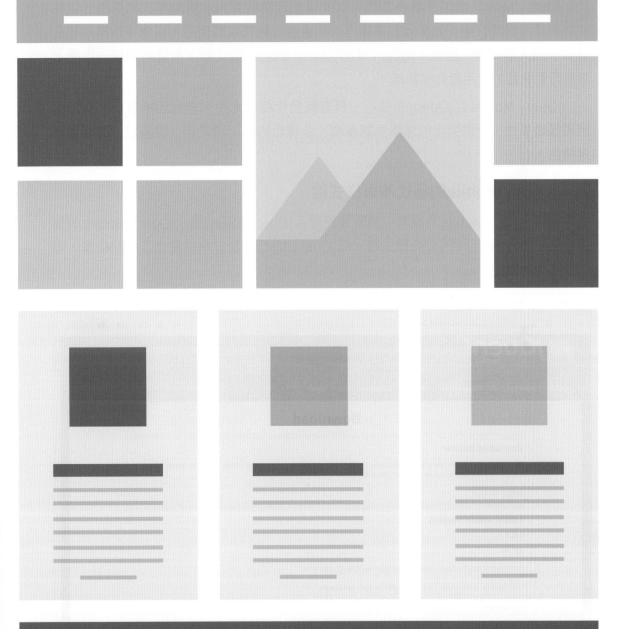

CHAPTER 15

使用jQuery Mobile
設計行動網頁

Dreamweaver CC

15-1 jQuery Mobile基本概念

jQuery Mobile是建立在jQuery函式庫之上的**使用者介面系統**(User Interface System, **UI**)，因為使用宣告方式建立使用介面，所以不需撰寫JavaScript，只要使用HTML元素，就可以建立統一的使用介面，這節就先來認識jQuery Mobile吧！

15-1-1 jQuery Mobile的使用

jQuery Mobile提供了許多工具可以開發出行動裝置App應用程式的頁面，以往的網頁應用程式介面，大部分的瀏覽方式不適合行動式裝置使用，常會導致顯示錯亂或畫面過大等問題。因此，jQuery推出jQuery Mobile函式庫，希望能夠統一市面上常見行動裝置的使用者介面系統。

jQuery Mobile以jQuery為核心，具有輕量化檔案大小、自動切換排版、支援滑鼠與觸碰事件、提供強大的佈景主題系統、多樣化的UI、跨平台、跨裝置、跨瀏覽器等特色。

載入jQuery Mobile的函式庫與樣式檔

製作jQuery Mobile頁面時，通常會先載入jQuery的函式庫、jQuery Mobile的程式檔及jQuery Mobile的CSS樣式檔。而jQuery Mobile官方網站提供了相關檔案，可以直接下載使用。

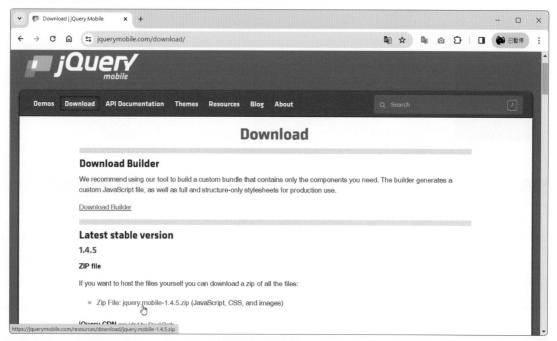

▲ jQuery Mobile官方網站下載頁面 (https://jquerymobile.com/download/)

檔案下載完成並解壓縮後，會看到相關的js與css檔案，說明如下：

● demos 資料夾：jQuery Mobile 的範例頁面。

● images 資料夾：jQuery Mobile 使用的圖形檔，在製作頁面時會使用到。

● 其他js與css檔：這部分可視需求加入jQuery Mobile 頁面中使用。

在html的 **<head></head>** 中定義要使用的檔案。

```
<head>
   <link rel="stylesheet" href="jquery.mobile-1.4.5.css">
   <script src="jquery-2.2.4.min.js"></script>
   <script src="jquery.mobile-1.4.5.js"></script>
</head>
```

透過CDN載入jQuery Mobile

除了下載檔案外，還可以使用CDN來載入，引用網路上的js檔案。

● jquerymobile.com

```
<head>
   <link rel="stylesheet" href="https://code.jquery.com/mobile/1.4.5/
      jquery.mobile-1.4.5.min.css"/>
   <script src="https://code.jquery.com/jquery-2.2.4.min.js"></script>
   <script src="https://code.jquery.com/mobile/1.4.5/jquery.
      mobile-1.4.5.min.js"></script>
</head>
```

● Google (https://developers.google.com/speed/libraries)

```
<head>
   <link rel="stylesheet" href="https://ajax.googleapis.com/ajax/libs/
      jquerymobile/1.4.5/jquery.mobile.css">
   <link rel="stylesheet" href="https://ajax.googleapis.com/ajax/libs/
      jquerymobile/1.4.5/jquery.mobile.min.css">
   <script src="https://ajax.googleapis.com/ajax/libs/jquerymobile/
      1.4.5/jquery.mobile.js"></script>
   <script src="https://ajax.googleapis.com/ajax/libs/jquerymobile/1.4.5
      /jquery.mobile.min.js"></script>
</head>
```

● 微軟 (https://docs.microsoft.com/zh-tw/aspnet/ajax/cdn/)

```
<head>
    <link rel="stylesheet" href="https://ajax.aspnetcdn.com/ajax/jquery.
        mobile/1.4.5/jquery.mobile.structure-1.4.5.css">
    <link rel="stylesheet" href="https://ajax.aspnetcdn.com/ajax/jquery.
        mobile/1.4.5/jquery.mobile.structure-1.4.5.min.css">
    <script src="https://ajax.aspnetcdn.com/ajax/jquery.mobile/1.4.5/
        jquery.mobile-1.4.5.js"></script>
    <script src="https://ajax.aspnetcdn.com/ajax/jquery.mobile/1.4.5/
        jquery.mobile-1.4.5.min.js"></script>
</head>
```

15-1-2 jQuery Mobile的頁面結構

jQuery Mobile的頁面主要以page為單位，**每個page可分成header、main及footer三個區域**。在一個HTML檔案中可以放多個page，不過每次只會顯示一個page。

下圖是單頁的jQuery Mobile基本頁面架構，頁面以<div>標示各部分，並在main區塊加入jQuery Mobile所設定好的樣式**class="ui-content"**，該樣式會讓頁面有內邊距及外邊距。

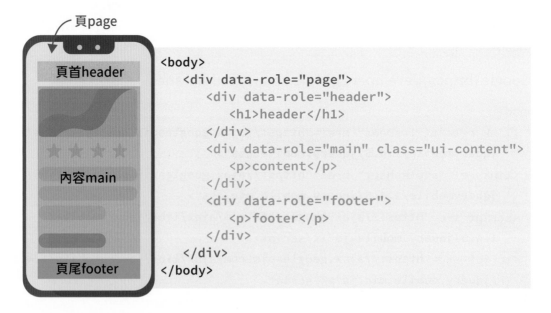

```
<body>
    <div data-role="page">
        <div data-role="header">
            <h1>header</h1>
        </div>
        <div data-role="main" class="ui-content">
            <p>content</p>
        </div>
        <div data-role="footer">
            <p>footer</p>
        </div>
    </div>
</body>
```

目前行動裝置的瀏覽器都已支援HTML5，所以也可以將div改成HTML5的語意標籤，如：<main data-role="page">、<header data-role="header">、<article data-role="main">、<footer data-role="footer">。

jQuery Mobile 的 **page是使用id進行區隔，且id不能重複**，語法如下：

```
<div id="page1" data-role="page">
   <div data-role="main" class="ui-content"></div>
</div>
<div id="page2" data-role="page">
   <div data-role="main" class="ui-content"></div>
</div>
<div id="page3" data-role="page">
   <div data-role="main" class="ui-content"></div>
</div>
```

15-1-3　data-role

jQuery Mobile在頁面中使用**data-role屬性**定義所代表的角色，下表為常見的 data-role屬性值。

屬性值	說明	屬性值	說明
page	頁面	button	按鈕
header	頁首	controlgroup	群組按鈕
main	內容區塊	listview	檢視清單
footer	頁尾	collapsible	單一可摺疊區塊
navbar	導覽列	collapsible-set	群組可摺疊區塊
dialog/popup	對話方塊	tabs	頁籤
panel	側邊欄	slider	滑桿

15-1-4　jQuery Mobile事件

jQuery Mobile提供了觸控、捲動、方向及頁面等事件，可以讓使用者與頁面進行互動。

觸控事件

觸控是行動裝置上操作最重要的行為，jQuery Mobile提供了tap (點擊)、taphold (長按)、swipe (滑動)、swipeleft (往左滑)、swiperight (往右滑)等事件。

事件	說明

tap	點擊後觸發事件，例如：當使用者點擊\<h1>元素後，隱藏\<h1>元素。
	```$("h1").on("tap",function(){```
	``` $(this).hide();```
	```});```

事件	說明
taphold	長按後觸發事件,例如:當使用者長按\<h1\>元素後,隱藏\<h1\>元素。 ```javascript\n$("h1").on("taphold",function(){\n $(this).hide();\n});\n```
swipe	當頁面垂直或水平滑動時觸發該事件(水平方向超過30px,垂直方向小於75px),相關的屬性有: ● scrollSupressionThreshold:預設值為10px,超過預設值時,將停止滑動。 ● durationThreshold:預設值為1000ms,滑動時間超過設定時,不會觸發事件。 ● horizontalDistanceThreshold:預設值30px,水平滑動超過設定時,才會觸發事件。 ● and verticalDistanceThreshold:預設值為75px,垂直滑動小於設定時,才會觸發事件。 ```javascript\n$(document).on("mobileinit", function(){\n $.event.special.swipe.scrollSupressionThreshold ("10px")\n $.event.special.swipe.durationThreshold ("1000ms")\n $.event.special.swipe.horizontalDistanceThreshold ("30px");\n $.event.special.swipe.verticalDistanceThreshold ("75px");\n});\n```
swipeleft	當頁面滑動到左邊方向時觸發事件,例如:往左滑動時,隱藏\<h1\>元素。 ```javascript\n$("h1").on("swipeleft",function(){\n $(this).hide();\n});\n```
swiperight	當頁面滑動到右邊方向時觸發事件,例如:往右滑動時,隱藏\<h1\>元素。 ```javascript\n$("h1").on("swiperight",function(){\n $(this).hide();\n});\n```

捲動事件

jQuery Mobile提供了scrollstart及scrollstop兩種事件。

事件	說明
scrollstart	頁面開始捲動時觸發事件。 ```javascript\n$(document).on("scrollstart",function(){\n alert("開始scrolling!");\n});\n```
scrollstop	頁面停止捲動時觸發事件。 ```javascript\n$(document).on("scrollstop",function(){\n alert("停止scrolling!");\n});\n```

方向事件

jQuery Mobile提供了**orientationchange事件**，該事件會在行動裝置在水平及垂直方向改變時觸發，例如：當行動裝置方向從水平方向切換到垂直方向時，就會觸發該事件。通常會將orientationchange事件設定在windows物件上，並取得**orientation**屬性值來顯示目前方向，語法如下：

```
$(window).on("orientationchange",function(){
    alert("頁面方向為：" + e.orientation);
});
```

初始化事件

jQuery Mobile提供了mobileinit初始化事件，它會在jQuery Mobile載入後，並在所有元件建立、事件觸發之前執行該事件。初始化事件處理程式必須放在載入jQuery Mobile函式庫前，這樣才能夠執行初始化動作。語法如下：

```
<script src="https://code.jquery.com/jquery-2.2.4.min.js"></script>
<script>
    $(document).on("mobileinit", function() {
        //初始化設定的程式碼內容
    });
</script>
<script src="https://code.jquery.com/mobile/1.4.5/jquery.mobile-
    1.4.5.min.js"></script>
```

在程式碼中可以使用**$.mobile**物件設定屬性。下列語法將預設的頁面切換方式變更為flow。

```
<script>
    $(document).on("mobileinit", function() {
        $.mobile.defaultPageTransition = "flow";
    });
</script>
```

15-2 行動網頁的設計

了解jQuery Mobile後，接著就來看看在Dreamweaver中如何使用jQuery Mobile製作行動網頁。

15-2-1 建立行動網頁的網站

建立行動網頁時，會先建立一個專用的網站，因為要將網站封裝為App時，會將網站中所有的檔案都包進去。這裡你可以先將 **ex15-01** 資料夾複製到電腦中的任一位置，接著就可以開始建立網站。

點選功能表上的**網站→新增網站**，開啟「網站設定」對話方塊，設定網站名稱指定網站資料夾為剛剛複製到電腦中的ex15-01資料夾(要建立App的網站資料夾路徑中，不可出現任何中文名稱)，都設定好後按下**儲存**按鈕，完成網站的建立。

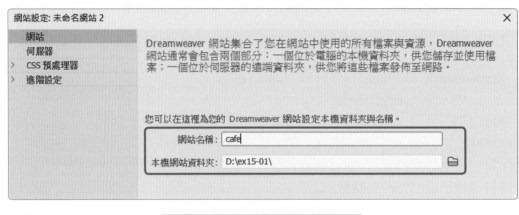

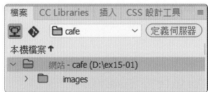

15-2-2 建立jQuery Mobile頁面

在Dreamweaver中要建立行動網頁時，只要先建立一般的HTML5網頁文件，再插入jQuery Mobile的**頁面**，即可將網頁轉換為行動網頁。

01 點選功能表中的**檔案→開新檔案**，進入**新增文件**頁面，點選 **HTML** 文件類型，再按下**建立**按鈕，建立一個新的網頁文件。

02 進入設計檢視模式中，再進入「插入」面板中的「jQuery Mobile」類別，點選**頁面**。

03 開啟「jQuery Mobile 檔案」對話方塊,在連結類型選擇**區域**;在 CSS 類型中選擇
組合,這樣 CSS 就會內嵌在網頁中,都設定好後按下**確定**按鈕。

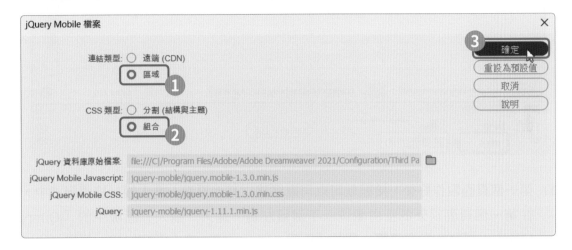

04 接著會開啟「頁面」對話方塊,建立頁面的 ID,若頁面要呈現頁首及頁尾時,請
將**頁首**及**頁尾**勾選,設定好後按下**確定**按鈕。

05 回到文件後,Dreamweaver 會自動產生 jQuery Mobile 相關的程式檔與 CSS 檔。

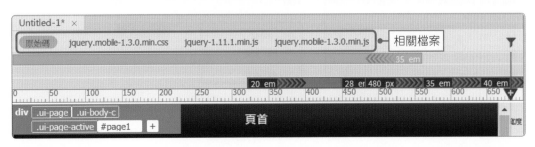

06 進入即時檢視模式中，就會看到建立好的第 1 個頁面及頁首、內容、頁尾所套用的預設格式。

07 第一個頁面製作好後，接著就可以再繼續建立其他頁面。進入設計檢視模式中，在第一個頁面以外的空白處按一下滑鼠左鍵，進入「插入」面板中的「jQuery Mobile」類別，點選**頁面**，開啟「頁面」對話方塊，建立頁面的 ID，設定好後按下**確定**按鈕。

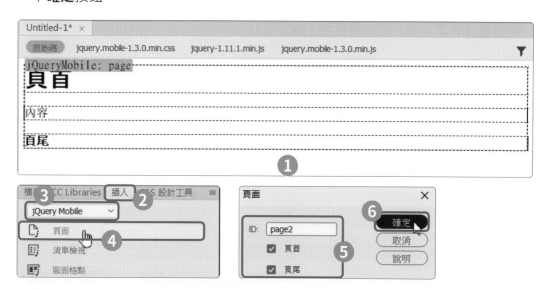

08 第二個頁面就建立完成了。接著使用相同方式再建立其他頁面。

09 頁面都建立好後,即可將檔案儲存起來。儲存時會開啟「複製相關檔案」對話方塊,即可看到所有的相關檔案,沒問題後按下**確定**按鈕,完成儲存。

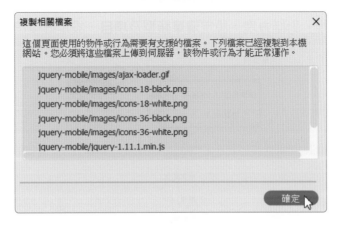

15-2-3 頁面佈景主題

jQuery Mobile 提供了內建的佈景主題，可以套用在頁面及元件上，每個主題都有不同的按鈕、線條、內容色塊等顏色。要使用時，只要在頁面或元件標籤中加上 **data-theme屬性**及要使用的主題即可。

舊版的jQuery Mobile (v1.3.2以前)內建了a、b、c、d、e等五種佈景主題，而新版的jQuery Mobile (v1.4.5)只提供了淺色系的a與深色系的b，其餘c~z共24種都是完全相同的線條主題。

```
<div data-role="page" id="page1" data-theme="b">
   <div data-role="header">
      <h1>頁首</h1>
   </div>
   <div data-role="content">內容</div>
   <div data-role="footer">
      <h4>頁尾</h4>
   </div>
</div>
```

15-2-4 頁面連結

建立好頁面後，就要來設定頁面之間的連結，這裡我們要在首頁(page1)中建立頁面連結的選單。

01 進入設計檢視模式中，將第一個頁面的「內容」文字刪除，再進入「插入」面板中的「jQuery Mobile」類別，點選**清單檢視**。

02 開啟「清單檢視」對話方塊，設定**清單類型**及**項目**，設定好後按下**確定**按鈕。

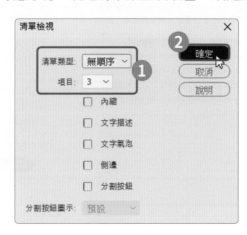

03 內容區域內就會加入 3 個包含連結的清單。接著就可以在屬性面板中幫每個項目設定超連結。jQuery Mobile 的 page 之間的切換，是使用 href 屬性，直接切換到單一檔案中的指定 page ID，**指定時加入 # 即可**。

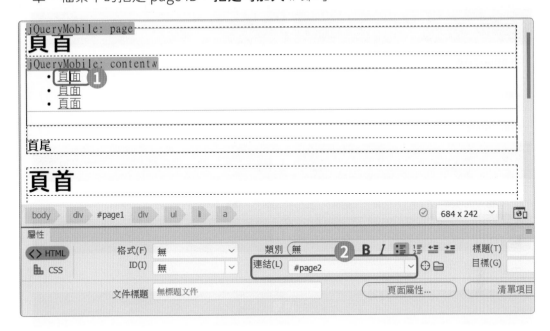

04 接著將「頁面」文字修改為各頁面的標題文字。

05 jQuery Mobile 還提供了 **data-add-back-btn** 屬性，可以設定是否加入回上一頁按鈕，該屬性要加在頁面中 (**v1.4 以後的版本是加在 header 頁首中**)，在按鈕上預設會顯示 Back 文字，若要自訂文字內容，可以使用 **data-back-btn-text** 屬性來自訂。

06 進入程式碼檢視模式中，在第二、第三及第四個頁面中加入「**data-add-back-btn="true" data-back-btn-text=" 返回 "**」語法，這樣從首頁進入此頁時，在頁首會加入「返回」按鈕。

```
<div data-role="page" id="page2" data-add-back-btn="true" data-back-btn-text="返回">
  <div data-role="header">
    <h1>頁首</h1>
```

07 設定好後，進入即時檢視模式中，按下按鈕就會跳至指定頁面，而第 2~4 頁會加上「返回」按鈕。

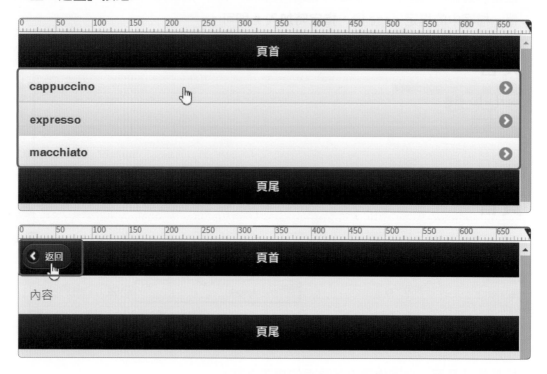

15-2-5　固定頁首及頁尾

使用 **data-position** 屬性可以將頁面中的頁首及頁尾固定在畫面中，這樣當頁面在捲動時，頁首及頁尾不會跟著捲動。若要固定頁首或頁尾時，只要進入程式碼檢視模式中，在頁首及頁尾中加入「**data-position="fixed"**」語法即可。

```
<div data-role="footer" data-position="fixed">
  <h4>Copyright © Enchanted Brew Café. All rights reserved.</h4>
</div>
```

15-2-6　建立頁面內容

頁面建立好後，即可開始依照 jQuery Mobile 的架構建立內容，在頁首放入標題文字；在頁尾放入版權文字；在內容區域中可以放入文字、圖片及各種 jQuery Mobile 所提供的 UI 元件。

修改各頁面的文字

要修改各頁的頁首及頁尾文字或在內容區域中加入文字時，直接將預設的文字刪除再輸入要呈現的文字即可，也可以直接進入程式碼檢視模式中修改。

cappuccino

在每一杯卡布奇諾咖啡中，都融合著濃郁的咖啡香氣和絲滑的奶泡，這不僅僅是一杯咖啡，更是一段風味之旅。我們的卡布奇諾是精心調製的藝術品，將烘焙咖啡豆的深度和新鮮奶泡的柔滑完美結合，每一口都是濃郁、香甜、令人陶醉的享受。無論是早晨的第一杯，下午的小憩，或是晚上的伴侶，卡布奇諾總是一個完美的選擇。讓我們的卡布奇諾為您的一天帶來一絲奢華和美味，一杯咖啡，一份享受。

加入圖片

要在內容區域中加入圖片時，只要點選功能表中的**插入→Image**，即可進行加入圖片的動作。若加入的圖片不符合區塊大小時，圖片會被裁掉右邊，而無法完整顯示，此時可以開啟CSS檔案來修改樣式，或直接建立一個新的CSS樣式來套用，來修改圖片被裁切的問題。

進入「CSS設計工具」面板，於**選取器**窗格中按下＋按鈕，輸入img，在**屬性**窗格中點選**版面**，將width（寬度）設為**100%**；height（高度）設為**auto**，這樣圖片就會隨裝置寬度縮放，高度則會隨寬度比例自動調整。

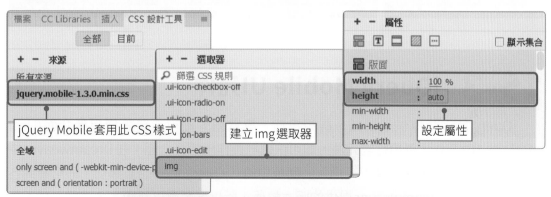

在 15-2 節中我們學習了如何建立行動網頁，最後的設計結果可以參考 **ex15-01-ok\ex15-01-ok.html** 範例檔案，結果畫面如下圖所示。

15-3　jQuery Mobile UI元件

jQuery Mobile 提供了按鈕、群組按鈕、導覽列、檢視清單等**使用者介面**(User Interface, **UI**)元件，善用這些元件，即可快速地製作出網頁介面。在 Dreamweaver 中要使用這些元件時，只要進入「插入」面板中的「jQuery Mobile」類別，即可看到各種元件，但因為 Dreamweaver 提供的版本較舊，所以這節會以新版本來說明，就不再說明如何從「jQuery Mobile」類別中加入元件的操作方式。

15-3-1　按鈕元件

在 jQuery Mobile 中，可以透過 **<button>**、**<input>** 及帶有 **data-role="button"** 的 **<a> 元素**來建立按鈕。語法如下：

```
<button class="ui-btn">按鈕</button>
<input type="button" value="按鈕">
<a href="#" data-role="button">按鈕</a>
```

表單按鈕適合用在表單中，而若要操作換頁，建議使用具有 **data-role="button"** 屬性的超連結按鈕，因超連結具有重新導向功能，不需要程式碼即可達成換頁效果。

除此之外，預設下，**在頁首及頁尾中加入 <a> 元素時，即會自動顯示為按鈕**，而在內容區的超連結則一定要設定屬性才會成為按鈕。若<a>元素在頁首標題文字之前，按鈕會顯示在文字左方；若在標題文字之後，按鈕會顯示在文字右方；若只有一個<a>元素，不管是放在標題文字的上或下，文字都會顯示在左方。語法如下：

```
<div data-role="header" data-position="fixed">
    <a href="#">上一頁</a>
    <h1>極致機械工藝聯盟</h1>
    <a href="#">下一頁</a>
</div>
```

在內容區要設定按鈕時，超連結按鈕必須指定**data-role="button"**屬性，才會轉變成按鈕外觀，否則就只是文字超連結。

data-icon

設定按鈕時，可以使用**data-icon屬性來定義按鈕圖示**，其可用的種類屬性值如下表所列。

屬性值	說明	屬性值	說明	屬性值	說明
action	動作	carat-l	向左	location	定位
alert	注意	carat-r	向右	lock	上鎖
arrow-l	左箭頭	carat-u	向下	mail	郵件
arrow-d	下箭頭	check	選取	navigation	導覽
arrow-d-l	下左箭頭	clock	時鐘	phone	電話
arrow-d-r	下右箭頭	cloud	雲端	minus	減號
arrow-r	右箭頭	comment	評論	plus	加號
arrow-u	上箭頭	delete	刪除	power	電源
arrow-u-l	上左箭頭	edit	編輯	recycle	回收
arrow-u-r	上右箭頭	eye	眼睛	refresh	重新整理
audio	音訊	forbidden	禁止	search	搜尋
back	後退	forward	前進	shop	購物
bars	橫槓	gear	齒輪	star	星號
bullets	子彈	grid	網格	tag	標籤
calendar	日曆	heart	愛心	user	使用者
camera	照相機	home	首頁	video	視訊
carat-d	向下	info	訊息		

data-iconpos

使用 data-iconpos 屬性可以設定按鈕圖示的位置，可以使用 left（文字左方，預設）、right（文字右方）、top（文字上方）、bottom（文字下方）、notext（取消文字，只顯示圖示）等屬性值，語法如下：

```
<a href="#" data-role="button" data-icon="info" data-iconpos="left">注意</a>
```

data-inline

使用 **data-inline 屬性可以將按鈕放置於同行**，不管是連結按鈕或表單按鈕，在預設下，寬度都會占據整列，若不需要這麼寬的按鈕，就可以使用 **data-inline="true"** 屬性，將按鈕寬度縮小到剛好容納圖示與文字內容。

▲ 按鈕元件範例請參考 button.html

15-3-2 群組按鈕元件

將同一組按鈕放在一個區塊內，再加上 **data-role="controlgroup"** 屬性，即可將按鈕組成一個群組，預設下群組按鈕會垂直顯示，若要水平顯示群組按鈕，則可以加上 **data-type="horizontal"** 屬性，語法如下：

```
<div data-role="controlgroup">
    <a href="#" data-role="button" data-icon="clock">時鐘</a>
    <a href="#" data-role="button" data-icon="phone">電話</a>
    <a href="#" data-role="button" data-icon="mail">郵件</a>
    <a href="#" data-role="button" data-icon="calendar">日曆</a>
</div>
    <div data-role="controlgroup" data-type="horizontal">
    <a href="#" data-role="button" data-icon="search">搜尋</a>
    <a href="#" data-role="button" data-icon="info">訊息</a>
    <a href="#" data-role="button" data-icon="search">搜尋</a>
```

```
    <a href="#" data-role="button" data-icon="cloud">雲端</a>
</div>
```

▲ 範例檔案：button.html

15-3-3 導覽列元件

使用**data-role="navbar"**屬性，可以將區塊內的選項設定為導覽列，導覽列會將所有選項顯示在同一列中，而每個選項的寬度會平均分配，選項可以使用ul及li元素來製作。

```
<div data-role="navbar">
  <ul>
    <li><a href="#page1" class="ui-button-active">徐正泰</a></li>
    <li><a href="#page2" class="ui-button-active">黃新斌</a></li>
    <li><a href="#page3" class="ui-button-active">徐義貿</a></li>
  </ul>
</div>
```

▲ 範例檔案：ex15-02.html

15-3-4 檢視清單元件

使用 **data-role="listview"** 屬性，可以將 <li> 或 <ol> 元素中的選項轉為檢視清單，若檢視清單中的選項不使用 <a> 元素，那清單就是一般表列文字。在預設下，清單顯示時，寬度會占滿整個畫面，若要讓清單的區塊與邊界有距離，可以使用 **data-inset="true"** 屬性。語法如下：

```
<ul data-role="listview" data-inset="true">
   <li>...</li>
   <li>...</li>
</ul>
```

若要將清單分組，則可以在 <li> 元素中加入 **data-role="list-divider"** 屬性，這樣該選項就會成為選項分組的標題。語法如下：

```
<ul data-role="listview" data-inset="true">
   <li data-role="list-divider">...</li>
   <li>...</li>
   <li>...</li>
   <li data-role="list-divider">...</li>
   <li>...</li>
   <li>...</li>
</ul>
```

在清單中還可以加入第二個連結按鈕，只要在 <li> 元素中加入第二個連結即可，再使用 **data-split-icon** 屬性設定按鈕圖示，使用 **data-split-theme** 屬性設定樣式。除此之外，在清單中還可以加入縮圖及相關文字，語法如下：

```
<ul data-role="listview" data-inset="true" data-split-icon="shop"
   data-split-theme="a">
   <li>
      <a href="#">
      <img src="pic05.jpg">
      <h2>...</h2>
      <p>........</p></a>
      <a href="#">shop</a>
   </li>
</ul>
```

在 **ex15-03.html** 範例中使用了檢視清單元件製作商品列表，並將商品分組顯示，加入縮圖及購物按鈕。

15-3-5 對話方塊元件

jQuery Mobile可以使用**data-role="popup"**及**data-role="dialog"**兩種方式製作對話方塊，popup是位於同一頁面內的div區塊，會隨同該頁面載入，dialog則是獨立的頁面，載入時原頁面會被丟入頁面堆疊中。

jQuery Mobile的對話方塊的結構與一般頁面一樣，有header、main及footer，在內容區中還可以放一個具有**data-rel="back"**屬性的按鈕用來關閉對話方塊。還可以使用**data-transition**屬性來指定對話方塊出現時的特效。

```
<a href="#" data-role="button" data-rel="popup" data-transition="fade">開啟</a>
<a href="#" data-role="button" data-rel="dialog" data-transition="fade">開啟</a>
```

在開啟對話方塊後，可以使用**data-overlay-theme**屬性，來設定網頁的覆蓋背景色彩，預設下會覆蓋透明色，使用**data-overlay-theme = "a"**則為覆蓋淺色背景，使用**data-overlay-theme = "b"**則為覆蓋深色背景。

```
<div data-role="popup" id="myPopup" class="ui-content" data-overlay-theme="b">
```

在**ex15-04.html**範例中修改了ex15-03.html範例，加入了對話方塊元件製作購買資訊內容，使用者點選購物按鈕後，就會彈出對話方塊，對話方塊中設定了背景覆蓋模式及方塊大小樣式，還加入了二個連結按鈕。

15-3-6 摺疊式內容區塊元件

jQuery Mobile提供了單一摺疊式內容區塊及群組摺疊式內容區塊。

單一摺疊式內容區塊

只要在一個區塊容器中加入 **data-role="collapsible"** 屬性，即可將該容器設定為單一摺疊式內容區塊，預設下該區塊內容會先展開，若要摺疊起來，可以使用 **data-collapsed="true"** 屬性，這樣整個內容區塊就只會顯示設定的標題，當按下標題時可展開內容，再按一下即可摺疊。

群組摺疊式內容區塊

要將多個摺疊式區塊設為一個群組時，可以使用 **data-role="collapsible-set"** 屬性，當開啟一個區塊時，其他區塊會自動摺疊起來。預設下摺疊區塊使用+與-圖示來代表展開與摺疊，若要更換圖示時，可以使用 **data-collapsed-icon** 及 **data-expanded-icon** 屬性。

```
<div data-role="collapsible" data-collapsed-icon="arrow-d"
    data-expanded-icon="arrow-u">
```

預設下，摺疊區塊是有邊距及圓角的，若要取消的話，只要加入 **data-inset="false"** 屬性即可。

在 **ex15-05.html** 範例中使用了群組摺疊式內容區塊將單一摺疊式內容區塊整合在一起。

15-3-7 網格元件

jQuery Mobile提供了Grid網格元件，可以使用在響應式設計上，且支援CSS版面配置，可以省去撰寫CSS的時間。jQuery Mobile的Grid結構，**是由1~5個div所組成，網格的寬度為100%，沒有邊框、背景、邊距或填充。**

網格外層使用**ui-grid-樣式**，例如：ui-grid-接著字母a代表2欄，接著d代表5欄；內層使用**ui-block-樣式**，而ui-block-代表每個欄位，要以ui-block-a/b/c/d/e順序方式分配，例如：ui-block-a代表第1欄、ui-block-b代表第2欄，依此類推。

網格	欄數數	寬度	樣式
ui-grid-solo	1	100%	ui-block-a
ui-grid-a	2	50% / 50%	ui-block-a|b
ui-grid-b	3	33% / 33% / 33%	ui-block-a|b|c
ui-grid-c	4	25% / 25% / 25% / 25%	ui-block-a|b|c|d
ui-grid-d	5	20% / 20% / 20% / 20% / 20%	ui-block-a|b|c|d|e

若要建置一個5欄的Grid，其語法如下：

```
<div class="ui-grid-d">
    <div class="ui-block-a">a</div>
    <div class="ui-block-b">b</div>
    <div class="ui-block-c">c</div>
```

```
    <div class="ui-block-d">d</div>
    <div class="ui-block-e">e</div>
</div>
```

上述語法為5*1網格，若要建立多欄多列時，只要重複ui-block樣式即可。下列語法為建立2*2網格：

```
<div class="ui-grid-a">
    <div class="ui-block-a">1*1</div>
    <div class="ui-block-b">1*2</div>
    <div class="ui-block-a">2*1</div>
    <div class="ui-block-b">2*2</div>
</div>
```

若要讓網格成為響應式設計，可以隨著欄位多寡自行調整寬度時，加上**class="ui-responsive"**即可，語法如下：

```
<div class="ui-grid-a ui-responsive">
    <div class="ui-block-a">1*1</div>
    <div class="ui-block-b">1*2</div>
</div>
```

範例**ex15-06.html**使用網格建立了1個1欄版面及2*4版面，且網格內容會隨著螢幕尺寸不同，而自行調整。

15-4　jQuery Mobile表單

jQuery Mobile表單元件大部分都直接使用HTML5的表單元素，jQuery Mobile函式庫會自動將其轉換成適合行動裝置觸控操作的表單元件，這節就來學習表單的使用吧！**表單範例請參考form.html檔案。**

15-4-1　表單基本概念

在jQuery Mobile中加入表單的語法與HTML是一樣的，基本結構如下：

```
<form method="post" action="login.php">
    <label for="name">姓名：</label>
    <input type="text" name="name" id="name">
    <input type="submit" data-inline="true" value="送出">
</form>
```

在預設下，jQuery Mobile的表單使用Ajax來傳送表單，若要以http方式傳送，只要在<form>元素中加入 **data-ajax="false"** 屬性即可，語法如下：

```
<form method="post" action="login.php" data-ajax="false">
```

建立表單時，每一個表單欄位應該搭配一個<label>元素，再使用for屬性綁定表單欄位的id屬性，而**id屬性不能重複。**

```
<label for="name">姓名：</label>
<input type="text" name="name" id="name">
```

15-4-2　文字輸入

要使用文字輸入欄位時，只要在<input>元素中設定type即可，常見的文字輸入欄位有單行文字(text)、密碼(password)、電子郵件(email)、電話(tel)、網址(url)、數字(number)及文字搜尋(search)等。

設定文字輸入欄位時，還可以加上**data-clear-btn = "true"** 屬性，在欄位中加入一個清除按鈕，來清除輸入框的內容，語法如下：

```
<label for="name">姓名</label>
<input type="text" name="name" id="name" data-clear-btn="true">
```

15-4-3 日期時間

使用日期時間最大的好處就是，這些欄位會自動加上日曆或時間選取器，讓使用者方便輸入，常見的日期時間的type值有data、datetime、time、datetime-local、month、week等。

15-4-4 滑桿

要加入滑桿時，只要使用**<input type = "range">**即可加入水平滑桿，加入value屬性可以設定滑桿的初始值，min及max屬性可以設定最小及最大值。

除此之外，還可以使用**data-highlight="true"**將選定的範圍加上顏色，使用**data-show-value="true"**可以在滑桿上加上目前數值，使用**data-mini="true"**可以將外型設為縮小顯示，而使用**data-theme**可以設定元件要使用的配色方式。

15-4-5 切換開關

要加入切換開關時，只要在 <select> 元素中加入**data-role="slider"**屬性即可，可以使用觸控或拖拉的方式來切換。

```
<select name="slider1" id="slider1" data-role="slider">
   <option value="off">Off</option>
   <option value="on">On</option>
</select>
```

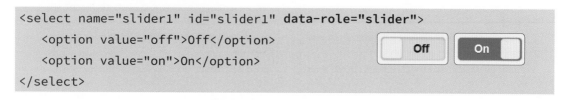

15-4-6　單選與複選按鈕

使用選項按鈕時，先在<fieldset>設定**data-role="controlgroup"**屬性，將多個選項群組起來，讓使用者從清單中選取項目。若要排列選項可以使用**data-type="horizontal"**水平排列或**data-type="vertical"**垂直排列。

要將某個選項設定為預設值時，只要加入**checked=""**屬性就可以將選項預設為選取狀態。要加入單選按鈕時，只要使用**<input type = "radio">**即可，而複選按鈕則可以使用**<input type = "checkbox">**，將選項設為核取方塊。

● 單選

```
<fieldset data-role="controlgroup">
   <legend>請選擇</legend>
   <label for="love">我愛你</label>
   <input type="radio" name="choice" id="love" value="愛" checked="">
   <label for="nolove">我不愛你</label>
   <input type="radio" name="choice" id="nolovee" value="不愛">
</fieldset>
```

● 複選

```
<fieldset data-role="controlgroup" data-type="horizontal">
   <label for="red">我愛紅色</label>
   <input type="checkbox" name="favcolor" id="red" value="red">
   <label for="black">我愛黑色</label>
   <input type="checkbox" name="favcolor" id="black" value="black">
   <label for="blue">我愛藍色</label>
   <input type="checkbox" name="favcolor" id="blue" value="blue">
   <label for="green">我愛綠色</label>
   <input type="checkbox" name="favcolor" id="green" value="green">
   <label for="pink">我愛粉紅色</label>
   <input type="checkbox" name="favcolor" id="pink" value="pink">
</fieldset>
```

15-4-7 下拉式選單

要建立下拉式選單時，可以使用**<select>**元素做為選項容器，使用**<option>**元素定義選項。基本語法如下：

```
<label for="select-native-1">請選擇要施打的疫苗：</label>
<select name="select-native-1" id="select-native-1">
    <option value="B">BNT</option>
    <option value="M">莫德納</option>
    <option value="A">AZ</option>
</select>
```

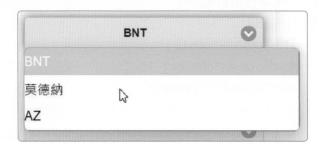

下拉式選單也可以將選項製作成可複選的核取方塊，只要使用<select>元素中的**multiple**屬性，在選項旁就會有核取方塊圖示，且選取數會呈現在按鈕上。而加上**data-native-menu="false"**屬性，可以關閉下拉式選單的原生樣式，改以jQuery Mobile樣式呈現。

```
<fieldset>
    <label for="food">選擇你喜歡的食物</label>
    <select name="food" id="food" multiple="multiple" data-native-menu="false">
        <option value="food1">苦瓜</option>
        <option value="food2">茄子</option>
        <option value="food3">香菜</option>
        <option value="food4">蒜頭</option>
        <option value="food5">青椒</option>
        <option value="food6">芋頭</option>
    </select>
</fieldset>
```

15-4-8 取得表單欄位值

使用輸入表單資料後,可以透過jQuery物件的 **val()方法**,取得表單欄位值,取得方式如下表所列。

欄位	語法

文字
日期
滑桿
	//文字欄位
	`<input type="text" name="欄位名稱" id="索引值" value="">`
	//jQuery取得文字欄位的值
	`$("#索引值").val();`

切換開關
下拉式選單
	//切換開關
	`<select name="欄位名稱" id="索引值" data-role="slider">`
	`   <option value="選項1">選項1</option>`
	`   <option value="選項2">選項2</option>`
	`</select>`
	//jQuery取得切換開關欄位的值
	`$("#索引值 option:checked").val();`

選項按鈕	//選項按鈕
	`<input type="radio" name="欄位名稱" id="索引值1" value="選項1">`
	`<label for="索引值1">選項1</label>`
	`<input type="radio" name="欄位名稱" id="索引值2" value="選項2">`
	`<label for="索引值3">選項2</label>`
	//jQuery取得選項按鈕欄位的值
	`$("input[name=欄位名稱]:checked").val();`

核取方塊	//核取方塊按鈕
	`<input type="checkbox" name="欄位名稱" id="索引值1" value="選項1">`
	`<label for="索引值1">選項1</label>`
	`<input type="checkbox" name="欄位名稱" id="索引值2" value="選項2">`
	`<label for="索引值3">選項2</label>`
	//jQuery取得核取方塊欄位的值
	`$("input[type="checkbox"]:checked").each(function(){`
	`   checkboxSave += $(this).val() + ' ';`
	`});`

在 **ex05-07.html** 範例中使用val()方法,取得使用者填入的資料,語法如下。

```
<script>
  $(document).on("pagecreate", "#page", function() {
    $("#button1").on("click", function() {
      var msg = "姓名=" + $("#username").val() + "\n";
        msg += "日期與時間=" + $("#inputdate").val() + "\n";
        msg += "密碼=" + $("#pswd").val() + "\n";
        msg += "目前進度=" + $("#points").val() + "\n";
```

```
                   msg += "你喜歡我對嗎？=" + $("#slider1").val() + "\n";
                   msg += "你說啊=" + $("input[name=lovechoice]:checked").
                   val()+ "\n";
                   msg1="顏色=";
                   $('input[type="checkbox"]:checked').each(function(){
                       msg1 += $(this).val() + "";
                   });
                   msg += msg1+"\n";
                   msg += "食物：" + $("#food option:checked").val();
                   alert(msg);
              });
          });
     </script>
```

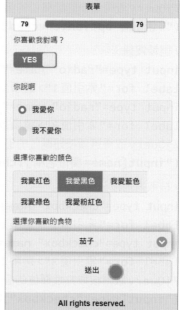

127.0.0.1:62000 顯示

姓名=王小桃
日期與時間=2024-01-22T14:22
密碼=1234455
目前進度=79
你喜歡我對嗎？=yes
你說啊=我愛你
顏色=black
食物：茄子

確定

●●● 自我評量

● 選擇題

( ) 1. 下列關於jQuery Mobile的說明，何者<u>不正確</u>？ (A)頁面主要以page為單位 (B) page是使用id進行區隔，且id不能重複 (C) page可分成header、main及 footer三個區域 (D)一個HTML檔案只能有一個page。

( ) 2. 「<div data-role="footer">」語法表示？ (A)將區塊定義為頁面 (B)將區塊定義為 頁首 (C)將區塊定義為頁尾 (D)將區塊定義為檢視清單。

( ) 3. 「<div data-role="page">」語法表示？ (A)將區塊定義為頁面 (B)將區塊定義為 頁首 (C)將區塊定義為頁尾 (D)將區塊定義為檢視清單。

( ) 4. 下列關於jQuery Mobile事件的說明，何者<u>不正確</u>？ (A) tap事件會在點擊後觸發 (B) swipe事件會在垂直或水平滑動時觸發 (C) scrollstart事件會在頁面開始捲動 時觸發 (D) mobileinit事件會在行動裝置水平及垂直方向改變時觸發。

( ) 5. 下列關於屬性的說明，何者<u>不正確</u>？ (A) data-position屬性可以將頁面中的頁 首及頁尾固定在畫面中 (B)使用data-theme屬性可以設定佈景主題 (C)使用 data-back-btn-text屬性可以設定是否加入回上一頁按鈕 (D)使用data-transition 屬性可以設定頁面切換效果。

( ) 6. 在jQuery Mobile中若要將同一組按鈕放在一個區塊內，可以使用下列哪一個屬性？ (A) data-role="data-icon" (B) data-role="controlgroup" (C) data-role="listview" (D) data-role="horizontal"。

( ) 7. 在jQuery Mobile中使用下列哪一個屬性可以將該容器設定為單一摺疊式內容區 塊？ (A) data-role="collapsible-set" (B) data-role="collapsible" (C) data-role="popup" (D) data-role="navbar"。

( ) 8. 下列關於jQuery Mobile的網格元件說明，何者<u>不正確</u>？ (A)是由1~5個div所組 成 (B)網格寬度為100%，沒有邊框、背景、邊距或填充 (C)網格外層使用「ui-block-樣式」 (D)加上「class="ui-responsive"」可以讓網格成為響應式設計。

( ) 9. 下列關於jQuery Mobile元件的說明，何者<u>不正確</u>？ (A) data-icon屬性來定義按鈕 圖示的位置 (B)超連結按鈕必須指定data-role="button"屬性，才會轉變成按鈕 外觀，否則就只是文字超連結 (C) data-role="navbar" 屬性可以將區塊內的選項 設定為導覽列 (D) data-role="popup" 屬性可以製作出對話方塊。

( ) 10. 下列關於jQuery Mobile表單的說明，何者<u>不正確</u>？ (A)使用<input type = "range">即可加入水平滑桿 (B)使用<input type = "checkbox">可以將選項設 為單選按鈕 (C)要建立下拉式選單時，可以使用<select>元素為選項容器，使用 <option>元素定義選項 (D)透過jQuery物件的val()方法，可以取得表單欄位值。

● 實作題

1. 請使用jQuery Mobile製作一個行動網頁，網頁至少要有3頁，內容形式不拘，請發揮你的創意製作網頁。

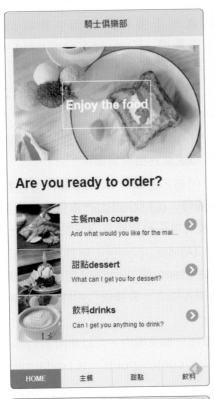

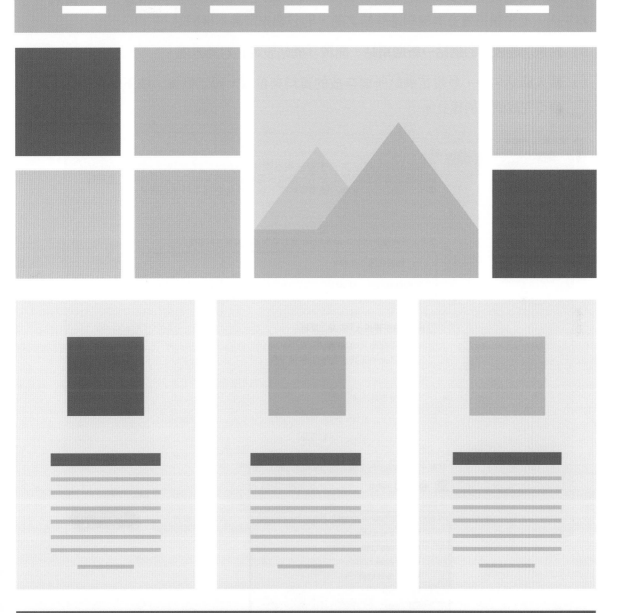

網站發布與管理

Dreamweaver CC

16-1 公開網站

當製作好網頁及相關檔案後,會先將整個網站發行到網頁伺服器上。網站伺服器是用來存放網頁,提供瀏覽服務的伺服器。這節就來看看該如何公開網站。

16-1-1 網站連結檢查

將網頁上傳至網頁伺服器之前,必須先檢查各網頁的連結是否正常,有沒有遺漏的檔案等。在製作網頁的過程中,最好將所需的檔案及相關連結,都放置在同一個資料夾內。而在執行檢查本機網站連結之前,則必須先定義本機網站。

01 點選功能表中的**網站→新增網站**,開啟「網站設定」對話方塊。

02 輸入網站名稱,並設定網站所要存放的資料夾位置,設定好後,按下**儲存**按鈕,便可完成網站的建立。

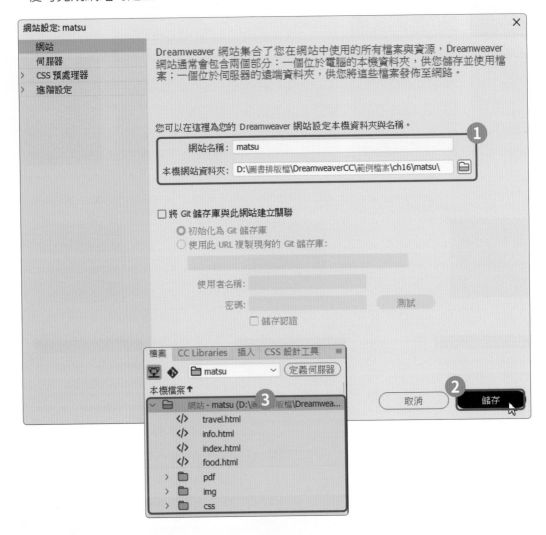

03 網站定義好後,接著就可以開始進行檢查本機網站連結。點選功能表中的**網站→網站選項→檢查整個網站的連結**,或按下 **Ctrl+F8** 組合鍵,視窗下方就會開啟**連結檢查程式**標籤頁。

04 該程式就會自動開始進行檢查,若沒有自動檢查時,可以點選標籤頁左側的▶**檢查連結**按鈕,在開啟的選單中點選**檢查目前整個本機網站的連結**。

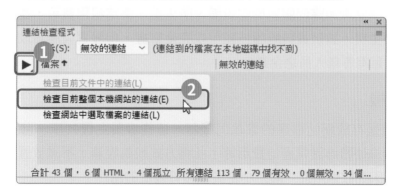

05 接著就會針對網站中的各網頁進行檢查動作,並將有問題的網頁及其中的無效連結都列表出來。

06 若出現無效的連結項目時,只要點選**無效的連結**項目,會出現**瀏覽檔案**按鈕,按下此鈕,即可開啟「選取檔案」對話方塊,此時只要重新連結正確的檔案,按下**確定**按鈕即可。

07 連結到正確檔案之後,在**連結檢查程式**標籤頁中的該筆記錄便會消失。

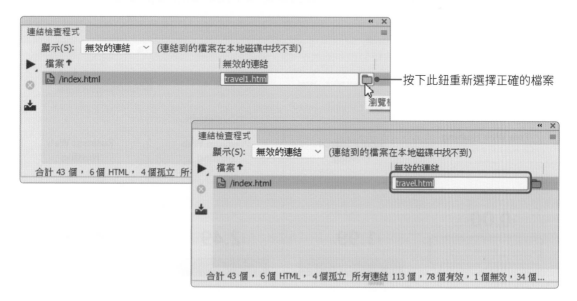

按下此鈕重新選擇正確的檔案

16-1-2 申請網站空間

　　在建置網站前，該如何架設網站，是在製作網站前需要先考量的問題，一般架設網站時，可選擇自行架設、租用虛擬主機或使用免費網頁空間平台。

自行架設網站

　　自行架設網站需添購伺服器硬體設備、防火牆、網路租用費等，並由企業自行負責管理與維護主機，雖然資料維護技術可以完全掌握，但設置與維護成本較高，通常較適合中大型且有專業人員之企業。

租用虛擬主機

　　虛擬主機是存放網站檔案的雲端伺服器。這些虛擬主機共享一台獨立主機的資源，也共同分擔硬體維護與通信費用等，此種方式較為經濟，不需放置實體的伺服器在公司內部，因此較適用於一般中小企業或預算較低的用戶。

　　一般企業網站會租用虛擬主機來存放網頁，而個人使用者則通常會在網路上尋找免費的虛擬主機，例如：000webhost.com 網站，提供了免費空間，讓使用者可以上傳自行製作好的網站。

　　000webhost.com 提供了 300MB 的免費網頁空間，與每月 3GB 流量。註冊成為會員後，即可上傳網站，且在電腦或是行動裝置中瀏覽網站時，都不會有擾人的廣告。對 000webhost.com 有興趣的讀者，可以依以下步驟申請免費的網頁空間。

01　進入 000webhost.com 網站，在免費方案選項中按下 **Sign Up** 按鈕。

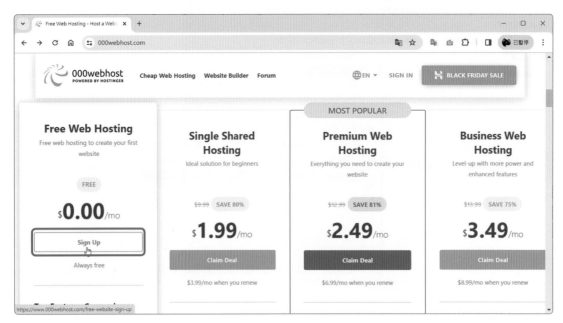

▲ 000webhost.com 網站 (http://www.000webhost.com)

02　進入註冊頁面，輸入要註冊的電子郵件及密碼，或是直接使用 Google、Facebook 等帳號快速登入。

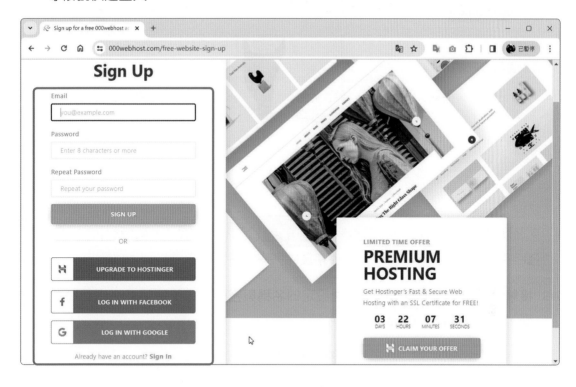

03　這裡我們選擇使用 Google 帳號登入，按下 **LOG IN WITH GOOGLE** 按鈕，進行 Google 帳號登入的動作。

04 登入完成後即可回到 000webhost 註冊頁面，再按下 **Start now** 按鈕。

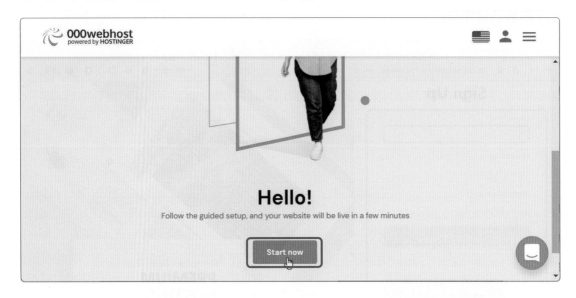

05 接著設定網站名稱及密碼，這裡設定的名稱與密碼在之後使用 FTP 上傳時會使用
到，設定好後按下 **Create** 按鈕。

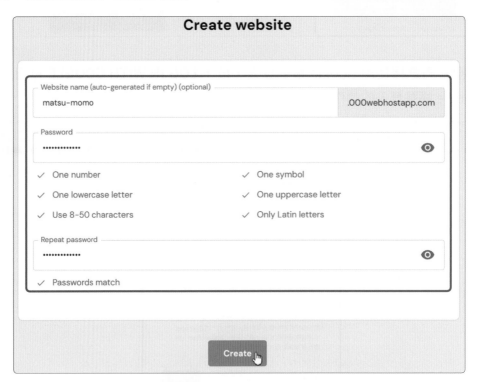

06 接著選擇網站建立方式,這裡我們要自行上傳檔案,所以按下 Upload site 選項的 **Select** 按鈕。

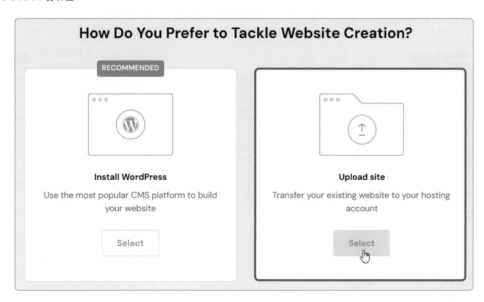

07 進入網站檔案管理工具頁面,可以看到雲端空間上的資料,這裡會有二個預設的 資料夾,這兩個資料夾請勿刪除。若要直接上傳網頁而不透過 Dreamweaver,可 以進入 public_html 資料夾內,直接使用拖曳的方式將要上傳的檔案放入。

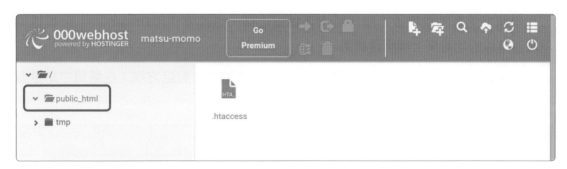

08 回到主頁就會看到我們建立的網站名稱。

09 若要使用 FTP 軟體或 Dreamweaver 進行檔案上傳，請按下 **Manage** 按鈕，進入管理頁面，點選左邊選單中的 **Website Settings → General**，就會顯示 FTP 的連線資訊。請記住這些資訊，稍後在上傳網頁檔案時會使用到。

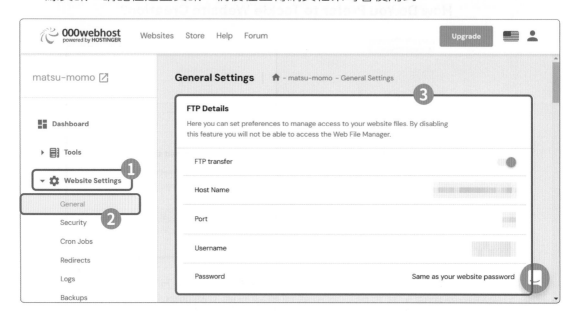

16-1-3 上傳網站檔案

申請好免費的空間後，即可將網頁檔案上傳，這裡要使用Dreamweaver與遠端伺服器連線的功能來上傳網頁檔案。

01 點選功能表中的**網站→管理網站**，開啟「管理網站」對話方塊，在選單中點選要上傳的網站，再按下 ✐ **編輯目前選取的網站**按鈕。

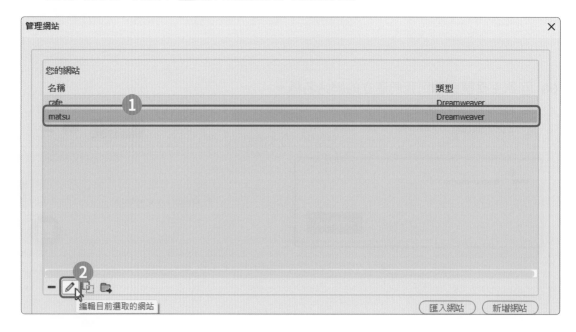

02 進入「網站設定」對話方塊後，點選**伺服器**選項，按下**＋新增伺服器**按鈕。

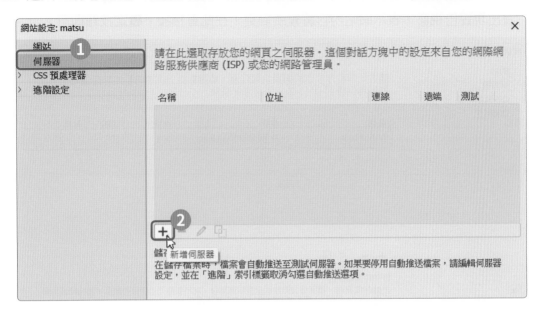

03 設定伺服器相關資訊。先輸入伺服器名稱，再設定連線方式為 **FTP**，並輸入 FTP
　　位址及使用者名稱與密碼，設定完成後，按下**儲存**按鈕。

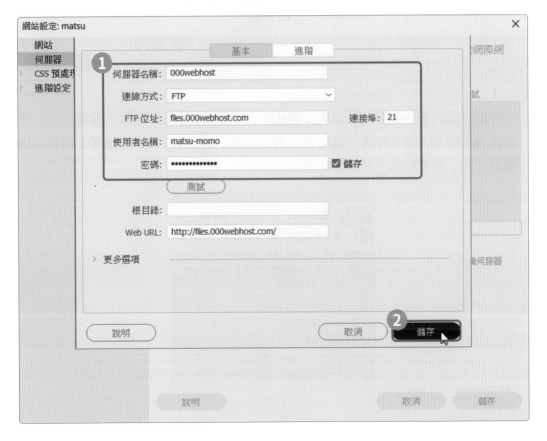

04 回到「網站設定」對話方塊中,便可看到剛剛新增的伺服器。接著按下**儲存**按鈕,
會出現警告視窗,表示網站內容將有所變更,在此直接按下**確定**按鈕即可。

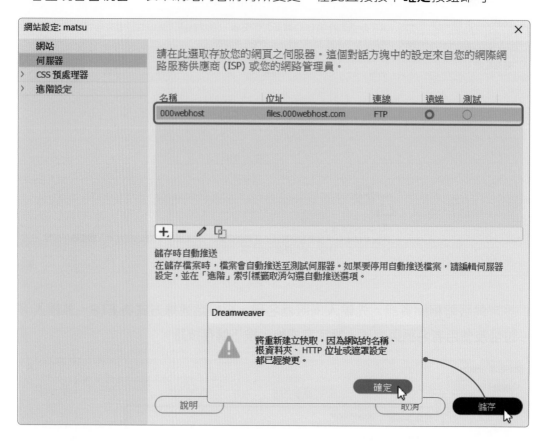

05 伺服器設定好後,接著在「檔案」面板中,按下 ✎✕ **連線到遠端伺服器**按鈕,連線
到遠端伺服器,連上線後,選取要上傳的檔案,最後按下 ⬆ **將檔案上傳至遠端伺**
服器按鈕,就會開始上傳到遠端網站伺服器。

06 由於「000webhost.com」網站規定需上傳至 public_html 資料夾中，因此檔案上傳完畢後，要將所有檔案搬移至 public_html 資料夾。按下圖**展開以顯示本機和遠端網站**按鈕，在左邊窗格中即可看到遠端網站內容，將剛剛上傳的檔案，搬移至 public_html 資料夾，搬移時會出現警告視窗，請直接按下**是**按鈕。

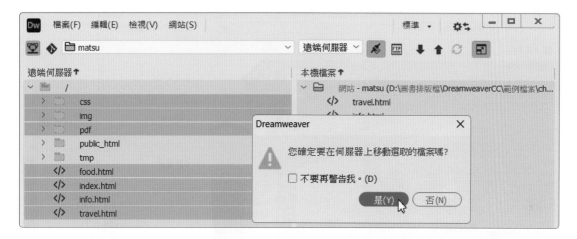

07 接著就會開始進行搬移的動作。

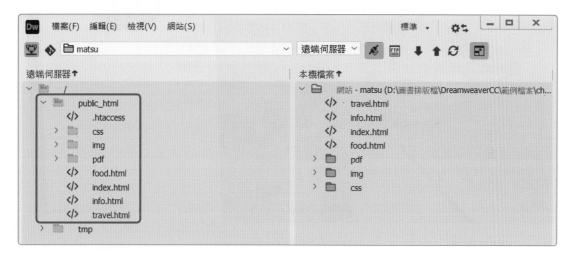

08 到這裡就完成了檔案上傳的工作，此時可以進入「000webhost.com」網站看看檔案是否有上傳成功。

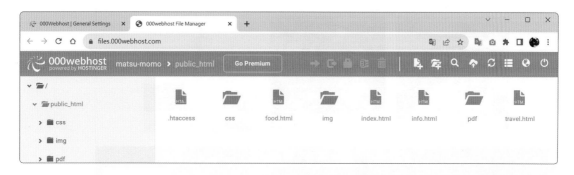

16-1-4 瀏覽網站

檔案上傳完成後，可以在瀏覽器中輸入所註冊的網址，例如：https://matsu-momo.000webhostapp.com，就會開啟伺服器裡的「index.html」網頁檔來檢視。

在瀏覽器中觀看網站內容時,可一一進入網頁檢查是否有遺漏的或設計不足的地方。在「matsu」範例中,共有4個網頁,讀者可一一進入瀏覽。

● 馬祖景點

● 馬祖美食

● 馬祖資訊

💬 知識補充

000webhost 的免費版在使用上有不少限制,且在網站的右下角會有浮水印,所以較適合用來練習網站開發,或網站上線前測試。若要架設正式上線的公開網站,建議使用付費版,或選擇其他付費網頁空間。

16-2 網站管理

網站製作完成也測試正常後，最後的網站管理與維護也很重要，時常更新內容才會吸引更多人前來瀏覽你的網站。

16-2-1 檔案更新

當網頁文件有修改或是新增內容時，可以使用「同步」功能，讓遠端伺服器與本機電腦的檔案同步更新。

01 在「檔案」面板中，按下 🔄 同步按鈕，開啟「與遠端伺服器同步化」對話方塊。

02 在同步選項中，選擇要同步的網站，在方向選項中，有「上傳較新檔案到遠端」、「從遠端下載較新檔案」及「上傳與下載較新檔案」等三個選項，都設定好後按下預覽按鈕。

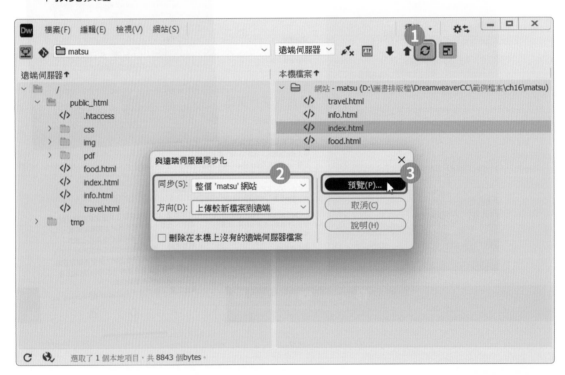

03 此時會自動測試連線與顯示結果。

04 接著會顯示要更新的檔案，若都沒問題按下**確定**按鈕即可開始更新。

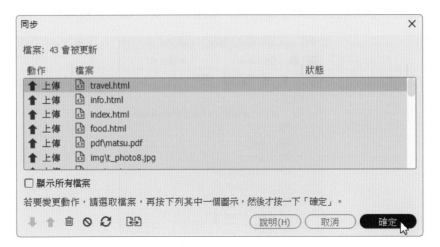

16-2-2 存回與取出檔案

　　當網站有多人共同維護管理時，有可能發生該更新沒更新的狀況，若要避免這樣的狀況發生，在 Dreamweaver 中可以使用「存回與取出」功能，該功能可以確認有沒有正在編輯相同檔案的人及最後上傳檔案的人。

01 點選功能表中的**網站→管理網站**，開啟「管理網站」對話方塊，在選單中點選要編輯的網站，再按下 ✎ **編輯目前選取的網站**按鈕。

02 進入「網站設定」對話方塊後，點選**伺服器**選項，再點選要與其他人共管的「遠端伺服器」，按下 ✎ **編輯現有的伺服器**按鈕，再點選**進階**標籤，將「啟用檔案取出」及「開啟時取出檔案」勾選，再設定取出名稱，設定好後按下**儲存**按鈕。

03 都設定好後，當要編輯檔案時，可先取出檔案，宣告「我目前正在使用這個檔案，請不要碰它！」，而該檔案會設定為「取出」，並在檔案旁出現綠色核取記號。

04 編輯完後，按下 🔼 **存回**按鈕，該檔案就會被鎖定，在檔案的旁邊就會出現鎖狀符號，防止他人對檔案進行變更。

●●● 自我評量

● 選擇題

( ) 1. 下列關於「租用虛擬主機」的敘述,何者不正確? (A)此種方式與自行架設網站相比較為經濟 (B)不需放置實體的伺服器在公司內部 (C)適用於一般中小企業 (D)網站建置好後便不用再進行維護。

( ) 2. 下列有關上傳網站至網頁伺服器的步驟,何者正確?①連結連線到遠端伺服器②上傳檔案③檢查本機網站④定義網站 (A)①②③④ (B)③④①② (C)④③①② (D)①③②④。

( ) 3. 在Dreamweaver中按下鍵盤上的哪一組組合鍵,可開啟「連結檢查程式」標籤? (A) Ctrl+F5 (B) Ctrl+F8 (C) Shift+F5 (D) Shift+F8。

( ) 4. 下列關於網站建置的敘述,何者不正確? (A)編輯網頁時,最好都採用絕對路徑連結至其他檔案 (B)網站設計完成後,要檢查看看網頁中的連結是否正確 (C)在發布網頁之前,須事先取得網頁空間 (D)透過Dreamweaver就能直接將完成的網站上傳至伺服器上。

( ) 5. 以FTP方式上傳網站時,不需要下列哪一個資訊? (A) FTP使用者名稱 (B) FTP密碼 (C) FTP位址 (D)本機電腦IP。

● 實作題

1. 學會了Dreamweaver的各項基本技巧,請挑選一個自己感興趣的主題,規劃並實作出一個網站,再將網站上傳至所申請的網站空間,與大家分享。

▲ 參考網站:https://tao-v.000webhostapp.com

國家圖書館出版品預行編目資料

Dreamweaver CC 網頁設計必學教本：
HTML+CSS+Bootstrap+jQuery+jQuery Mobile/王麗琴著.
-- 初版. -- 新北市：全華圖書股份有限公司, 2023.12
　　面；　　公分
ISBN 978-626-328-783-9(平裝)

1.CST: Dreamweaver(電腦程式) 2.CST: 網頁設計
3.CST: 全球資訊網
312.1695　　　　　　　　　　　　　　　　112019731

Dreamweaver CC 網頁設計必學教本：
HTML+CSS+Bootstrap+jQuery+jQuery Mobile

作者／全華研究室 王麗琴

執行編輯／王詩蕙

發行人／陳本源

封面設計／盧怡瑄

出版者／全華圖書股份有限公司

郵政帳號／0100836-1 號

印刷者／宏懋打字印刷股份有限公司

圖書編號／06525

初版一刷／2023 年 12 月

定價／新台幣 590 元

ISBN／978-626-328-783-9 (平裝)

ISBN／978-626-328-780-8 (PDF)

全華圖書／www.chwa.com.tw

全華網路書店 Open Tech／www.opentech.com.tw

若您對書籍內容、排版印刷有任何問題，歡迎來信指導 book@chwa.com.tw

臺北總公司(北區營業處)
地址：23671 新北市土城區忠義路 21 號
電話：(02) 2262-5666
傳真：(02) 6637-3695、6637-3696

南區營業處
地址：80769 高雄市三民區應安街 12 號
電話：(07) 381-1377
傳真：(07) 862-5562

中區營業處
地址：40256 臺中市南區樹義一巷 26 號
電話：(04) 2261-8485
傳真：(04) 3600-9806(高中職)
　　　(04) 3601-8600(大專)

歡迎加入 全華會員

● **會員獨享**

會員享購書折扣、紅利積點、生日禮金、不定期優惠活動⋯⋯等。

● **如何加入會員**

掃 QRcode 或填妥讀者回函卡直接傳真 (02) 2262-0900 或寄回，將由專人協助登入會員資料，待收到 E-MAIL 通知後即可成為會員。

如何購買 全華書籍

1. **網路購書**

全華網路書店「http://www.opentech.com.tw」，加入會員購書更便利，並享有紅利積點回饋等各式優惠。

2. **實體門市**

歡迎至全華門市（新北市土城區忠義路 21 號）或各大書局選購。

3. **來電訂購**

(1) 訂購專線：(02) 2262-5666 轉 321-324
(2) 傳真專線：(02) 6637-3696
(3) 郵局劃撥（帳號：0100836-1　戶名：全華圖書股份有限公司）
※ 購書未滿 990 元者，酌收運費 80 元。

OpenTech 全華網路書店 .com.tw

全華網路書店 www.opentech.com.tw
E-mail: service@chwa.com.tw

※ 本會員制如有變更則以最新修訂制度為準，造成不便請見諒。

讀者回函卡

掃 QRcode 線上填寫 ▶▶▶

姓名： 生日：西元 年 月 日 性別：□男 □女

電話：（ ） 手機：

e-mail：（必填）

註：數字零，請用 Φ 表示，數字 1 與英文 L 請另註明並書寫端正，謝謝。

通訊處：□□□□□

學歷：□高中・職 □專科 □大學 □碩士 □博士

職業：□工程師 □教師 □學生 □軍・公 □其他

學校／公司： 科系／部門：

・需求書類：

□ A. 電子 □ B. 電機 □ C. 資訊 □ D. 機械 □ E. 汽車 □ F. 工管 □ G. 土木 □ H. 化工 □ I. 設計
□ J. 商管 □ K. 日文 □ L. 美容 □ M. 休閒 □ N. 餐飲 □ O. 其他

・本次購買圖書為： 書號：

・您對本書的評價：

封面設計：□非常滿意 □滿意 □尚可 □需改善，請說明
內容表達：□非常滿意 □滿意 □尚可 □需改善，請說明
版面編排：□非常滿意 □滿意 □尚可 □需改善，請說明
印刷品質：□非常滿意 □滿意 □尚可 □需改善，請說明
書籍定價：□非常滿意 □滿意 □尚可 □需改善，請說明
整體評價：請說明

・您在何處購買本書？

□書局 □網路書店 □書展 □團購 □其他

・您購買本書的原因？（可複選）

□個人需要 □公司採購 □親友推薦 □老師指定用書 □其他

・您希望全華以何種方式提供出版訊息及特惠活動？

□電子報 □ DM □廣告（媒體名稱 ）

・您是否上過全華網路書店？（www.opentech.com.tw）

□是 □否 您的建議

・您希望全華出版哪些書籍？

・您希望全華加強哪些服務？

感謝您提供寶貴意見，全華將秉持服務的熱忱，出版更多好書，以饗讀者。

填寫日期： ／ ／

2020.09 修訂

親愛的讀者：

感謝您對全華圖書的支持與愛護，雖然我們很慎重的處理每一本書，但恐仍有疏漏之處，若您發現本書有任何錯誤，請填寫於勘誤表內寄回，我們將於再版時修正，您的批評與指教是我們進步的原動力，謝謝！

全華圖書 敬上

勘 誤 表

書 號		書 名	作 者
頁 數	行 數	錯誤或不當之詞句	建議修改之詞句

我有話要說： （其它之批評與建議，如封面、編排、內容、印刷品質等・・・）